跟名师读

《海狼》

陶红亮　编著　冰河插画　绘

海洋出版社

图书在版编目（CIP）数据

跟名师读《海狼》/ 陶红亮编著. — 北京 : 海洋出版社，2021.12
ISBN 978-7-5210-0787-9

Ⅰ. ①跟… Ⅱ. ①陶… Ⅲ. ①海洋－青少年读物 Ⅳ. ① P7-49

中国版本图书馆 CIP 数据核字（2021）第 122917 号

跟 名 师 读
《海狼》 GEN MING SHI DU《HAI LANG》

总 策 划：刘　斌
责任编辑：刘　斌
责任印制：安　淼
排　　版：冰河文化

出版发行：海洋出版社

地　　址：北京市海淀区大慧寺路 8 号（716 房间）
　　　　　100081
经　　销：新华书店
技术支持：(010)62100055

发行部：（010）62100090　（010）62100072（邮购部）
　　　　（010）62100034（总编室）
网　　址：www.oceanpress.com.cn
承　　印：北京中科印刷有限公司
版　　次：2022 年 2 月第 1 版
　　　　　2022 年 2 月第 1 次印刷
开　　本：787mm×1092mm　1/16
印　　张：21.5
字　　数：312 千字
印　　数：1 ～ 4000 册
定　　价：68.00 元

前言
PREFACE

杰克·伦敦，原名约翰·格利菲斯·伦敦，是美国现实主义作家，一八七六年一月十二日出生在美国加利福尼亚州一个破产的农民家庭，也许正是这种社会底层阶级的出身，决定了他日后现实主义的写作风格。童年时的杰克·伦敦就已经饱尝了贫穷困苦的滋味。他八岁时为了谋生，不得不到一个畜牧场当牧童。十岁后，他开始在旧金山附近的奥克兰市谋生，做过报童、码头小工、帆船水手、麻织厂工人等。在这期间，杰克·伦敦阅读了大量的小说。十六岁时他失业了，不得不在美国东部和加拿大各地流浪，住在大都市的贫民窟里，并曾以“无业游荡罪”而被捕入狱，几个月以后才重获自由。

穷苦压抑的童年使杰克·伦敦很早熟，从十岁起他就不得不半工半读，只要有时间，他就会读书。除了读书，杰克·伦敦最喜欢的活动就是驾驶船只。十三岁时，他就曾经只身驾驶着小船穿过风暴中的旧金山湾。十七岁时，杰克·伦敦上了一艘捕豹船做水手，经过朝鲜、日本，到白令海一带去猎捕海豹。因为从小在海湾里玩船，他的驾船技术很高，在船上年纪虽小，却深得船长和同行们的赞许。小时候的丰富经历让他在船上交到了许多朋友，同时也听到了许多有趣、可怕的故事，而这些都为他日后创作小说提供了宝贵的素材，例如，在《海狼》中所描写的捕豹船的丰富经历便是一个精彩的例子。虽然惊涛骇浪的海洋生活十分艰苦，但是杰克·伦敦并没有忘记读书，在返航驶入旧金山湾时，他就已经读完了福楼拜的《包法利夫人》和托尔斯泰的《安娜·卡列尼娜》。

航海归来后，杰克·伦敦把自己的经历写成了一篇散文《日本海口的台风》，同时参加了《呼声》杂志的写作竞赛，并博得桂冠。在对手都是大学生的情况下，只受过小学教育的杰克·伦敦第一次显露出了他的创作才能，而这都要归功于他平时的大量阅读以及养成的做笔记的习惯。自此之后，杰克·伦敦便开启了他的文学之路。

杰克·伦敦的作品大体可以分为两类：描写大自然中的人的作品、描写城市里的人的作品及论文。而描写大自然中的人的作品又可以分为两类：一类是极地生活小说；另一类是海洋生活小说，其中《海狼》就属于海洋生活小说。

《海狼》讲述的是文学评论者亨佛莱·范·魏登在一个寒冷的早晨坐船行至旧金山湾时，遇到了海难落水，随后被捕豹船"幽灵"号救起，却被船长海狼拉尔森强行留在船上做舱房小厮。从此，范·魏登开始了他的水手生活，他在船上受尽了精神侮辱和肉体折磨，也亲眼看见了这艘船上水手们地狱般的生活和不折不挠的反抗。之后，范·魏登又遇到了惨遭海难被救上来的女诗人茅德·布露丝特。两人历经万难，在一个偶然的机会下驾着小艇逃离了"幽灵"号，漂流到了海豹栖息的海岛上。他们原本打算在那里度过寒冬后再做打算，却意外地再次遇到了海狼拉尔森，而此时的他正经受着严重的脑病折磨。范·魏登和茅德在海狼发病时照顾他，在他们修复"幽灵"号准备离开小岛期间，海狼拉尔森一直在对船只进行破坏，最终他们克服了困难，修复了受损严重的"幽灵"号并驶进了大海，直到被救起，而海狼拉尔森却因脑病最后双眼失明死在了船上。

《海狼》将人们的视角聚焦在海上探险经历以及一系列的人与人、人与自然之间的冲突上。小说通过描绘海狼拉尔森粗野狂妄、恣意妄为的超人形象，暗示了人类中心主义思想的极端体现，最终以海狼的自我毁灭结尾，传递绿色的生态意义，强调人与自然之间和谐相处的海洋意识、积极完善自我的海洋气息以及通过对人物的叙述所颂扬的拼搏、勇于冒险、敢于奉献与包容的海洋精神。

海洋名著与科学丛书

目录

CONTENTS

第一章　“马丁尼孜”号出事了

[**名师导读**]

“我”像往常那样去看望查理·福路瑟特，搭乘了“马丁尼孜”号，但没想到“马丁尼孜”号在途中发生了海难，所幸“我”在失去知觉前依稀看到一艘船从浓雾中冲出，向着“我”驶来。

对于发生的这一切，我偶尔会将其根源推到查理·福路瑟特的头上，即使这看起来十分滑稽。那么我该从哪里说起呢？先要说他有一幢坐落在泰马佩斯山阴影下的磨坊谷中的避暑别墅。查理·福路瑟特在一年中只有冬季那几个月才会去那里休息，消磨时间，读一读尼采和叔本华放松一下。但是在炎热的夏天，他宁可待在满是灰尘的城市里流汗、受热，偶尔达十点辛苦活。我总是在每个星期六的下午去看他，并在那里待到星期一早上，如果不是因为这个习惯，我就不会在一月份那个特殊的早晨在旧金山湾里漂着了。[赏析解读：此处的叙述说明，点明了主人公乘船的原因，为下文作铺垫。]

那天我乘坐的是一艘新渡船（又称渡轮，指航行于江河、湖泊、海峡及岛屿之间的运输船舶，用于载运旅客、货物、车辆和列车渡过江河、湖泊和海峡）——“马丁尼孜”号，倒不是说在汽船上有什么危险，它只在索萨利托与旧金山之间航行过四五次，真正的危险来自笼罩在海上的浓雾。[赏析解读：此处对于环境的叙述描写，凸显出了海上气候的恶劣。] 对一个长期生活在陆地上的人来说，我完全不知道被浓雾笼罩的海湾背后所隐藏的危险。事实上，我记得那时我正悠闲地待在驾驶室正下方的前甲板上层。我的思绪被那神秘的雾气吸引住了。在强劲的风的袭击下，我沉浸在这潮湿的浓雾之中——尽管我是孤身一人，但我并不孤独，因为我隐约感觉到在我头顶上那间玻璃层里有一个领航员（主要工作是为第一次到本港口的船舶提供从锚地到指定泊位的航行线路指引、航标和堤头灯的指认以及浅点辨识、潮流的提示等，一般乘坐拖轮到靠泊的船上去指导靠泊作业）和一个我觉得是船长的人。

我记得我在思考着社会分工制度的美妙，有了分工我就可以随时去拜访居住在港汊（分支的小河）那边的朋友，而无须研究雾气、风向、潮汐（是沿海地区的一种自然现象，指海水在月球和太阳引力作用下所产生的周期性涨落现象。习惯上把海水在海面垂直方向的涨落称为潮汐，把它在水平方向的流动称为潮流。发生在早晨的高潮叫潮，发生在晚上的高潮叫汐）和航海技术之类的东西。各有专长是件好事，我思索着。舵手（掌舵的人。在海上，舵手负责掌控船的航向）和船长掌握的专业知识可以把成千上万我这种对大海和航海一无所知的人送到大洋彼岸。另外，我完全不需要花费大量的精力去学习这些知识，只需专注于一些特别的事情就可以了，比如分析爱伦·坡（1809—1849 年，美国诗人、小说家和文学评论家，代表作有小说《黑猫》，诗《乌鸦》）在美国文学史上的地位——顺便一提，这是我最近发表在《大西洋月刊》第二期上的一篇文章。我上船经过船舱时，曾注意到一位健壮的绅士，当时他正在全神贯注地阅读《大西洋月刊》，翻开处恰好是我的那篇文章，这又让我想起了分工制度，领航员和船长有了专业知识，就可以将乘客从索萨利托安全地运送到旧金山去，而那位健壮的绅士也可以在途中阅读我对爱伦·坡的学问的独特见解。

一个红面孔的男人"砰"地一声关上了身后的舱门，咚咚地踏上了甲板，打断了我的沉思，不过我已经在心里牢牢记住了这个话题，打算在一篇正酝酿中的文章中使用，文章名字叫《自由的必要性：为艺术家一辩》。[赏析解读：此处的叙述描写起到了承上启下的作用。红面孔的男人进入了主人公的视线，同时开启了下文中主人公与他的对话。]那个红面孔的男人抬起头瞥了一眼驾驶室，又环顾了一下四周的浓雾，便开始在甲板上来回踱着步子（很显然，他装着假肢），随后走到我身边站住了，两腿叉开，脸上带着非常感兴趣的表情。我敢断定，他的一生都是在海上度过的。

“像这样的破天气恐怕会让他们把头发都愁白了。”他一边说一边向着驾驶室的方向点了点头。

“我倒不觉得特别紧张。”我回答说，“就好像A、B、C一样简单，他们通过罗盘确定方向、距离和速度，我认为这就像数字一样精确，不会出什么问题的。”

“不紧张！”他嗤之以鼻，“像A、B、C一样简单！像数学一样精确！”[赏析解读：语言描写体现出了红面孔的男人对主人公完全凭借推测得出理论这件事感到十分不满和鄙夷。]

他打量着我，并把身子背着风向后靠去，好像在为自己鼓劲。“你知道从金门（是连接太平洋和旧金山湾的一个海峡）奔流出来的这股潮水是怎么回事吗？”他问道，不过在我听起来那更像是咆哮，“退潮的速度是多少？往什么方向退？你听听那钟声吧，那是警钟航标（航标是助航标志的简称，是帮助引导船舶航行、定位和标示碍航物与表示警告的人工标志。包括过河标、沿岸标、导标、过渡导标、首尾导标、侧面标、左右通航标、示位标、泛滥标和桥涵标等），我们已经行至航标的头顶了！你看，他们正在改变航向！”[赏析解读：从这位红面孔的男人的语言描写中，可以看出他是一位有着丰富航海经验的人。]

从浓雾里传出一阵丧钟般悲戚的声音。我隐约看到领航员正在快速地转着舵。刚才听起来好像是出现在正前方的钟声，此刻却已经移到了侧面。我们乘坐的船发出了沙哑的汽笛声，而其他船只的汽笛声时不时地透过浓雾传过来。

“那是一艘渡船，”这个新来的人指着从右边传来的汽笛声说道，“听那边，听到了没有？是用嘴吹的号角声。很可能是一种平底三桅船（由西班牙和葡萄牙的造船家将酒船和快帆船结合而成，有三根桅，能利用65度角以内的风行驶，能装载大量的生活必需品，可以在海上连续待上数月，甚至可以环绕地球航行。三桅船的出现改变了西方在造船技术上落后于东方的历史，极大地促进了地理大发现）发出来的。你最好多留神这些，船老板！啊，我早就知道会是这样，地狱要蹦起来吃人了。”

那艘看不见的渡船一声又一声地拉着汽笛，那个用嘴吹的号角声也一直嘟嘟响，就像是受到了惊吓一样。[赏析解读：此处的环境描写，一方面写出了海上天气的恶劣，另一方面为下文埋下了伏笔。]

“现在它们正在相互致意，想避免碰撞。”急促的汽笛声停止后，那个红面孔的男人继续向我解释道。

他在向我解释号角声和汽笛声蕴含的意思时，脸上神采飞扬，眼睛里也闪烁着激动的光芒。“那汽笛声在往右走，你能听到他的喉咙里好像有只青蛙——我觉得那是一艘三桅汽船，在上游顶着潮流前进。”正前方迎面传来了刺耳而微弱的汽笛声，在很近的地方发疯似地呜呜狂叫。“马丁尼孜”号上随即响起了敲锣声。我们乘坐的船的明轮（又称明轮推进器，是船舶的一种推进工具，利用明轮转动带动叶片拨水来推进船舶。外形略似车轮，轮的周缘装有桨板，比桨、橹等推进工具更先进，但是结构笨重、效率低，后来被螺旋桨代替了）停止了旋转，紧接着像脉搏一般的跳动也静止了，但是没过多久它又恢复了跳动。那刺耳且微弱的汽笛声，仿佛是夹杂在巨兽嚎叫中乱叫的小蟋蟀，迅速地从侧面穿过浓雾，转瞬间就被淹没在雾海中。我看向我的同伴，希望他可以向我解释一下这到底是怎么回事。

“这是那种不要命的汽艇（用汽油机作为动力的小艇，特指使用改装过的汽车引擎的小艇），”他说，“这个小混蛋，我真想把它撞沉了！闯祸的都是这类船！这种东西有什么用？任何一头笨驴只要上了船就会像饿鬼赶斋一般，拼命地拉着汽笛，好像是要告诉全世界它来了，大家都得小心点，因为它无法控制自己！至于什么行驶权、礼貌呀，它们完全不懂！”

他那突如其来的怒火让我觉得好笑，接着他生气地在甲板上走来走去，而我则又开始研究起这浪漫的浓雾。这雾气真的太浪漫了，就像是渺茫神秘的灰色面纱，笼罩着这旋转的地球——而人类只不过是微不足道的尘埃，因为受到了天谴才会盲目地喜欢工作，驾着他们的木马或铁骑，穿过神秘的中心去探索那未知的世界。虽然他们自信地喧哗着，然而内心其实充满了彷徨和恐惧。当我的同伴的声音再次把我从沉思中唤醒时，我笑了。我自以为清醒明白地前行，其实也是在神秘中摸索、折腾。

“嗨，有船闯进我们的航道（是指在水域中为船舶航行所规定、设置或建设的通道）了，”他说，“你听到没有？来得很快，横冲直撞地来了。我猜它根本就没有听到我们的汽笛声，因为风向不对。”

猛烈的海风对着我们迎面吹来，我可以清楚地听到汽笛声，就在前边不远处的一侧。

“是渡船？”我问道。

他点了点头，又补充道：“要不然它就不会行驶得这么快了，”他咯咯地笑了一声后接着说道：“上面的人怕是急坏了。”

我抬头看了一眼，船长已经把头和肩伸出了驾驶室，使劲朝浓雾深处望去，好像仅凭意志就能够把浓雾看穿。他脸上的神色与我的同伴一样，看上去十分焦虑，因为我的同伴这时已经急切地奔到了栏杆边，同样一脸专注地注视着那看不见的、隐藏着

危险的方向。[赏析解读：通过一连串的动作以及神情的描写，体现出了当时情况的危急，以及人们不安的心理。]

就在此刻，一切都发生了，快得令人难以置信。浓雾突然像是被楔子劈成两半，一艘汽船的船头闯了出来，后面带着两道浓雾的花环，如同尖嘴上挂着海草的利维坦（《圣经》中象征邪恶的大海怪，有人说它像鲸，有人说它像爬虫）。我看见在驾驶室里有一个将身子探出一半的白胡子老头，正在用双肘支撑着身体。他穿着一套蓝色的制服，我记得他那整洁、沉着冷静的样子。在这种情况下他依然镇定自若，不禁令人心生佩服。他接受了命运的安排，与它携手并进，冷静地估算着这次碰撞。他在那里探出身体时，眼睛平静、估量地扫过我们的头顶，好像是准确决定碰撞点，完全不把我们气红了脸、正在怒气冲冲的喊道“现在已经撞上了”的领航员放在眼里。[赏析解读：此处的叙述描写，体现出了蓝衣男人的镇定，并且通过与领航员的对比进行强调，为下文埋下了伏笔。]

我回头望去，随即就明白了他这句话令人无法反驳。

“赶快找点什么东西抓住，千万别松手。”红面孔的男人对我说道，此时他那咋呼劲儿都消失不见了，好像突然被一种超自然的平静传染了，“等着听女人们的尖叫声吧。”他冷冷地说，语气中透露着嘲讽，似乎以前有过这种经历。

我还没来得及按他的建议去做，两艘船就已经撞到了一起。我们的船肯定是被撞在了腰上，因为我什么都没有看见，那艘突然冒出来的陌生船只就已经消失在我的视线中了。接着“马丁尼孜”号突然倾斜起来，一眨眼的工夫就传来了木头断裂的声音。我摔倒在湿漉漉的甲板上，还没来得及爬起来，便听到了女人们的尖叫声。我敢肯定，那是我有生以来听到过的最难以言述、令人心惊胆战的叫喊声，把我也弄得六神无主。我记起救生衣藏在船舱里，可是我却被堵在了门口，一群发疯的男男女女把我撞了回来。接下来的几分钟里发生了什么我已经记不起来了，不过我却清楚地记得救生衣被从上面的架子上扯了下来，那个红面孔的男人把它们一件件系在那群歇斯底里的女人身上。[赏析解读：通过对环境以及主人公的行为描写，生动形象地写出了两船相撞后的混乱情景。]记忆中的情景跟我看过的任何一幅画面一样清晰逼真。现在想起来那幅画面依然栩栩如生——灰色的雾气从船舱旁边那个参差不齐的窟窿里绕出来，在那里不停地打着旋儿。带着套子的座位上已经没有人了，地上到处散落着人们仓皇逃跑时留下来的东西——包裹、手提包、雨伞、围巾和外套等。那位曾阅读过我文章的健壮绅士，身上裹着软木和帆布做的救生衣，手里还拿着杂志，没完没了地问我有没有什么危险。红面孔的男人拖着假腿四处奔走，把救生衣系在每一个走过来的人身上。最后，女人们发出了疯狂的尖叫声。

正是这种女人的尖叫声考验着我的神经。这种尖叫声也一定考验着红面孔的男人的神经，因为至今在我的心里还留有一幅永不会消失的图画。那位健壮的绅士把那本杂志用力地塞进他的外衣口袋里，好奇地四处打量着。一群陷入混乱的女人拉长了吓得惨白的脸，张大着嘴发出尖叫声，如同迷途的灵魂大合唱一样。红面孔的男人脸都气成了紫色，他将两臂举过头顶，像是要摔出炸雷般吼叫道："别喊了！天啊，别喊了！"[赏析解读：此处将女人们的尖叫声比作"迷途的灵魂大合唱"，生动而形象地写出了当时人们内心的惶恐不安。]

当时的场面让我忍俊不禁，可是很快我便知道其实我自己也有些歇斯底里，因为这些女人和我都是一类人，就像是我的母亲和姐妹，让死亡吓破了胆，也不愿意死。她们的尖叫声让我想起屠夫刀下的猪叫声，如此生动相似的情景令我感到惊恐。这些怀有无比崇高的情绪、无比慈爱的同情心的女人，这时却张着嘴不停地尖叫着。她们想要活下去，却又无能为力；她们只能如同被夹住的耗子一样尖叫着。

眼前的情景所带来的恐惧让我从船舱逃到了甲板上。我觉得很难受，想呕吐，于是便在一条长凳上坐了下来。我隐约地听见人们来来回回地大声尖叫，看见他们争先恐后地放下救生艇（是指设于船上，供船失事时救护乘员用的专用救生小艇）。那情形很像我在书里读到的一样。一艘满载着妇女和儿童的救生艇被放了下去，塞子却没有塞好，立即进了水翻掉了。另一艘救生艇只放下去了一头，另一头却让滑车挂住了，只好放弃。那艘肇事的陌生汽船此时却不见了踪影，但是我听人说它一定会打发船来救我们。

我走到了下层甲板上。“马丁尼孜”号正在迅速下沉，水面近在眼前，许多乘客都在往水里跳，而在水里的却又叫着要人们把他们救上来，但是却没有人搭理他们。此时一声惊叫传来，说我们的船就要沉下去了。下一秒钟我便被深深的惊惶笼罩了。我随着众人一起跳下了水。我不太记得是怎么跳下去的了，不过很快就明白了为什么那些跳进水里的人要迫不及待地回到船上去。因为海水太冷了，冰冷得刺骨，冻得人生疼。当我跳进水里的那一瞬间，刺痛感马上就侵袭过来，那么迅速，又那么猛烈，就好像大火在燃烧，寒气钻进了骨髓中，身体像被死亡的爪子牢牢地抓住了。痛苦和恐慌让我不由得倒吸了一口气，水却顺势灌进了我的肺里，直到救生衣带着我浮出水面。我嘴里的咸味很重，我的喉咙和肺都被刺激的东西呛到了，快把我憋死了。[赏析解读：通过生动的比喻，描写出了主人公跳进水里后的感受，同时对前文中人们为什么急切地想要回到船上做出解释。]

但是最令人难以忍受的还是寒冷。我感觉再过几分钟我便会死去。人们在我身边挣扎着、扑腾着。我听见了他们彼此的呼喊声，也听到了船桨划动的声音。显然，那艘陌生的汽船在放救生艇。时间飞快地流逝，令我惊奇的是，我竟然还活着。我的下肢已经冻得没有什么知觉了，一种冰凉的麻痹感正向我的心脏包围过来，向里边逼近。小小的海浪泛起了令人厌恶的泡沫，不停地向我袭来，灌进我的嘴里，呛得我透不过气。

喧嚣声逐渐模糊了，不过我还是能够听到从远处传来绝望的合唱声和尖叫声，我知道“马丁尼孜”号已经沉没了。后来——我也不知道具体过了多长时间——我醒了过来，但是却更害怕了。我孤零零的，四周再也听不到任何呼喊声和尖叫声了——只有被浓雾裹着的海浪发出空洞而阴森的回响。在人群中总还有种同甘共苦的感觉，即使惊慌失措也不像独自一人那样令人感觉恐怖。我此时此刻只感觉到了孤独的惊恐。我在向哪里漂流呢？红面孔的男人说过海潮正往金门退去。那么，我是在往大海里漂吗？我穿着的救生衣在漂流时会怎么样？会不会随时就变成碎片了？［赏析解读：一连串的反问，说明了此时主人公对于未知的命运，内心充满了不安和恐惧。］我曾听说过，这种东西是用纸和灯芯草做的，很快就会被海水浸透，从而失去浮力，而且我是个旱鸭子，又是孤身一人，此时的我仿佛漂浮在一片灰蒙蒙的渺茫之中。我承认一种疯狂的恐惧感紧紧地将我围住。我就像刚才那些女人们一样扯着嗓子叫喊着，同时用我麻木的双手拍打着水面。

我不记得我坚持了多长时间。因为一片空白插了进来，其中的一些东西我已经不记得了，就像人会不记得烦恼、痛苦的梦一样。当我醒过来时感觉好像已经熬过了好几个世纪。我看到从浓雾中迎面冒出了一艘船的船头，船首就在我的头上。船上有三张三角帆，每一张帆都巧妙地与另一张帆交叠在一起，风把它们吹得鼓鼓的。船头把海水劈开时带来了许多泡沫，“哗哗”作响，我似乎就在它的航道上。我努力地想要喊出声，但已经声嘶力竭。船头压了下来，恰好与我错开了，只是兜头灌了我一脸的海水，紧接着那黑色的长长的船体从我身边滑了过去，非常近，简直伸手就可以摸到它。我拼命想要去抓它，以一种发了疯的决心想要把指甲抓进船体的木头中，可是我的两条手臂很沉重，一点儿力气也没有。我再次想要用尽全力喊叫，却依然叫不出声来。［赏析解读：此处的叙述描写，说明了当时主人公筋疲力尽的状态，以及处境的危险。］

船的尾部很快就扫了过去，马上又落进了海浪的水涡中，我瞥见一个人影出现在舵旁，还有一个人什么也没有做，只抽着雪茄。我看见烟雾从他的嘴里喷出来。那人慢悠悠地扭过头，往我这边的水面瞟了一眼。那是不经意的、漫不经心的一瞥，是人们在百无聊赖的时候才会有的偶然动作，只是因为活着就必须要活动活动。

但是，生与死恰恰就决定在这一瞥间。[赏析解读：总结性的叙述，把剧情推入到了另一个高潮，在引出下文的同时渲染出了紧张的气氛，引起读者的兴趣。]我眼看着这艘船被浓雾吞没，又看见了舵旁那个人的后背，看到了另一个人正在慢慢地转过头来，他的目光专注地投向海面，不经意地抬起头来向着我所在的方向看过来。他脸上带着一种漫不经心的神色，仿佛在沉思。我很担心即便他看到了我也会选择视而不见，但是他的目光死死地落在了我的身上，而且和我的目光正好撞在了一起。我确定，他一定看到我了，因为他快速地跑到舵旁，把另一个人推到一边，两只手不断地交叉转着舵，同时下达着命令。那船好像突然偏离了原来的航道，转眼之间就钻进了浓雾里，消失得无影无踪了。

我觉得自己正在慢慢地失去知觉。我用尽了我的意志力，试图从包围我的令人窒息的空虚和黑暗中挣扎出来。没过多久，我听到有船桨划动的声音，那个声音离我越来越近，同时还听到有一个人在喊叫着什么。等他来到我的附近时，我这才听到他以一种十分不耐烦的语气喊道："你这个混蛋怎么不吱声？"我知道他这话是在说我。随后空虚和黑暗便把我淹没了。[赏析解读：此处的描述，写出了主人公被救时陷入昏迷之前的记忆，为后文作铺垫。]

第二章　“幽灵”号救了我

[**名师导读**]

“我”被救到了一艘名叫“幽灵”号的船上，这艘船要去猎捕海豹，在这艘船上有个脾气暴躁的船长。“我”醒来后前去拜见船长，没想到却亲眼看见了大副的死亡，对这位暴戾的船长有了一个惊奇的认识。

我似乎正在随着剧烈的晃动通过广阔的空间轨道，光点闪烁着从我身边倏然而过，“噼啪”作响。我知道那是星星，还有闪亮的流星。我在星际中穿行，它们遍布于四周。在我荡到最高处快要往回荡时，像炸雷一样的巨大锣声响了起来。我在悠然的岁月中游荡了不知道多少个平静的时代，享受和品味着在辽阔的空间飞翔的行程。

这个梦的表面起了变化，因为我在告诉自己那肯定是一个梦。我晃动的节奏越来越小，猛烈、急促地摆动使我心烦，几乎透不过气来，我迫不得已地在天体之间猛烈地荡来荡去。像炸雷一样的巨大锣声越来越频繁，我开始期待着它再次敲响，心里却怀着一种莫名的恐惧。接着，我好像被人拖着在炽热阳光下的滚烫白沙上行走，那粗粝的沙子锉得我生疼。再后来，我又迎来了一阵难以忍受的疼痛感，我的皮肤像受到火刑灼烧般，十分痛苦。那锣一直“当当”作响，像丧钟一般。闪亮的火花形成无穷无尽的光流从我身边滑过，仿佛整个恒星系统都在往虚空之中坠落。[赏析解读：这段描写生动而形象地写出了主人公此时此刻的感受。]我倒抽了一口气，但身上的疼痛又让我不禁屏住了呼吸，我睁开了眼。两个人正跪在我的身边尽力地抢救我，在我的身上忙碌着。那剧烈的晃动原来是船在海上随波起伏；那可怕的锣声是因为挂在墙上的一只平底锅，随着船只的颠簸叮当作响。那锉得我生痛的粗糙灼热的沙子，原来是一个人的粗糙双手在摩擦着我赤裸的胸膛。我痛得忍不住来回扭动，半抬起头来。我的胸口又红又痛，我看到小小的血珠正从破裂红肿的皮肤里渗出来。

“够了，约恩森，”其中一个人说，“你没见把这位先生的皮都搓破了吗？”

那个叫约恩森的，是一个斯堪的纳维亚（指斯堪的纳维亚半岛，意为“黑暗的地方”，因地处高纬度、冬季黑夜漫长而得名。它在地理上包括挪威和瑞典，在文化与政治上则还包含丹麦，历史上曾是维京海盗的故乡）型的高大男人，他停止了摩擦，笨拙地站了起来。说话的人很明显是个伦敦佬，长着一张轮廓分明、文弱漂亮，几乎带女性味的脸。他头戴一顶肮脏的软棉布小帽，邋遢的粗麻布袋似的外衣一直罩到他那瘦削的屁股上，这身装扮足以说明他是这船上脏兮兮的厨房里的厨子，而我此时就躺在这艘船的厨房里。

“您现在觉得怎么样，先生？”他问道，脸上带着那种祖辈遗传下来的讨要小费的谄媚笑容。

我挣扎着坐了起来，以此作为回应，约恩森扶着我站了起来。平底锅发出的叮叮咚咚的声音还在折磨着我的神经，使我无法集中精神。我抓住厨房的木架作为支柱——我不禁要抱怨一下，木架上落满的油渍让我的牙齿直发痒——我隔着滚烫的炉灶伸出手去抓住那件折磨我的灶具，把它从钩子上取下来，扎扎实实地塞进了煤箱里。

那个厨子看见我这神经过敏的行为，张大嘴笑了，随后便往我手里塞了一个冒着热气的大杯子，说道：“诺，喝下去会舒服些。”那玩意儿真令人作呕——那是船上的咖啡——可是它的热气却能提神。在吞咽杯中物的时候，我低头看见了自己渗血、疼痛的胸膛，转身对着那个斯堪的纳维亚人。

“谢谢你，约恩森先生，”我说，“不过，你不觉得你的动作有些太过粗鲁了吗？”

想必是感到了我的动作而不是语言所蕴含的责备，他抬起手掌来让我看了看。那只手掌上满是厚厚的、令人惊讶的老茧。[赏析解读：面对主人公的不满，约恩森的行为体现出了他可爱的一面。]我摸了摸那些突起的硬皮，牙齿不由得因为它所造成的可怕感觉再次酸疼起来。

“我叫钟森，不叫约恩森。”他说话慢吞吞的，但是英语却非常纯正，只是稍微有一点点的口音而已。

他那淡蓝色的眼睛里流露出少许不满，同时还带有一种小心翼翼的坦诚和男人气概，一下子就拉近了我们之间的距离。

“谢谢，钟森先生。”我马上纠正了对他的称呼，并向他伸出手。

他迟疑片刻，感到尴尬、难为情，把身体的重心换到了另一条腿上，然后便高兴地抓住我的手胡乱地摇晃起来。[赏析解读：从钟森一连串的动作上可以看出他的紧张与不安，从侧面体现了他对于主人公表现出的友好感到十分高兴。]

“你有干衣服可以给我穿一下吗？”我问那位厨子。

“有的，先生，”他回答道，看起来十分高兴，“您要是不介意穿我的衣服的话，我这就下去翻翻我的箱子。”

他一躬身走出了厨房，步伐轻快顺溜，给我的印象与其说像猫一样轻巧，倒不如说像油一般滑溜。事实上，我后来发现，他的这种滑溜或者说油滑，可能正是他性格中最突出的特点。[赏析解读：此处将厨子在船上如履平地的行为表现与猫和油进行类比，一方面说明了他有着长期的航海经验，另一方面凸显出了他圆滑的性格特征。]

“我这是在哪里呢？”我问钟森，我猜他是名水手，猜对了。“这是艘什么船？要到哪里去？”

“已经过了法拉龙岛（位于美国旧金山正西的一个小岛），大致往西南方开。”他缓缓地斟酌着回答，好像在寻找最恰当的词语来进行表达，一板一眼地按照我问话的顺序回应，“这船是‘幽灵’号三桅船，去日本捕海豹（是对鳍足亚目中海豹科动物的统称。海豹体粗圆，呈纺锤形，四肢呈鳍状，前脚比后脚短，游泳时靠后脚，但不能在陆地上行走，只能靠身体弯曲爬行。全身披短毛，背部蓝灰色，腹部乳黄色，带有蓝黑色斑点，其毛色随年龄而变化：幼兽色深，成兽色浅）。”

“船长是谁？我换好干衣服后得立即去见他。”

钟森的脸上露出为难的神情，不知道该怎么回答。他踌躇着寻找合适的词汇来尽可能完整地回答我，“船长是海狼拉尔森，大家都是这样称呼他的。我从未听说过他其他的名字。你和他说话的时候语气得温和一点，今天早晨他在发脾气。大副（是指职位仅低于船长的船舶驾驶员，船长的主要助手）……”[赏析解读：从钟森的语言描写中，不难看出他对船长的敬畏之情，同时也说明了船长是位脾气暴躁的人。]

他的话还没有说完，厨子就已经溜进来了。

“你少在这里待着，钟森，”他说，“老头子要你待在甲板上，现在可不能惹恼了他。”

钟森乖乖地向门口走去，他一边走一边从厨子的背后向我递了一个眼色，严肃而又意味深长，仿佛是在向我强调他刚刚被打断的话，提醒我对船长轻声一点。

厨子的胳膊上挂着几件看起来乱糟糟、皱巴巴的衣服，很显然那并不干净，而且散发出来的味道也很难闻。

“这衣服收起来时还有点潮，先生，”他解释了一下，“您先凑合着穿，等着我到火边去烤干你的衣服。”

船颠簸得让我站立不稳，我抓住了木架子，在厨子的帮助下穿上了一件贴身的羊毛衫。我的身子一接触到那粗糙的东西就汗毛都竖了起来，浑身不自在。[赏析解读：通过描述主人公穿上羊毛衫后的感受，从侧面体现出了他从前优越的生活状况。]他注意到了我下意识的颤抖和怪相，笑了起来。

“我知道您从来没有体验过这种生活。您这皮肤可真是娇嫩得要命。我一眼就看出来您准是位老爷，绝对不会错。”

我本来就有点讨厌他，在他帮我穿衣服的时候，这种讨厌的感觉更加强烈了。他一接触到我，我就想躲得远远的，我的身体在抵抗，这种感觉让我觉得十分恶心。一边是这样的碰触，一边是厨房炉火上冒着泡的锅里的气味，在两者的夹击下，我恨不得立即抽身逃离到有新鲜空气的地方。我也需要赶快去见一见船长，商谈如何安排我上岸的事。

一件廉价的棉布衬衣在厨子不停地道歉和议论中套到了我身上，那领口都磨破了，胸部的色泽异常——我觉得那应该是陈年的血迹。我的脚上套上了一双工人穿的劣质皮鞋，至于裤子则是一条浅蓝的、洗得发白的工装裤。裤子的一条裤腿比另一条足足短了十英寸（英制长度单位，1 英寸等于 2.54 厘米）。[赏析解读：此处的细节描写，凸显出了衣服主人窘迫的现状，同时也说明了水手的生活是十分艰苦的。] 那短了一截的裤腿看上去就像是魔鬼要抓这个伦敦佬的灵魂，但是抓到了实的，却放跑了虚的。

“我应该去向谁表达我的谢意呢？”我问道，这时我已经穿戴齐全，头上还戴了一顶小伙子戴的帽子，穿上了一件脏兮兮的条纹花棉布夹克外套。这件外套只到腰身处，袖子也只能刚刚盖住手肘。

厨子面容端正地做出一副恭顺的样子，脸上露出低贱的假笑。从我在大西洋海轮旅游结束时与服务员打交道的经验来看，我可以发誓他在等着我给小费，而现在，由于对他有了更深的了解，我知道他的这种姿态是下意识的动作，毫无疑问，这是一种阿谀奉承的天性在起作用。[赏析解读：从厨子谄媚的神态及假笑中，充分地表现出了他的虚伪和贪婪。]

“玛格利奇，先生，”他讨好地说，他那清秀的面孔上挤出了一个圆滑的浅笑，“托马斯·玛格利奇在为您效劳，先生。”

“好呀，托马斯，”我说，“我不会把你忘了的——等我的衣服干了之后。”

他的脸上浮现出一种柔和的光亮，眼睛闪烁着，仿佛他的祖先们在他的心灵深处醒了过来，他隐约有了过去生活中讨要小费的模糊记忆。

他滑到一边（那模样就像滑动门一样），我踏到了甲板上。由于在海水中泡了太长时间，我还很虚弱。一阵风吹来，我踉跄了一下，跌跌撞撞地走过颠簸起伏的甲板，来到了船舱的一角，扶着舱壁稳住了身子。三桅船朝一边倾斜得很厉害，随着不断起伏的海浪向着太平洋的深处驶去。[赏析解读：此处对于环境的描写，凸显出了海上恶劣的天气状况。] 要真如钟森所说，这艘船正在向西南航行，那么我估计现在吹来的就应该是西南风了。雾气已经散尽，阳光在海面上欢快地闪动着。我转过身望着东方，加利福尼亚就在那边，但是远方除了一排低矮的雾墙外，什么也看不见——很明显那是导致“马丁尼孜”号沉没并弄得我狼狈不堪的雾。北面不远处有几块光秃秃的岩石钻出海面。我在其中一块岩石上辨认出一座灯塔（是位于海岸、港口或河道，指引船只方向的高塔形建筑物。塔顶装设有灯光设备，塔身较高，使灯光能为远距离的航船所察觉，一般视距为15~25海里；但灯光也不宜过高，以免受到高处云雾的遮蔽）。我在西南方——几乎就在我们的航线上——看到一片金字塔般的船帆隐隐约约地闪动着。

向地平线环视了一周后，我将目光转到了近在咫尺的环境上。我的第一个念头是像我这样一个从一场海难中生存下来的人，刚刚与死神擦肩而过，却没有引起过多的关注。除了驾驶室舵轮旁边一名水手隔着船舱好奇地注视着我外，我还没有引起其他人的注意。

每个人都好像关注着发生在船中部的事。那里有一个大个子躺在舱口盖板上，他穿戴整齐，胸口的衬衫被扯开了，露出一大片黑色的胸毛，看不见胸口上的皮肤，看起来就像狗身上那毛茸茸的皮。他的脸和脖子也被略微花白的黑胡子遮住了，那胡子要不是滴着水，又软又湿的，一定很硬、很厚。他双眼紧闭着，显然失去了知觉，但他的嘴巴却张得大大的，胸口起伏，吃力而响亮地呼吸着，就像快要窒息了一样。一名水手每过一会儿就会有条不紊地把一只系着绳子的帆布水桶投到海里，然后拉起来，把桶里的水泼到这个人的身上。[赏析解读：此处的描写，设下了悬念，使读者对船中部男子的身份以及在他身上发生的事情产生了好奇。]

那在舱口踱来踱去、恶狠狠地咬着一支雪茄烟头的人正是因为偶然一瞥而把我从海里救起的人。他身高大概有五英尺（英制长度单位，1 英尺等于 0.3048 米）十英寸或者十点五英寸，但是我看到他的第一眼或者说对他的第一感觉，却不是身高而是他的力气。尽管他的块头很大，有着宽宽的肩膀和厚实的胸膛，我却不能把他的力量归于大个子一类，它应该属于精瘦结实的人所拥有的那种肌肉虬结的力量。因为个子大，与那样的力量相结合起来，倒是更像大猩猩类的动物。[赏析解读：此处对于外貌的细节描写，凸显出了在这个人身上蕴藏的强大力量。]不过，他的形象丝毫也不像大猩猩，我极力想说清楚的是这种力量的本身，这与他的外形并无联系。那种力量是我们一看就会联想到的原始事物、野蛮动物，以及我们想象中在树上居住的原始人——是一种野蛮的力量，充满了活力且凶猛异常，是行动的天然潜力，是根本的存在形式。许多类型的生命都是按这个模式被创造的。简而言之，就是一条蛇被砍掉了头，作为蛇已经死掉了，身子却还在扭动的东西；或者是在已经不成形的乌龟肉里存活着，用手指捅一下它还能紧缩或哆嗦一下的东西。

这个来回踱步的人的力量给我的印象就是如此。他稳稳当当地站着，两条腿就像扎在了甲板上一样。他的每个动作——从活动肩膀到叼紧雪茄——都显得干脆利落，好像是由于一种无法抵挡的、使不完的精力导致的。事实上，虽然这种力量充斥在他的每个动作中，却只表明了他体内还潜藏着更大的力量。那种力量处于蛰伏状态，只是时不时地翕动一下，随时都可能爆发。只是那时才叫狰狞可畏，压倒一切，如同雄狮怒吼，风暴骤起。[赏析解读：此处的叙述说明，充分地表现出了这个人的力量感，为下文埋下伏笔。]

那个厨子从厨房里探出头来，对我咧着嘴笑以示鼓励，同时伸出大拇指指了指那个在舱盖上走来走去的男子。那是在告诉我他就是船长，用厨子的土话说就是“老头子”，那个我要求见面而且要麻烦他设法送我上岸的人。我向前迈了半步准备走过去，很想结束我深信会很激烈的五分钟。这时那个躺在地上的不幸的人却像是被窒息抓住了，愈发喘不上气来。他痉挛般地扭动着、蜷曲着，下巴和湿漉漉的胡子随着背部的肌肉收紧向上一翘，胸部下意识地凭着本能鼓了起来，挣扎着想多吸点儿空气。我知道他那毛发下面的脸一定胀成了紫色，只不过完全看不到而已。

船长——或者说海狼拉尔森（人们这样叫他）——停止了走动，低头望着那个垂死挣扎的人。那人垂死前的挣扎是如此的激烈，就连水手也停下了手里泼水的动作，好奇地站在一边看着他。帆布水桶倾倒在一边，水全都洒在了甲板上。那个垂死挣扎的人的脚后跟蹬得舱口盖“嗒嗒”作响，没过多久他就伸直了两腿，费尽力气绷紧了一下，头晃来晃去的，然后他的肌肉松弛下来，头也不再晃动，仿佛如释重负一般，从他的嘴唇间飘出一声长长的叹息，他的下巴垂了下来，上嘴唇缩起，两排被烟熏黑的牙齿就露了出来，他的五官慢慢地冻结，最终凝成了一抹魔鬼般的笑容，对着这个已将他抛弃的人世。[赏析解读：此处的叙述描写，写出了一个人的垂死挣扎，同时也暗示生命的渺小与脆弱。]

这时一件令人吃惊的事情发生了。船长对死者大发雷霆，各种咒骂声从他的嘴里脱口而出，滔滔不绝。[赏析解读：海狼拉尔森对死者的行为令主人公感到惊奇，但与此同时也引起了他的兴趣。]那不是伤感的责备，也不仅仅是有失体面的污言秽语。每一个词都是一种亵渎，词汇极其丰富，就像电火花一样噼里啪啦作响。我活了这么大从来没有听到过这样的咒骂，也没有想到还会发生这样的事情。我对文学十分热爱，也格外喜欢有力的辞藻和比喻，我敢说在场没有人能像我这样欣赏他变着花样谩骂的那种生动、有力以及绝对亵渎的话。我大概能够猜出他咒骂的原因，不过是那个身为大副的人在离开旧金山之前去寻欢作乐，然后却卑鄙地在航行刚开始时就不光彩地死了，这让海狼拉尔森缺失了人手。

无须多说，至少对我的朋友们无须多说，我为此感到震惊。我一向对那些咒骂和污言秽语感到反感，因此我感到非常沮丧，心里沉甸甸的，甚至可以说是头晕目眩。在我看来，死亡永远都是庄严肃穆的。它的来临是平静的，它的仪式是神圣的，这种肮脏、恐怖的死亡是我至今为止第一次看到。如同我说过的那样，在我听着从海狼拉尔森嘴里说出来的那些惊人的咒骂，欣赏着它的强力时，我也感到了难以言说的震惊。

那种火热的、滔滔不绝的咒骂足以将那具尸体烧得面目全非。如果他那湿漉漉的黑胡子，因为受到了咒骂而蜷曲、冒烟燃烧起来，我也不会感到意外，然而那个死人却依然一副置身事外的样子，他一直面带着嘲讽的怪笑，戏弄、挑衅般地冷眼旁观着。他才是形势的掌控者。[赏析解读：此处的描写，充分地体现出了海狼拉尔森对死者咒骂所用的词汇的恶毒程度。]

第三章　被迫加入“幽灵”号

[名师导读]

由于大副的死，“幽灵”号水手的职责发生了变动，而“我”则被海狼拉尔森安排到了小厮的位置上。虽然“我”对这样的安排十分不满，并且试图反抗，但是却毫无效果，最终还是选择了顺从。从此之后，“我”开启了自己的航海生涯。

海狼拉尔森像他突然开始咒骂那样令人始料不及地停了下来。他重新点燃了雪茄，环顾了一下四周，目光刚好落在了那个厨子身上。

“哎，厨子？”他说，语气虽然温和但听起来却如钢铁般的冰冷。

“是的，船长。”厨子迫不及待地用带着歉意和劝解的谄媚语气毕恭毕敬地答道。

“你不觉得你的脖子伸得太长了点吗？那样对身体不好，你知道。大副死了，我可不能让你也死了。你得对自己的身体非常在意啊，厨子。明白？”[赏析解读：通过此处海狼与厨子的语言描写，可以看出厨子也并不是个安分守己的人。]

最后两个字像鞭子一样抽了过来，与开头温和的语气截然不同。厨子被抽得蔫头耷脑。

“是的，船长。”他唯唯诺诺地回答了一声，那颗惹祸的脑袋缩回了厨房。

这声对厨子的呵斥其实也包括了其他人，别的水手也都没了兴趣，各自回去做着手头的事情。不过，有几个人在厨房和舱口之间的平台走来走去，看起来应该不是水手，他们仍然在小声地交谈着，我后来才知道这些人是猎捕海豹的猎手，地位要比普通水手高多了。[赏析解读：此处的简单叙述，一方面表现出众人对海狼拉尔森的畏惧，另一方面点明了船上众人的身份。]

“约翰森！”海狼拉尔森叫道。一名水手马上乖巧地站了出来。“拿你的掌皮和针，把这个穷鬼缝起来。帆柜里可以找到一些旧帆布，拿来凑合着用。”

“我往他的脚上坠些什么呢，船长？”那名水手规矩地回答了“是，是，船长”之后，接着问道。

“我们会有办法的，”海狼拉尔森回答道，随后扯着嗓子叫道：“厨子！”

托马斯·玛格利奇一下子从厨房跳了出来，就像装在盒子里的玩具弹簧人一样。

“下去装一袋煤来。”

“你们谁带《圣经》或是祈祷书了？”船长再次发问，这次是向那些在平台旁走来走去的猎手们问的。

那些人都摇头，有人说了一句玩笑话，引起了在场的人一阵大笑，我没有听清他说了什么。

海狼拉尔森又冲着水手们问了一遍。《圣经》或祈祷书好像成了稀罕之物。一名水手主动提出找下面值过班的人问问，过了一会儿回来说没有。

船长耸了耸肩。“那么我们只好免掉废话，把他扔下海去了，除非我们这位像牧师的难民记得丧葬祈祷文。”[赏析解读：虽然海狼拉尔森对死去的大副一通怒骂，但是他仍然想着为他举行葬礼，从这里体现出了海狼人性中的复杂。]

这时他已经转过身来，面对着我。

“你是一个牧师，对吗？”他问道。

那些猎手——一共六个人——全都转身对我上下打量着。我痛苦地意识到自己此时的形象就像一个稻草人。我的这身装束引起了他们的一阵大笑。他们笑得肆无忌惮，丝毫没有因为那个死者还龇牙直挺挺地躺在甲板上而有所收敛，那是一种粗犷、坦率、刺耳与放浪的大笑，如同大海一样。这种笑声来自粗野的感情和迟钝的感觉，以及既不懂礼貌也不懂文雅的天性。[赏析解读：此处的描写，体现出了水手们在面对死亡时的冷酷无情，作者在这里对人性进行了抨击。]

海狼拉尔森没有笑，虽然在他那蓝灰色的眼睛里也闪动着快乐的微光。那时我距离他已经很近，接收到了他给我的第一个印象——那是与他健壮的身体和不断找麻烦相分离了的本人。他的五官棱角分明，轮廓刚劲，脸型方正饱满，乍看上去显得很壮实，但是与他的身体一样，细细一看那种壮实感就消失了，让人不禁开始相信潜藏在他身体内的灵魂或精神拥有更多未觉醒的强力。他的下巴和高耸在两眼之上的高高的额头，不但显得异常的坚实，而且好像表明了他精神中无穷的力量，那是深藏其后、肉眼看不到的。这种精神难以探测，无法估量，无边无际，也很难用相似的类型明确区别开来。

那双眼睛——我命中注定要把它们好好地审视一番——又大又漂亮，间距很大，像真正的艺术家的眼睛。它们覆盖在宽厚的前额下，上面是两道浓黑的眉毛，呈一种难以确定的、变幻莫测的灰色，那灰色从没有重复过同一种颜色，叫人惶恐又疑惑。它的眼色变幻，展现出不同的层次，就像太阳下面的暗彩丝绸一般，有深灰、浅灰、绿灰，有时又如同深海的湛蓝。它们用障眼法千变万化地把灵魂伪装起来，而有时——在极少的情况下——那双眼睛会毫无遮掩地张开，让灵魂袒露出来，仿佛要赤裸裸地进入这个世界，进行奇妙的冒险。这双眼睛与那灰色天空绝望的沉郁融为一体，噼里啪啦地冒出火花，就像舞动的利刃上的闪光；可以像北极的风景让人直打寒战，也可以让人如沐春风，融化在爱的温暖里，翩翩起舞；它们紧张而强烈，带着男子汉气概，充满了魅惑，也能迷惑、左右女人，直到她们心甘情愿地臣服，做出牺牲。[赏析解读：此处通过对海狼拉尔森的眼睛描写，与其之前的野蛮形象形成了鲜明的对比，海狼美丽的眼睛，给人们留下了深刻的印象。]

好吧，让我们言归正传。因为不愿去做葬礼仪式，我告诉他，我不是牧师，他听后尖锐地问我：

“那么你干什么过日子？”

我必须要坦白，过去从来没有人问过我这样的问题，我也从来没有深入思考过这个问题。我一下子被问愣住了，还没有回过神来，就已经下意识地小声回答道：“我，我，我是个绅士。”

他立即撇了撇嘴，轻哼了一声。

“我干过活，我能干活。”我冲动起来，大叫，仿佛他是审判我的大法官，而我在申辩。同时，我也强烈地意识到我为这事去辩解是非常愚蠢的。[赏析解读：作者在此处采用了类比的修辞手法，将此时向海狼拉尔森进行解释与向大法官进行申辩作类比，体现了海狼此时的严肃。]

“为了生活吗？”

他的身上有一股让人无法抗拒的霸气，凌驾于他人之上，我因此感到手足无措——用福路瑟特的话来说是“被震住了”，像个站在严厉的老师面前瑟瑟发抖的小学生。

“谁养活你呢？”他接着责问道。

“我有一份收入，”我理直气壮地说，可是马上恨不得咬掉自己的舌头，“请你原谅，我要说明一下，这和我要跟你谈的事情完全无关。”[赏析解读：在面对野蛮的海狼拉尔森时，此处对于主人公的语言描写，表现出了他的果敢坚韧。]

然而他对我的争辩置之不理。

“那么是谁赚的钱？我想是这样的吧，一定是你的父亲。你靠死人的腿站着，自己从来没有腿。你靠自己走不了一天的路，不能靠自己解决一日三餐的问题。让我瞧瞧你的手。”

他那沉睡的力量一定是快速地爆发了出来，或者是我打了会儿瞌睡，因为还没有等我反应过来，他已经向前跨出两步，猛地抓住了我的右手查看。我想抽回手，可是他的手指紧紧地抓着，虽然看上去没有用力气，但是我却觉得自己的手都快被他捏碎了。这种情况下是很难保持尊严的，我又不能像小学生那样大喊大叫地挣扎，也不能攻击这样一个随时会把我的手腕拧碎的野蛮人。别无他法，我只能站着不动，接受他带给我的侮辱。这时我看见那个死者的衣袋里的东西都已被倒在了甲板上，那具身体和笑容都已被装进了帆布包里，再也看不到了。那名叫约翰森的水手正在用白色的粗麻绳缝着布包的褶子，用手掌上戴着的一种皮制的东西把针顶过去。[赏析解读：此处的叙述描写，表现出了海狼拉尔森的行动迅敏，由此可以看出他是个极具危险性的人物。]

海狼拉尔森鄙夷地一甩，丢开了我的手。

“是死人的手让你的手保持得软绵绵的，这样的手也只能洗洗碗碟、打打下手，其他什么用也没有。”[赏析解读：此处的语言描写，一方面表现出了海狼拉尔森对主人公的蔑视，另一方面揭示了当时社会阶级之间的巨大差距，同时也点明了主人公即将在“幽灵”号上所要做的工作。]

“我希望你送我上岸，”我坚定地说，这时我已经恢复了镇定，“你认为你们的延期和麻烦值多少钱，我就付给你多少。”

他带着一种奇怪的目光打量我，眼睛里流露出了讥笑的神色。

“我有一个相反的提议，那会有益于你的灵魂提升。我的大副死了，需要一名水手来做大副的工作，而舱房小厮又需要来填补水手的位置，而你正好去填补舱房小厮的空缺。签署了航行文件吧，每月二十美元，食宿和穿着都是免费的。你认为怎么样？记住，这是为了你的灵魂得到提升，这会让你重新学会自立，以后你就会明白要靠自己的双腿站立，或许还能走上一两步呢。”

我没有理睬他。我看到西南方向那艘船的船帆已越来越大，越来越清晰。那帆是三桅船的帆，与“幽灵”号的一样，只不过船身与“幽灵”号比起来要小一些。它的样子很好看，颠簸着向我们飞驰而来，很显然会和我们擦肩而过。海风越刮越猛，太阳愤愤不平地闪了几下就消失了。海上一片铅灰色，波涛动荡起来，白浪滔天。我们的船速加快了，船身也倾斜得更厉害了。有一次一阵风卷来，护栏扎进了海里，海水冲上那边的甲板，几个猎手连忙抬起了脚。[赏析解读：此处的环境描写，写出了海上天气的恶劣，同时也体现出了航海生活的艰辛。]

“那艘船很快就要从我们身边经过，”我停顿了一下，接着说，“看样子它是朝着相反的方向去的，很有可能是开往旧金山的。”

“或许吧，”海狼拉尔森一边答道，一边从我面前转过身去，大声叫道：“厨子！嘿，厨子！”伦敦佬马上就从厨房窜了出来。

“那个小厮哪里去了？让他来见我。”

“是的，船长。”托马斯·玛格利奇飞快地跑开，从船舵附近另一个舱门下去不见了。没过一会儿又出来了，身后跟着一个十八九岁、壮壮实实的小伙子，那小伙子皱着眉，一副吊儿郎当的样子。[赏析解读：此处对于小伙子的神情外貌描写，为后文埋下了伏笔。]

海狼拉尔森没有搭理厨子，立即转向小伙子。

“你叫什么名字，小子？”

“乔治·里奇，船长。”那小伙子绷着脸答道，他的这副神情明显表示已经知道被叫来的原因。

“这可不是一个爱尔兰人的名字，”船长语气尖刻地叫道，“叫奥度尔或是麦卡锡这样的名字或许更适合你的这副长相，除非你母亲的柴火堆里藏过一个爱尔兰人——这是很有可能的。”

我看见那个小伙子猛地攥紧了拳头，血往上冲，连脖子都变得通红了。[赏析解读：此处的描写，写出了小伙子在听到海狼拉尔森侮辱自己母亲时的愤怒之情，同时也为下文作铺垫。]

“不过，不说这些没用的了，”海狼拉尔森接着说道，“你或许有理由忘掉自己姓什么，当然，如果你老老实实的，我照样喜欢你。你一定是在电报山港口（位于美国旧金山）上船的吧，满脸带着电报山的气味，是那里人的熊样子，讨厌的程度却是双倍的。我了解你这种人。好吧，在这艘船上你可以下决心把那些毛病改掉。明白吗？是谁安排你上船的？”

“麦克瑞地和思宛森公司。”

"'船长'！"海狼拉尔森大吼起来。

"麦克瑞地和思宛森公司，船长。"小伙子纠正了一下，眼里喷射出仇恨的火花。[赏析解读：里奇对于海狼的愤怒回应，表现出了他易怒、冲动的性格特征。]

"预支的钱谁拿了？"

"他们拿走了，船长。"

"我早猜到了，你把钱让他们拿走也是件好事，动作还挺快的。你也许听说了，有好几个人正在找你呢！"

小伙子转眼之间就变得像一个野蛮人一样，他的身体一缩，仿佛准备随时扑过去，那脸上的神色像是一头被激怒的野兽，咆哮着："那是……"

"是什么？"海狼拉尔森问道，声音显得特别温和，仿佛十分好奇，想要知道那说不出来的字到底是什么。[赏析解读：此处海狼的怪异表现，引起读者的好奇，同时也说明了海狼并不只是一个有勇无谋的蛮人。]

小伙子迟疑了，他强忍着怒火没有发作，"没有什么，船长，我收回。"

"你这样说就表明了我是对的。"他说这话的时候，脸上露出了愉悦的神情，"你多大了？"

"刚满十六岁，船长。"

"你撒谎。你已经过了十八岁了，你这长相可比十八岁大，身上的肌肉就像马儿一样结实。把你的行李收拾一下到水手舱去，你现在提升了，知道吗？"没有等小伙子接受安排，海狼拉尔森便向着那个刚刚干完缝尸这项阴森工作的水手转过身去，"约翰森，你懂航海吗？"

"不懂，船长。"

"啊，没关系，你现在就是大副了，把你的行李搬到后舱大副的舱房里去。"[赏析解读：水手约翰森对于航海技术并不了解，但是海狼拉尔森还是将他提为了大副，此举对故事情节的发展起到了推动性的作用。]

"是，是，船长。"约翰森开始向前走去，看起来他十分高兴。

这时原来的舱房小厮还站在原地没有动弹。

“你还在等什么呢？”海狼拉尔森问道。

“我签的合同不是做桨手，船长，”他答道，“我的合同是做小厮。我不想去划船。”

“收拾好立即去。”

海狼拉尔森这一回的命令让人觉得恐惧。那个小伙子阴沉地紧锁着眉头，一动也不动。

这时海狼拉尔森那旺盛的精力得到了发泄的机会，完全出乎所料，总共不到两秒钟。他一蹦六英尺，跳过了甲板，一拳打在了小伙子的肚子上。那一刻，那一拳倒好像打在了我的肚子上，惊得我一阵反胃。这充分说明了我当时的神经有多么的脆弱，对于暴力场面是如何的陌生。小伙子身子一蜷，瘫软地挂在海狼拉尔森的巨拳上，就像湿布裹在棍子上一样——他起码有一百六十五磅重，但却飞了起来，划出一道短短的弧线，脑袋和肩膀撞到甲板上，和尸体滚到了一起，躺在那里痛苦地扭动着。[赏析解读：此处对于小厮一系列的动作描写，凸显出了海狼强大的力量，以及他的粗野狂暴。]

“怎么样？”海狼拉尔森问我，“你想好了吗？”

这时我正好瞥见那艘开过来的帆船，它几乎与我们的船并驾齐驱，相隔的距离不足两百码。那是一艘干净整洁的小船，我能看见船帆上有个黑色的大数字，还看到了领港船（专为大船接送领港人员的小船。外国船只进入领海后必须由本国领港人员登船驾驶入港和出港。本国船只在危险水道航行时也常用专业领港人员领船）的图案。[赏析解读：逐渐靠近的船只使主人公燃起了希望，但是很快他燃起的希望之火就被海狼浇灭了。]

“这是什么船？”我问道。

“‘圣母’号领港船，”海狼拉尔森的声音听起来十分冰冷，“它把领航员送走了，正回旧金山。凭借着眼前的这股风，再有五六个小时就能到了。”

“你能不能给它发个信号，我或许可以乘坐它回到岸上去。”

“对不起，我的信号簿掉进海里了。”他说道，那些猎手们听到后开始窃笑。

我迟疑了片刻，期间一直愣愣地盯着他的眼睛看。我刚才目睹了那个舱房小厮的悲惨遭遇，也很清楚我可能也会遭到同样的虐待，或者比那更糟糕。就像我说的，我迟疑了片刻，然后做出了我认为自己一生中最英勇的行为。[赏析解读：此处主人公的迟疑，表达出了他内心对海狼拉尔森的畏惧，但是想要回家的迫切心情使他硬着头皮向对面驶来的船只求助。]我跑到船边，挥动两臂，大声喊道："喂，'圣母'号！送我到岸上去！送我上岸，我给你一千美元！"

我等待着，看见两个人站在舵轮边，一个人在掌舵，另一个人把一个麦克风放在嘴边。我没有回头看，尽管我时刻都在等待那个野蛮人致命的拳头。最后，好像过了几个世纪，我再也受不了这种紧张，转过身来。他却站在原地没有动，自在地随着船的颠簸晃动着身子，点上了一支新雪茄。[赏析解读：对面船上的水手令主人公再次升起了希望，但是不肯让主人公离开的海狼此时却表现出十分悠闲的模样，让人感到好奇。]

"怎么回事？出什么事了？"

这是从"圣母"号上传来的喊叫。

"是的！"我大声叫喊，把肺都快喊炸出来了，"生与死的大事情！送我上岸，我给你们一千美元！"

"他在为我的水手的健康干杯，多喝了几口！"海狼拉尔森在我身后大声喊叫，"这一位，"他用大拇指指了指我，接着说道，"刚还在幻想海蛇（属于眼镜蛇科、海蛇亚科，是一种生活在海洋中的爬行动物，也是一种含有神经毒的剧毒毒蛇，被其咬伤极其危险）和猴子呢！"

"圣母"号上的那个人用透过麦克风的哈哈大笑作为回答，那艘领港船飞快地开过去了。

"代我祝他下地狱！"传来了最后一声喊叫后，那两个人挥了挥手以示告别。[赏析解读：此处对"圣母"号上水手的行为描写，说明了他们对于主人公的求助丝毫不以为然。]

我绝望地靠在栏杆上，望着那艘小三桅船离我越来越远，把我们之间海域的荒凉距离逐渐拉大。那艘船大约六七个小时后就可以回到旧金山了！我的脑袋似乎要爆裂了，喉咙也很痛，心好像要从喉咙里蹦出来了。一个飞卷的浪头冲上船舷（是指船舶两侧连接船底和甲板的侧壁部分。由舷侧板、肋骨、舷侧纵桁、舷边和舷墙组成），苦咸的海水溅到我的嘴里。海风强劲地吹着，“幽灵”号倾斜得十分厉害。背风面的栏杆都歪进了水里。我能听见海水冲到下甲板上的声音。

沉默了一阵子后，我转过身来，看见那个舱房小厮跌跌撞撞地站起来了。他的脸色惨白，强忍着的痛苦使他不断地抽搐，脸色看上去像生了一场大病。

“嘿，里奇，到水手舱去吗？”海狼拉尔森问道。

“去，船长。”那是受到威胁的灵魂所做的回答。

“那么你呢？”他问我。

“我给你一千美元——”我刚开口便被海狼拉尔森打断了。

“别用你的那一套来对付我！小厮活干不干？还是要我收拾你一顿？”

我要怎么办呢？被他暴打一顿，甚至丢了命，这样做对我的境况毫无益处。我盯着他那双凶神恶煞的灰色眼睛，其中虽然还带有人类灵魂的光和热，却也可以变成花岗岩。在一些人的眼睛里可以看到灵魂在活动，但是他的眼睛却是荒凉、冷漠、灰暗的，就像大海一样。

“想好了吗？”

“好吧。”我回答道。[赏析解读：清楚地知道自己无法离开“幽灵”号的主人公，最终选择了顺从海狼，主人公开始了他的航海生活。]

“你要说‘好吧，船长。’”

“好吧，船长。”我改了口。

“你叫什么名字？”

“范·魏登，船长。”

“姓什么？”

“亨佛莱，船长，我叫亨佛莱·范·魏登。”

“多大了？”

“三十五，船长。”

“行了，到厨子那里去学你的活。”

我就这样成了海狼拉尔森手下一员了，因为我没有他力气大，可是我那身份当时还不现实，甚至就连现在回想起来也恍如隔世。对于我来说，那永远是一件荒谬至极且怪诞的事情，那是个骇人听闻的噩梦。[赏析解读：此处总结性的叙述，为后文埋下了伏笔。]

“站住，先别走。”

我正要去厨房，听到他的话后规规矩矩地停下了脚步。

“约翰森，把所有人都叫来。现在万事俱备，我们得举行个葬礼，赶紧把那些没用的垃圾清理出甲板。”[赏析解读：此处海狼将死去大副的尸体比作“没用的垃圾”，从侧面体现出了人情冷暖，同时也说明了他的冷酷无情。]

约翰森去招呼船下面休息的水手，两名水手在船长的指挥下把用帆布包裹起来的尸体放到了舱口盖板上。在甲板两边紧靠着栏杆处各绑着一些船底朝上的小艇。几个人抬起舱口盖板上的那具令人毛骨悚然的尸体，将他搬到背风的那一侧，放在那些小艇板上，让他双脚朝外，脚上拴着厨子拿来的那袋煤。

从前我一直以为海上的葬礼是一件庄重且肃穆的事情，但是眼前的这个葬礼无论如何都与我原有的想法不一样。[赏析解读：总结性的叙述，为了更好地引出下文有别于主人公想象中的葬礼的具体描述。]有一个被他的伙伴叫作“黑崽”的猎手，黑眼睛，小个子，讲起了故事，他满口的污言秽语，逗得猎手们每隔一分钟就哈哈大笑，听起来就像是狼嗥或狗叫。水手们闹哄哄地涌到船尾，有些值过夜班的人还揉着睡眼，大家都在小声地说着话。他们的脸上流露出一种不祥、担心的神色。看得出来，他们对此次航行的前景并不看好，因为他们的船长是这样一个人，而且刚刚开始就这样不吉利。他们不时偷看着海狼拉尔森——看得出他们很怕他。

海狼拉尔森走到舱口盖前，所有的人都脱下了帽子。我看了一眼——一共有二十个人，加上掌舵的和我一共二十二个。我忍不住到处打量，这并不奇怪，因为我觉得命运已把我和这些人绑在了一起，我将要与他们在这个禁闭的、漂浮的小世界上，不知道要打发多少个星期，甚至多少个月。这些水手主要是英国人和斯堪的纳维亚人，他们的脸上布满了沉重、愚钝的神色。但是猎手们的面孔却显得更结实、生动，有深深的皱纹和毫无节制的情感流露出来。说来奇怪，我立即注意到海狼拉尔森的相貌里没有这样邪恶的痕迹，他的相貌看上去并不凶狠。没错，他有皱纹，但却是决心和毅力的皱纹。那张脸看上去坦率正直，刮得光光的胡子使这些特色变得更为明显。我简直不能相信，直到那件事发生时，我都想象不到长着这样一张脸的男人竟然会那样对待那个舱房小厮。

海浪越来越猛烈地打着船身，把船舷都吞没了。风在索具之间呜呜作响，像是在演奏一支狂野的曲子，一部分猎手焦躁地打量着高处。背风处躺着尸体的栏杆已经淹到水里了。随着船身从海水里浮起，向右舷转过时，海水便从甲板上冲过，打湿了我们的鞋面，浪花的急雨朝我们头上袭来，每一滴雨水都像冰雹一样打得人生疼。急雨过后，海狼拉尔森开始讲话了，没有戴帽的水手们随着甲板的起伏一起晃来晃去。[赏析解读：此处对于环境的描写，一方面烘托出阴沉的氛围，另一方面说明了海上气候的变化无常。]

“我只记得祈祷文的一部分，”他说，“那就是‘身体将被抛进海里’。扔吧。”

他住了嘴。抓住舱口盖板的人显然因葬礼的短促而迷惑不解，有些不知所措。海狼拉尔森对他们大发雷霆。

“把那头抬起来，该死的，你们到底怎么回事？”

他们慌忙抬起了舱口盖板，死者脚朝外，脚上的煤袋带着他像狗一样坠进了海里。

他消失了。

“约翰森，”海狼拉尔森轻快地和他的新大副说道，“大家既然都在这里，就让他们别走。把中桅帆和斜桅帆收起来，好好收，我们跟东南风杠上了。最好同时把三角帆和主帆（在主桅上最大的一张帆）收起来。”

甲板上立刻忙乱起来，约翰森吼叫着下命令，水手们把各种绳索该拉的拉，该放的放——这一切在我这样一个陆地上生活的人看来，完全没有头绪，而最令我震骇的却是他们的冷酷和无动于衷。死者只不过是一个小小的插曲，一个用帆布包裹的、坠着煤袋扔弃了的小意外；而船却加速前进着，一切如故，没有谁为死亡而伤感。猎手们听着黑崽的新故事哈哈大笑，水手们拽着、升起帆绳，两名水手爬到了桅杆高处。海狼拉尔森站在上风头研究着乌云翻滚的天空。而那个死去的大副，因为死得难看，草草地被下葬了，落进了大海的深处……[赏析解读：大副的尸体被扔进了海中，一切又归于平静，此处的叙述说明令人不禁唏嘘生命的脆弱与无常。]

大海的残忍、无情和威严迎面向我扑来。生命在这里显得渺小、虚伪，成了像禽兽一样无法言语的东西，或一种没有灵魂的分泌物和黏液一般的悸动。我坚持站在迎风的栏杆一侧，距离护桅索不远，越过荒凉的、沫花飞溅的海浪凝视着远方低垂的雾墙，它们把旧金山和加利福尼亚海岸分隔开来。含水的小风暴席卷过来，雾墙渐渐地也变得模糊了。而这艘陌生的船却在大风和大海的威逼下向着西南方向行驶，不断起伏着驶向苍凉、浩渺的太平洋海域。

第四章　学者亨佛莱·范·魏登

[**名师导读**]

在“幽灵”号上的生活并不尽如人意，曾经的学者如今却成了一个小厮，这让“我”感到难以忍受，特别是“我”在受伤后备受冷落更是令人唏嘘，但是令人意想不到的是，那个冷血残暴的海狼拉尔森却在这时给了“我”些许关心，这到底是怎么回事呢？

我竭尽所能地适应着新环境，在这艘猎捕海豹的“幽灵”号上，耻辱和痛苦自此伴随着我。那被水手叫作“医生”、被猎手们叫作“汤米”、海狼拉尔森直呼为“厨子”的玛格利奇变了一副面孔。由于我的身份不同了，他对我的态度自然也随之发生了改变。他开始对我有多么恭顺、谄媚，现在就对我有多么盛气凌人。是的，我不再是那个风度翩翩、像女人一样细皮嫩肉的绅士了，只是一个再寻常不过、分文不值的舱房小厮。

他十分荒谬地非要我称呼他为玛格利奇先生，他给我安排工作时的举止和做派都让我难堪。我不但要干船舱里的活，清理四间窄小的单间舱房，还要在厨房里给他打下手，可是我根本就不知道该如何削土豆、洗刷油腻的饭锅，而这一切便成了他不断挖苦我的根源。[赏析解读：此处的叙述说明，一方面写出了主人公在船上的小厮生活；另一方面写出了玛格利奇的丑恶嘴脸，为后文作铺垫。]他根本就没有把我当回事，确切地说，他根本就不在意我过去的身份，或我所习惯的生活和事物。这是他对我采取的态度的其中一部分。坦白地说，那一天还没有过完，我便已经对他恨之入骨了，这种仇恨是我有生以来对任何人都未曾有过的。

那一天发生的事情让我尤为难堪。“幽灵”号一直在“折好风帆”（像这样的术话我也是后来才明白的），以便穿过玛格利奇所说的“号叫的西南风带”。下午五点半，我按照他的指示在舱房里摆好桌子，把碟子摆上，然后从厨房里送去茶和做好的食物。在这里，我忍不住要谈一些在逆风中行走的海上生活的经历。

“留神点儿，否则你会弄得湿透的。”玛格利奇在我临走时提醒道，那时我一只手拿着茶壶，另一只手臂搂着几个新烤的面包。一个名叫亨德森的吊儿郎当的瘦猎手正从“下等舱”（猎手们这样戏称他们在船中部睡觉的地方）向船尾的舱房走去。[赏析解读：此处将猎手们休息的地方称为“下等舱”，虽然是一种戏称，却从侧面说明了这些生活在社会底层人物的生活现状。] 海狼拉尔森在舵楼甲板上吸着他一直叼着、仿佛永远抽不完的雪茄。

“手脚快点儿，赶到前面去！”厨子喊叫起来。

我停住了脚步，不知道要到什么前面去，却只看见厨房门“砰”的一声关上了。然后我便看见亨德森像疯了一样地跑向主船索，跳上靠里面的那一侧噌噌往上爬，一眨眼的工夫，爬到了比我高好几英尺的地方。同时，我看见一片大浪冒着白沫打着滚儿，涌到了栏杆的上方。我就站在这片浪头的下面。一切都发生得那么新鲜，那么古怪，让我的反应系统出现了短暂的罢工。我意识到遇到了危险，可是也仅此而已。我呆住了，站在那里没动。[赏析解读：此处的环境描写，将浪花生动形象地表现出来，说明了当时情况的危险，增添了紧张的气氛。] 这时海狼拉尔森在舵楼甲板上大声喊道：

“抓住个东西，你——你这个骆驼！”[赏析解读：主人公的名字叫亨佛莱，英语即 Humphrey，Hump 的意思是驼背，在这里海狼拉尔森是在骂他，当然他并不驼背，主要是骂他迟钝，因为骆驼的特征是驼背，而且在一般情况下行动缓慢。]

一切已为时过晚。我跳向索具，希望可以抓住它，可是那片大浪向我劈头盖脸地打下来了。接着发生的事情简直可以用一锅粥来形容。我被淹在水里，喘不过气来，我感觉很快就会被淹死。我的双脚不听使唤，人也倒下了，一直不停地翻滚着，早就不知道滚到哪里了。我有好几次都撞在坚硬的物体上，有一次右膝盖被狠狠地磕了一下。然后大水好像突然退去了，我重新回到空气中呼吸了。我已经被从向风面冲过“下等舱”的扶梯，到了背风面的排水口，撞在了厨房墙上。受伤的膝盖疼极了，我没有办法站起来，至少我是那么觉得的。我敢肯定我的腿断了。[赏析解读：通过对主人公一系列动作的描写，说明了当时浪花之大，同时也从侧面说明了航海生活需要承受的风险与艰辛。]但是厨子却还在盯着我。他在背风面的厨房门口大声叫着：

“好啊你！你不会是想一整夜都躺在那里吧？你的茶壶呢？掉海里了？你要是摔断了脖子也是活该！”

我挣扎着站了起来。值得庆幸的是，那把茶壶还在我手里。我一瘸一拐地走到厨房门口递给了他。但是他却凶神恶煞地冲我发了很大的脾气，不知是真的还是装出来的。

“你肯定是个懒鬼，我想问问，你到底还能干点什么？你说，你到底能干点什么呢？连一壶茶都送不到后舱去。我现在还得重新去烧。”

“你还好意思哭吗？”他又向我发泄火气，这次他的怒火更大了，“就因为你可怜的小膝盖受伤了吗？妈妈的可怜的小乖乖。”[赏析解读：通过描写玛格利奇对主人公前后的态度变化，使其人物形象更加完善、饱满。]

我并没有哭，不过，我的脸色或许真的很难看，那是因为疼痛使我变得面目全非。但是我强打起精神咬紧牙关，脚步蹒跚地在厨房和后舱之间跑前跑后，再也没有出现过什么问题。这次意外给我带来两样东西：一个受伤的膝盖——因为没有包扎，我因此吃了好几个月的苦头；还有一个新名字：“骆驼”，这是海狼拉尔森站在舵楼甲板上叫出来的。从此以后，无论是在船头船尾，大家都只叫这个名字了，于是它就成了我思考过程的一部分，我听到它就知道那是我，下意识地认为我自己就是“骆驼”，仿佛“骆驼”原本就是我，而且从来就是我。

在舱房伺候吃饭并不轻松，那里坐着海狼拉尔森、约翰森和六个猎手。首先舱房很小，我不得不转着圈为他们服务，再加上“幽灵”号颠簸摇晃得厉害，这让我活动起来更加困难了。但是最让我难以接受的是我尽心尽力地为这些人服务着，却没有一个人同情我。我隔着裤子都能摸出来我的膝盖肿得很大，疼得我难以忍受，快要晕过去了。我在舱房的镜子中看到自己的脸色惨白得像幽灵，痛得变了形。所有人一定都看出了我的惨状，可是没有人对我说半句同情的话，或者多看我几眼。等到海狼拉尔森在我洗盘子时过来跟我说话后，我几乎要感谢他了。[赏析解读：在没有人关心受伤的主人公时，海狼的安慰使主人公觉得十分感动。]

“别为这样的小事情而烦恼，你会慢慢习惯这些的。或许你会瘸些日子，可是你依然会学会走路的。”

“这或许就是你们所谓的‘诡论’吧，是吗？”他又补充了一句。

我点了点头，照例回答说：“是的，船长。”海狼拉尔森听后似乎很满意。

“看样子你懂得一些文学？是吗？太好了，等有时间了，我们一起来交流交流。”

然后他便不再理我，转身回到了甲板上。

那天晚上，在我总算干完没完没了的工作后，被打发到“下等舱”去睡觉。我在那里搭了一个加铺。[赏析解读：此处的叙述，一方面说明了主人公繁重的工作；另一方面凸显出了船上生活条件的艰苦，这都与其之前优越的生活条件形成了强烈的对比，从侧面体现出了主人公坚强的意志。]我很高兴能摆脱厨子那副可恶的嘴脸，至少可以随意走一走了。令我吃惊的是，我身上的衣服竟然干了，好像也没有要感冒的迹象，尽管我白天被大浪浇透了，而且从“马丁尼孜”号上落海后又在水里泡了那么长时间。如果是以前，经过这样一番折腾，我早就躺上床，找个训练有素的护士照料了。

但是我的膝盖却把我折腾得够呛。就我的感觉而言，由于肿胀得太厉害，我的膝盖好像都翘起边了。我坐在床上检查膝盖时（那六个猎手都在这“下等舱”里吞云吐雾，大声喧哗着），亨德森不经意地看了一眼。

“看起来很糟糕，”他总结了一下，“拿块布包一下会好一点。”

这就是最仁慈的话了。如果在陆地上我一定会舒服地躺在床上，叫个外科医生悉心照料着，我会严格按照医生的话去做，好好休息。然而在这里我必须对这些人说句公道话，尽管他们对我的痛苦表现得漠不关心，可是如果他们中间有谁发生了意外，他们对自己人也一样漠不关心。我相信首要原因是习惯，其次是他们对这种事根本就不怎么敏感。我完全相信，一个身体素质高度敏感的人，受到了这样的创伤，痛苦也是他们所感觉的两三倍。

虽然我累了——事实上是筋疲力尽——却因为疼得要命的膝盖而难以入眠。我只能强忍着伤痛，不敢大声呻吟。如果是在家里，我一定会大喊大叫，以此来发泄痛苦，但是在这种苟且的新环境里，我似乎只能像个野蛮人一样强忍着。这些像野蛮人一样的人，在遇到重大事情时的态度像苦行僧一样，但是在小事情上却像个孩子。[赏析解读：此处的叙述，一方面承接了前文中主人公对于猎手们在面对痛苦时的描述；另一方面引出后文中两个猎手为一个小问题发生争执，丰富的人物形象，使其变得生动可爱。]我记得在后来的航程中，另一个猎手寇伏特失去了一根手指——被砸成了肉酱，可他连哼都没有哼一声，面不改色。而我不止一次看见他因为一些小事大发脾气，蛮不讲理。

他现在就在闹着，叫喊咆哮着，双手挥来挥去，像恶魔一样咒骂着。只不过因为在和另一个猎手争论小海豹是不是天生就会游泳的问题上发生了冲突。他坚持认为会，一生下来就会。而另一个猎手拉提莫——那是一个干瘦的像美国佬的家伙，眼睛像是两道缝，显得很精明——他却认为小海豹生在陆地上，不会游泳，它们的母亲只好教它们游泳，就像老鸟教小鸟飞翔一样。

在大多数时间里，另外四个猎手都靠在桌子上或者躺在自己的床上，随意地听着这两个人没完没了的争论。不过，他们听得津津有味，每隔一段时间就会帮一边说两句，有时大吵起来，七嘴八舌的，声音一阵高似一阵，就像模拟的雷声一样在有限的空间里翻滚。[赏析解读：此处将猎手们争论的声音比作是“雷声”，体现出了他们不拘小节、粗俗野蛮。]他们的话题十分幼稚和不切实际，争论的水准自然也更加幼稚和不切实际。事实上，他们说理很少，或许根本就没有。他们的方式不外乎妄称、假定和指责。他们指出小海豹天生会游泳或者不会游泳，只是武断地提出看法，然后再根据这种看法攻击反对者的判断、认知、国籍或是过往。反辩的一方也如法炮制。我之所以提到这些，只是想要表明这些人的智商程度，可是我被迫要和他们打交道。在智商上他们像孩子，只是长了大人的体形而已。

他们不停地抽烟，那是一种粗糙、廉价也很难闻的烟叶。舱里烟雾缭绕，空气十分混浊，带着浓烈的烟味儿。船在风暴中艰难地航行着，颠簸得厉害，如果我晕船的话，非得把五脏六腑都吐出来不可，但就那样也让我直恶心。当然，恶心也可能是因为膝盖的伤痛和过度的疲劳造成的。

我躺在床上思考着，自然而然会想到自己和自己的处境。这真是做梦也想不到的意外：我——亨佛莱·范·魏登——堂堂一个学者，一个十分爱好文学艺术的人，竟然会躺在这艘到白令海（是太平洋沿岸最北的边缘海，海区呈三角形。北以白令海峡与北冰洋相通，南隔阿留申群岛与太平洋相连，将亚洲大陆与北美洲大陆分隔开。1728年丹麦船长白令航行到此海域，因而以他的姓氏命名）捕猎海豹的船上，真是独一无二、做梦也想不到的事。舱房小厮！我长这么大还没有做过任何繁重的体力劳动，也没有干过肮脏的工作。我一直都生活得很安稳、悠闲——那是一个学者和隐士的生活。依靠着笔杆子过着既有保障又很舒服的生活，对于暴烈的生活和运动从不感兴趣。[赏析解读：此处的叙述，一方面点明了主人公的身份；另一方面体现出了主人公原来优越的生活，与此情此景形成了巨大的落差。] 我一直以来就是一个书呆子，从小我的姐姐们和父亲就是这么喊我的。我长这么大只露宿过一次，而且在刚开始不久后便起身离开了，回到了舒适方便的房子里。往事不堪回首。而我现在躺在这里，筋疲力尽，等着我的不是摆放餐桌，就是削土豆皮、洗盘子。我的身体又不好，医生们都说我的体质与常人不同，可惜我从来没有锻炼过。我的肌肉又小又软，像女人——至少医生们常常把这样的话挂在嘴边，因为他们过去一直试图说服我，让我进行时尚的体育锻炼。然而我却更喜欢使用我的脑子，对锻炼身体并不热衷，可我现在到了这里，面对的只有艰难的生活，却没有应有的好身体。

这些只是我想到的其中几件事情而已，在这里说出来也只是为了让大家了解一下我这个人注定要演绎的一个软弱无能的角色。我还想起了我的母亲和姐姐们，想象着她们的哀伤。我在“马丁尼孜”号海难的失踪名单里，却没有找到尸体。我能想象到报上的头条标题，以及大学俱乐部和碧蓓洛俱乐部的成员们会边摇头边说：“可怜的家伙！”我还能想象到查理·福路瑟特跟我那天早上向他告别时一样，穿着睡衣，悠闲地靠在垫有枕头的窗边睡榻上，自言自语地念叨着沉重、悲伤的警句。

就在我陷入沉思的同时，“幽灵”号在海上颠簸着，先爬上起伏的浪山，然后又掉进泡沫飞溅的峡谷中，在海水中翻滚着，向着太平洋的深处越走越远——而我就在船上。我能听到风在上面“呼呼”地吹着，风声就像被抑制了的怒吼。不时有脚步声在我头顶上响起，四周响起了“嘎吱嘎吱”的响声，木头和用具发出千万种声音呻吟着，吱吱响着，抱怨着。猎手们还在争论着，他们扯着嗓子吼叫，就像某种半人的两栖动物。空气中充斥着各种污言秽语。我能看到他们的面孔涨得通红，横眉怒目，随着船的颠簸而起伏的风灯用扭曲病态的黄光凸显着他们的粗野。在朦胧的烟雾中，床铺看上去就像动物园里动物睡觉用的笼子。墙上悬挂着油布衣和靴子，步枪和猎枪胡乱地嵌牢在架子上，那是以往岁月中海上冒险家和海盗的装备。我的想象天马行空，仍然无法入睡。那是一个疲惫而凄凉的漫漫长夜。[赏析解读：此处的环境描写，凸显出了主人公对于家人的思念之情，以及对当前痛苦生活深深的感叹。]

第五章　用拳头说话

［名师导读］

“我”在“下等舱”醒来的第二天，发现钱包被偷了，不但如此，偷盗者还对“我”进行了讥讽，这让“我”十分难过。偶然间，“我”在打扫海狼的舱房时，发现了他平时阅读的书籍，以及他的笔记，于是“我”便把自己钱包被偷的事告诉了他……

不过那是我在猎手的“下等舱”里度过的第一个也是最后一个夜晚。第二天，新大副约翰森被海狼拉尔森从舱房里轰了出来，安排住进了“下等舱”，从此就睡在了那里，而我则住进了从第一天起就已有两人住的舱房特别小间。猎手们很快就知道了调换房间的原因，发出了许多抱怨。约翰森每晚睡觉前总会把白天发生的事情重复一遍，说个没完，吼叫着下达命令，搞得海狼拉尔森很受不了，于是便把这个麻烦的家伙打发到猎手那里。

由于一夜没有入睡，我起床后觉得浑身乏力，心浮气躁，我在“幽灵”号上瘸着腿忙碌着度过了我的第二天。托马斯·玛格利奇早上五点半就把我喊了起来，就像比尔·塞克斯（英国著名小说家查尔斯·狄更斯的名著《雾都孤儿》中的人物，是伦敦一个作恶多端的强盗、杀人犯）唤出他的猎狗一样，不过玛格利奇对我的冷酷无情却被原封不动地还了回去，甚至变本加厉。他那完全没有必要地大喊大叫（我整夜躺着无法合眼），一定把其中一个猎手也吵醒了，因为只见昏暗的光线中一只沉重的靴子噌地飞了出去，玛格利奇疼得大叫一声，然后便低声下气地请求大家原谅他。后来，我在厨房里发现他的耳朵又青又肿，一直没有恢复原状，水手们就叫他“菜花耳朵”。[赏析解读：此处通过描写玛格利奇对主人公的欺辱，以及猎手对玛格利奇的欺凌，体现出了船上森严的等级制度。]

那天不幸的事情一件接着一件。我头天晚上把我烘干的衣服从厨房里取了回来，立即把厨子的衣服换下来。我检查了一下我的钱包，里面除了一些小零钱，还该有一百八十五美元金币和纸币，我对这类事情记得非常清楚。可是钱包虽然被我找到了，里面的钱却没有了，只剩下一些小额银币。我到厨房工作时问了厨子这事。我虽然预料会得到粗暴的回答，却没有想到会得到一番气势汹汹的训斥。[赏析解读：此处对主人公钱包被偷的叙述说明，为后文埋下了伏笔。]

“听着，骆驼，”他开口说道，眼睛里凶光毕露，声音从喉咙深处挤了出来，“你这是想要我揍破你的鼻子吗？你既然认定我是个小偷，那么就该把你的东西看管好，要不然就是你自己的错。你这要不是恩将仇报，那就把我揍瞎好了。你就是一个可怜的人渣，还是我把你弄到这厨房来的。我好生待你，你反倒这么报答我。下次你就下地狱去吧，我说。我得好好教训教训你。”他一边说，一边举起拳头向我冲过来。说起来真是太丢人了，我不但躲开了那一拳，还逃出了厨房。[赏析解读：面对着凶狠的玛格利奇，主人公只能选择逃走，说明了他们在力量上的悬殊。]我还能怎样呢？在这艘野蛮的船上，他们只崇尚武力，道义上的规劝是没有人重视的。你想象下，像我这样一个中等身材、体格消瘦、肌肉软弱无力、没有经过锻炼、一直过着和平悠闲生活的人，对所有的暴力行为都退避三舍——这样的一个人能做什么呢？让这样的人去面对这些穿着衣服的畜生，那还不如站在那里面对一头发狂的公牛。

那时我想到的就是这样的理由。我觉得应该为自己辩白一番，这样才能让我的良心过得去，但是这种辩白不会让我满足。即便到了今天让我以男子汉的身份去回忆这些事情，也没法做到无愧于心。那种情景真的超出了合理行为的规范和理智的冷静判断。按照正常的逻辑去回忆这件事，就算不上是一件丢人的事，然而每当我回忆起来，仍然免不了因为那羞耻感而耿耿于怀。我作为男子汉的自尊，使我觉得我的男子汉尊严被践踏、被侮辱了。

这种感觉现在已经没有了，当时也没有觉得它的存在。我从厨房逃走得太快，这让我的膝盖疼痛无比。我跑到舵楼甲板上时便无奈地瘫软在地上，好在那个伦敦佬并没有追来。

“快看他逃跑那样儿，快看他逃跑那样儿！”我听到他在我身后喊着，“还拖着一条瘸腿呢！快回来吧，你这可怜的妈妈的小宝贝，我不会揍你了，不，不揍了。”[赏析解读：通过此处对玛格利奇的语言描写，表现出他对主人公的鄙夷之情。]

我瘸着走了回去，继续工作。这件事到这里算是告一段落了，虽然更深的冲突还要发生。我在舱房里的桌子上摆好早餐，七点钟的时候伺候那些猎手、船长和大副用餐。很明显风暴已经在夜里停止了，但是大海上还是波涛汹涌，风力强劲。[赏析解读：此处对于环境的描写，写出了当时天气的恶劣，为下文作铺垫。]早班的人已经升起风帆，只有两面中桅帆和船首三角帆没有使用，“幽灵”号乘着风全速前进。从他们的谈话中得知，在早饭后那三张帆也要升起来。我还听说，海狼拉尔森满心想要利用这次风暴，尽快赶向这片水域的西南方向，他希望能在那里赶上东北贸易风（指的是在低空从副热带高压带吹向赤道低气压带的风。在赤道两边的低层大气中，北半球吹东北风，南半球吹东南风。古代商船都是帆船，它们就是靠着这种方向常年不变的风航行于海上，故名贸易风。我国称为信风，也指它的方向不变，很守信用）。他希望利用贸易风往南画一道弧线，进入热带，接近亚洲海岸时再向北行驶，完成他到日本去的主要航程。

早餐后我又遭遇了一次不令人羡慕的经历。我把碗碟洗好后，清理了舱房的火炉，盛上炉灰去甲板上倒掉。海狼拉尔森和亨德森站在轮舵边专注地谈着话。水手钟森在掌舵。在我往向风面走时看见钟森的头猛然甩了一下，我误以为那是在跟我打招呼。实际上，他是在告诉我把炉灰倒在背风的那侧。我不知道自己的错误，从海狼拉尔森和亨德森身边一走过就冲着风头把炉灰倒了出去。大风把它们吹了回来，不仅吹到了我身上，还吹到了亨德森和海狼拉尔森的身上。[赏析解读：此处在这里对早餐后发生的事情进行了具体的叙述说明，为后文作铺垫。] 海狼拉尔森立即狠狠地踢了我一脚，像在踢野狗一样。我过去从不知道挨踢竟会那么痛。我跌跌撞撞地从他的身边逃开，直到靠在舱房上才停了下来，几乎痛晕过去了。我的眼前直冒金星，还感到一阵阵的恶心，那种感觉非常难受，我好不容易才爬到了船舷边。但是海狼拉尔森没有再追究。他把身上的炉灰掸掉后，又和亨德森说起话来。钟森从舵楼舱口看到了这一幕，便安排了两名水手到船后去清理炉灰。

那天早上晚些时候，我又经历了一件性质截然不同的事情。我依照厨子的指示去收拾海狼拉尔森的舱房，整理床铺。在他的床头靠近舱壁的地方，那里摆放着一架子书。我无意间打量了一下，看到了一大串令人吃惊的名字，比如莎士比亚（1564—1616年，英国文艺复兴时期剧作家、诗人，代表作有《威尼斯商人》《仲夏夜之梦》等）、丁尼生（1809—1892年，英国诗人，代表作有组诗《悼念》）、爱伦·坡，以及德·昆西（1785—1859年，英国散文家、文学评论家，代表作有《一个鸦片吸食者的忏悔录》）；还有以廷德耳（1820—1893年，英国生理学家，著有《作为运动形态的热》）、普洛克托和达尔文为代表的科学著作；除此之外还有些关于天文学和物理学的书籍。我还看见了布尔芬奇（汤玛士·布尔芬奇，1796—1867年，美国作家，代表作有《寓言时代》《骑士时代》《查理曼大帝时代》）的《寓言时代》、萧的《英美文学史》以及约翰逊（1884—1937年，美国探险家，曾经深入非洲腹地，为美国纽约市自然史博物馆拍摄非洲野生动物。他是杰克·伦敦的朋友）的两大卷《自然史》。另外，又看见了许多的语法书，比如麦特卡伏、瑞德和凯洛格合著的著作。[赏析解读：此处的叙述描写，说明了海狼的知识十分丰富，他对天文、地理、文学、科学都有所涉猎，体现出了这个野蛮人并不像是人们看到的那样“力大无脑”。] 当我看到一本《纯正英语》时不禁哑然失笑。

我很难把这些书与眼中那人的行为联系在一起。我怀疑他是否能读，不过在收拾床铺时，我又发现在毛毯里掉落了一本剑桥版的勃朗宁（罗伯特·勃朗宁，1812—1889 年，英国诗人，代表作有《戏剧抒情诗》《指环与书》等）的诗集，很明显那是在他睡着时掉下来的，翻开处是《在阳台上》（勃朗宁的一部热情洋溢的爱情诗剧）。我还发现好些段落下面有铅笔画出的标记。船身颠簸了一下，书从我的手里掉到了地板上，从书中掉落出一张纸，上面潦草地画满了几何图形，而且还列着些数学计算式。[赏析解读：从海狼床铺里掉落的书以及他在书上做的标记，都令读者看到了一个不一样的海狼，使人物形象更加饱满。]

显然这个凶狠的人并不是个无知的傻瓜，虽然人们的印象都停留在他那粗野的行为上。他成了一个谜。想要把他天性的两方面分开理解并不难，但是合起来理解就太难了。我说过，他的语言很出色，虽然偶尔也有些小毛病。当然在跟水手和猎手们对话时，他漏洞百出，但那是土话本身带来的，而在他跟我说的不多的话里那语言却清楚明确。

我看到了他的另外一面，这样的发现让我壮起了胆子，我决定告诉他我丢钱的事。[赏析解读：此处的心理描写，说明了主人公发现了海狼的另一面后，决定向他求助。]

“我被偷了。”不久后，当我发现他独自在舵楼甲板上走动时，便对他说。

“‘船长’。”他纠正我，虽然不粗暴，却冷冰冰的。

“我被偷了，船长。”我改口说。

“怎么被偷的？”他问。

我向他讲述了整个情况。我是怎样把衣服晾在厨房里，而在讲理时厨子又如何恐吓我的。

他微笑着听我说完。“顺手牵羊，”他下结论说，“厨子顺手牵羊，可你不觉得你的命值得那几个钱吗？把这当作一次教训就好了。你会逐渐学会怎样照顾自己和自己的钱的。我估计你的钱一直以来都由律师或代理人打理的吧！”

他的语气里有嘲讽的意思，但我还是问道：“那我要怎么才能拿回我的钱呢？”

“那是你该思考的问题了。反正你现在再也没有律师或代理人了，只能靠你自己。

一块钱在你的手里时，你就要攥紧，钱乱放被偷了就是活该，而且你也犯了错。你无权把诱惑放在同伴的面前。你用那引诱了厨子，使他堕落了。你使他永生的灵魂有了危机。顺便说一句，你相不相信有永生的灵魂？”

他说完最后一句话的同时缓慢地抬起了眼皮，秘密仿佛一瞬间被打开了，我似乎窥视到了他的灵魂深处，但那一切都是幻觉。没人能看进海狼拉尔森的灵魂深处，甚至连他的灵魂也从没有见过——此刻才得到了确认。后来我才明白，这是一个孤独的灵魂，表面的面具看起来像被揭开了，其实从未被揭开过。[赏析解读：此处总结性的叙述说明，为后文埋下了伏笔，增加了海狼的神秘性，引起读者的兴趣。]

“从你的眼睛里，我看到了永恒。”这次我没有使用“船长”，这是一种试探，我觉得和他亲切交谈是完全没有问题的。

他果然没有在意，“你这话，我可以理解为你看到了一些生机勃勃的东西，不过那未必是永恒。”

“我看到了更多。”我壮起胆子说下去。

“那么你就是看到了意识，看到了生命的意识，觉得它有活力，但那说明不了什么，并没有永恒的生命。”

他的思维清晰极了，表述也十分精准！他不再用奇怪的眼神打量我，而是掉头把目光放在了窗外天空的云朵上，眼神中流露出一股苍凉之色，嘴角的皱纹也严厉起来。很明显，他的心里满是沧桑。[赏析解读：此处对于海狼神情的描写，使读者对于海狼的过往经历到底是什么样的产生了好奇。]

“那能达到什么目的呢？”他转过身子说道，“就算我能永恒——又怎么样呢？”

我犹豫了。我该怎么向他阐述我的理想主义呢？我能够用适当的词汇表达出所感到的那种东西吗？那东西就像梦幻曲令我神往，却无以言表。

“那么你相信什么呢？”我反问他。

“我相信生命是一团混乱，”他立刻答道，“就像酵母一样乱作一团，活动一阵子、一小时、一年，或是一百年，最终还是会毁灭。为了活动，大酵母就必须吃掉小酵母，为了活动，强大的酵母就吃掉弱小的酵母。幸运的酵母吃得最多，活动的时间也最长，仅此而已。从这样的东西中你能够找出什么道理？”在船的中部有些水手正在摆弄着绳索，他对他们不耐烦地挥了挥手。

“这群家伙活动，酵母也活动。而这群家伙活动是为了填饱肚子，同时也是为了继续活动，这就是答案。他们为了吃饱饭而活着，同时能吃饱饭也让他们活着，如果循环下去，是得不到结果的。然而他们也不会得到别的结果。最后他们停止了，不动了，也就完蛋了。”

“他们有梦，”我插了一句话，“灿烂辉煌的梦……”

“梦见的是食物。”他说出了一条类似格言的结论。

“还梦见……”

“食物。梦见更好的胃口和满足胃口的更大的幸运。”他的声音粗野，却并不轻率，“听着，因为他们梦见了幸运的航行，赚了更多的钱，梦见自己当了大副，发现了宝藏——总之是更有优势去掠夺伙伴，整天都不用做事，吃美味的食物，让别人吃苦受累。你，我，和他们一样，只是我吃得更多，你吃得更精细。我现在就在吃他们，你也在吃。但是在以前，你比我吃得更好，你睡柔软的床铺，穿着好看的衣服，吃着美味的食物。可是那床是谁铺的？衣服是谁做的？饭是谁烧的？都不是你。你从来不流自己的汗做任何事情。你靠你父亲赚的钱过日子，就像一只军舰鸟（军舰鸟是鹈形目军舰鸟科5种大型海鸟的通称。具极细长的翅及长而深的叉形尾，翅展长约可达2.3米，通过骚扰其他带着猎物归来的海鸟获得食物，因为这种“抢食”行为，它又被称为“强盗鸟”。由于它的这种掠夺习性，早期的博物学家就给它起名为frigatebird。frigate是中世纪时海盗们使用的一种架有大炮的帆船。在现代英语中，frigate是护卫舰的意思。后来人们干脆简称它们为man-of-war，意思是军舰。军舰鸟的名字就这样叫开了）扑向海鹅（海鹅即海鸥，是一种中等体型的海鸟，也是最常见的海鸟），把它们捉到的鱼抢走。你和组成所谓政府的那群人是一伙的。那些人是其他人的奴隶主。你们把别人挣来给自己吃的食物吃掉；你们穿着暖和的衣服，让他们穿得破破烂烂的，冻得直发抖，还得向你、向管理你钱财的律师或代理人求份工作。”[赏析解读：海狼的话中，一方面透露出他的睿智；另一方面表达出了他对上层阶级不劳而获的不满。]

“那已是题外话。”我叫道。

“完全不是。”此时他的言语犀利，两眼放光。“这是像猪一样的贪婪，而这就是生活。给贪婪的猪以永恒有什么用呢？有什么意义？目的何在？追求什么？你从来没有做过饭，可是你吃掉的或是浪费掉的食物就可能救几十个人的命。他们做了饭却吃不到。你在为哪一个永恒的目的服务呢？或许是他在为你服务吧？比如你和我，你的生命撞上我的生命之后，你所吹嘘的永恒还有什么意义呢？你想回到岸上，那个地方对像你这样贪婪的猪是有好处的，但我却一时兴起把你留在了船上，我这头贪婪的猪在船上吃得开。我还要把你留下。我不但可以造就你，也可以打死你。你可能在今天、在这一周或是在下个月就会死掉。我现在用一个拳头就可以打死你，因为你是弱者。如果人能永恒，那么这要怎么解释呢？你和我都像猪一般的贪婪，永恒的人不会这么做吧？我再问问你，这一切又有什么意义呢？我为什么把你留下了呢？……”[赏析解读：从海狼的语言描写中，一方面表达出了他内心的真实想法；另一方面表现出他对主人公所在阶级的不满。]

“因为你更狠。”我忍不住壮着胆子说了一句。

“我为什么更狠？”他马上用他那无穷的问题问下去，“仅仅是因为我这块酵母比你大！你明白了吗？明白吗？”

“我只明白我没有希望。”我辩解道。

“没错。”他答道，“既然没有希望，那你为什么还要活动？因为活动就是生活吗？要是没有活动，不是酵母的一部分，也就没有什么有没有希望之说了。可是——问题就出现在这里——我们虽然没有理由想活、想活动，却仍然活着而且活动着，因为想活而且要活动正是生命的本能冲动。丢失了这个，生命也就不复存在了。让你梦想永恒的，正是你身子里的这个本能冲动——因为你身体里的生命本能地活着，而且想要永远地活下去。呸！那只是永恒的贪婪而已！”

他突然转过身走了，然后在舵楼楼梯口站住了，把我叫了过去。

“顺便问一句，厨子从你那里捞走了多少钱？”

“一百八十五美元，船长。”我回答。

他点了点头。过了一会儿，当我走向舱门的楼梯处时，听到他正在船的中部大声骂着谁。[赏析解读：此处的叙述说明，起到了承上启下的作用，为下文的剧情展开作铺垫。]

第六章　冷酷的人

[**名师导读**]

“幽灵”号平稳地在海上航行，在这里“我”结交了一位新的朋友，他叫路易，“我”从他那里听到了关于海狼拉尔森的种种恶行。与此同时，哈里森事件的发生，让“我”对海狼拉尔森的残忍有了新的认知。

第二天早上，暴风雨停了，“幽灵”号在平静的海上行驶着，偶尔有轻风拂面而过。海狼拉尔森在舵楼甲板上不断地巡视，他的目光总是关注着东北方向，那里会吹来东北贸易风。大家都站在甲板上收拾着自己的小艇，进行捕猎前的准备。船上有七艘小艇：船长的印度式小艇和六艘猎手用的小艇。每艘小艇三个人——一个猎手、一个桨手和一个舵手。桨手和舵手都是水手，猎手一般可以指挥桨手和舵手，而全体人员都要服从海狼拉尔森的指挥。[赏析解读：此处的叙述说明，点明了小艇上水手的装备标准以及等级制度。]

我很清楚这一切。在旧金山和维多利亚各个船队里，“幽灵”号被看作最快的三桅船。事实上，它以前是艘私人游艇（集航海、运动、娱乐、休闲等功能于一体的船只，满足个人及家庭享受生活的需要），建造它的初衷就是为了快捷，它的轮廓和装备已经说明了问题——尽管我对此类事情完全不明白。昨天值第二个错班（船上的水手下午四点到六点、六点到八点轮值的短班，各两个小时，称为第一错班和第二错班，这样做的好处是可以让轮流值班的人可以错开，避免总在同一时间段值班）时，我和钟森有过短暂的交谈，他把这艘船的事告诉了我。他谈得很热烈，带着对好船的热爱，就像有些人热爱骏马一样。他对前途感到非常不安。我从他那里了解到海狼拉尔森在捕海豹船的船长中已是声名狼藉。打动钟森加入这次航行的原因就是这艘船，但是他已经后悔了。

他告诉我，“幽灵”号是一艘八十吨的三桅船，船的外观十分精巧。它的横梁，也就是宽度，有二十三英尺，长度略大于九十英尺。没有人知道铅质的龙骨有多重，但重得出奇，这使它的稳定性极佳。备用船帆的幅宽异常巨大。从甲板到主中桅木冠的距离有一百多英尺；而前桅和它的中桅却短八至十英尺。我之所以要介绍这些细节是让大家对这个装载了二十二个人的浮动小世界加深理解。那是个很小的世界，一粒微尘，一个小不点。而令我感到吃惊的是，人们竟然敢乘着如此脆弱的小东西到海上去冒险。

海狼拉尔森还以铤而走险地处置船帆而名扬海上。我曾经无意间听到亨德森和一个加州猎手斯坦第什谈及此事。两年前他在白令海遇上了飓风（大西洋和北太平洋地区将强大而深的热带气旋称为飓风，也泛指狂风和任何热带气旋以及风力达12级的任何大风。飓风中心有一个风眼，风眼越小，破坏力越大，其意义和台风、旋风类似，只是产生地点不同），竟把桅杆全都吹掉了。现在的船桅都是后来新装的，各个方面都更可靠、更结实。据说他在安装这些桅杆时曾说过，宁愿让船翻了也再不会丢掉桅杆了。

除了因为升职而喜出望外的新大副约翰森，好像每个人上船的理由都各有见不得人的地方。前船的人有一半是远洋水手，他们的解释是不知道这艘船和它的船长的底细，而知道底细的人则私下相传猎手们的枪法虽然极准，但是都以爱吵架和爱打架而臭名远扬，正经的三桅船都不肯要他们。

我和另一名水手交上了朋友，他叫路易，是诺伐斯科提亚（加拿大东南部省名，原意是新苏格兰）的爱尔兰裔人，他有着胖乎乎的身子，整天乐呵呵的，很喜欢交际，只要有人愿意听，他就愿意不停地说下去。下午，厨子睡觉去了，我在削着永远削不完的土豆，路易就跑到厨房来找我聊天。[赏析解读：此处的叙述说明，一方面点明了路易是主人公的朋友；另一方面简单介绍了一下他们相识时的场景。] 他说自己之所以上船，只是因为签字时喝醉了。他向我一而再地保证，如果他当时清醒的话，无论如何也不会签字的。每年到了固定的季节他都要上船去猎捕海豹，他已经干了十二年了，被看作船队里最好的两三个舵手中的一个。

"啊，小伙子，"他向我摇了摇头，"这艘三桅船糟糕透了。你不像我，我是因为喝醉了。猎捕海豹是件令水手高兴的事——可不是在这艘船上。大副是头一个死掉的，但是要记住，这一趟航行中还会有人死掉的。嘘，这些话就我俩知道——还有那根桅杆：这个海狼拉尔森是个真正的魔鬼。'幽灵'号会成为地狱船的，自从这艘船成了他的就一直是这样。我难道不知道吗？我难道不了解这个人吗？两年前，在日本函馆（日本北海道岛西南部的滨海城市，其市区由函馆山向下延伸，形似扇子）他干了一仗，杀掉了四名水手。我那时正在'爱玛'号班船上，距离他不到三百英尺远。同一年，他还一拳打死了一个人。真的，把人打死了，脑袋肯定像蛋壳一样被他敲碎了。吴市（日本广岛县的一个城市，位于该县西南部，是难得的天然良港）市长、警察局局长，几位日本先生不是都来了吗？不是到船上做了他的客人吗？还带了夫人——漂亮的小宝贝，就像扇子上画的那样。他出发时，几个痴情的丈夫不就像意外事故一样，被扔在了船后的舢板（是一种小船，也叫"三板"，原意是用三块板制成，即一块底板和两块舷板。它是一种木结构船，一般较小，没有甲板。民用舢板常乘坐2~3人，军用则为10人左右。舢板至今仍在一些地方使用）上吗？那几位可怜的小太太不是一周后才在岛那边上岸的吗？没有人接，只能翻山越岭地走回去，脚上穿的小巧精美的草鞋，还没有走出一英里路就散掉了。难道我不知道吗？这位海狼拉尔森就是那个野兽——《启示录》（是《圣经》新约的其中一卷书，记载了使徒约翰在拔摩海岛上看到的异象）里所说的大兽（此处的大兽来自海里，有十角七头，外形像豹子，口像狮子，说亵渎的话，见《启示录》第13章）。他不会有好下场的。可是记住，我对你什么都没有说过，哪怕是一句悄悄话也没有讲过，哪怕最后一个妈妈的儿子被喂了鱼，我胖子路易也不打算死在这次航行中。”

“海狼拉尔森！”沉默了一阵子后，他轻哼了下，“你听这个名字，听听！狼——他就是狼！他和坏人不一样，那些人是心黑，他没有心。狼，就是狼，他就是那么个东西！你觉得他这名字取得好吗？”[赏析解读：从路易对海狼的描述中不难看出，他对海狼拉尔森极度地不满。]

“可是，既然他名声这么差，”我问道，“又怎么能找到人到他的船上干活呢？”

“在上帝的陆地和海洋上，你是怎么找到人干活的呢？”路易带着爱尔兰人的火爆脾气问：“我要不是醉得像头猪，签了字，你会在这艘船上见到我吗？有些人，正经的船长是不会用的，比如那帮猎手；还有一些糊涂虫，比如前舱那些管不住嘴的可怜鬼，可是他们会明白过来的，会的，他们一定会后悔来到了人世。如果我能忘掉可怜的路易和他自己要承受的罪过，也想为那帮可怜虫哭一鼻子呢。我的这些并不是悄悄话，并不是。”

“那帮猎手没有一个好人，”他又说道，那是他性格上的一个弱点：唠叨。“你就等着看他们玩手段，闹个鸡飞狗跳吧，但是那个家伙能收拾他们，能让那帮坏心肠的人害怕上帝，就说那个猎手霍纳吧，他们都叫他骑手霍纳，真是斯文和气，柔声细气，就像个姑娘，让你以为牛油含在他嘴里都不会化，可是去年他不是杀死了他的舵手吗？说是什么悲惨的意外，可我在横滨（是日本神奈川县东部的港口城市）就遇见了和他同艇的桨手，他告诉了我真相。还有那个黑小鬼‘黑崽’，因为在俄国的保留地铜岛偷猎，不是叫俄国毛子送到西伯利亚的盐矿熬了三年吗？和其他的伙伴一样，被戴上脚镣手铐。不是还吵过架，闯过大祸吗？黑崽还把他杀的人用桶带到了矿顶呢！一回带一块，今天是腿，明天是胳臂，后天是脑袋，就是这样。”[赏析解读：作者在这里采用了举例说明的手法，通过路易的举例，向主人公说明了船上猎手们的残暴。]

“这是真的吗？”我吓坏了，惊叫起来。

“什么意思？”他立即反问我，“我什么都没说。我又聋又瞎，为了你的母亲，你也要变得又聋又瞎。我除了说他们的好话外，从来就没有提起过他们和他。上帝诅咒他的灵魂，让那灵魂在炼狱腐烂一千年，然后打到最深处的地狱里去！”

那个钟森——就是我刚上船时用手磨破我的胸膛的那个人——他似乎是前后舱说话最坦诚的人了。事实上，他从来就不隐瞒，任谁看到他都能感到他的直率和男子汉气概。那气质给他的纯朴一冲淡，常被误认为是胆怯，可是他并不胆怯，他敢于坚持自己的信念，肯定自己男子汉的身份。正是这个原因使他在我刚认识他时就反对人家叫他约恩森。路易对他的性格和人品做出了判断和预言：“在前舱的同事中方脑袋（美国海上人俚语中对北欧人的贱称）钟森是个好人，”他说道，“是水手舱里最好的水手，也是我的桨手，但是只要火花一爆，他就会跟海狼拉尔森干起来的。这只有我知道，只有我看得见，就像看见天上酝酿风暴和出现风暴一样。我曾经跟他像哥们儿一样交谈过，可是他瞧不起隐瞒自己的观点，对耍花招感到耻辱。看不惯的他就要说，总会有人把话传到海狼拉尔森的耳朵里去的。海狼拉尔森是匹狼，而狼是不喜欢别人比他厉害的。他会看出钟森的厉害，钟森不会服软，也不会挨了骂或是挨了揍还要说‘是的，船长’。天啊，一定会出乱子的，一定会的。到时候我要去哪里找桨手呢？这个问题只有上帝知道吧！船长叫他‘约恩森’，那个傻瓜是怎么说的呢？‘我的名字叫钟森，船长。’他说道，然后还一个字母一个字母地拼给他听。可惜你没有看见当时那老头的脸！我以为他当场就会给他个教训呢，但是他没有那样做，不过他总有一天会的，会叫那方脑袋吃点苦头的，要不然就算我见识少，不懂得水手的作风。”[赏析解读：此处的叙述说明，一方面体现出了钟森耿直、坦率的性格特征；另一方面表现出了海狼的狂暴和兽性。]

托马斯·玛格利奇越来越让人吃不消了。他非要我每次说话时都叫他先生，其中的一个原因是海狼拉尔森似乎很中意他。[赏析解读：玛格利奇的行为令主人公难以忍受，这是对于他的行为描写，表现出了玛格利奇心胸狭隘、仗势欺人。]我觉得船长和厨子成为铁哥们儿，这太不可思议了，可是海狼拉尔森就是这么做的。有两三回他甚至还把脑袋伸进厨房里，跟玛格利奇和和气气地说上几句玩笑话；有一次还在舵楼楼梯口和他说了十五分钟的话。玛格利奇回到厨房后，脸上神采飞扬，干活时还用假嗓哼起曲子，南腔北调的，弄得我的神经都快要崩溃了。

“我善于和船长打交道，”他推心置腹地对我说，“我知道应该怎么做才能讨人喜欢。我上一次那个船长——我不介意去舱里跟他闲谈几句，喝上一杯交情酒。‘玛格利奇，’他对我说，‘你入错行了。’‘哪里错了？’我问道。‘你天生应该是个绅士，吃饭不用干活的。’如果他没有说这话，骆驼，就让我被天打雷劈。那时我就坐在他的舱房里，抽着他的雪茄，喝着他的甜酒。”

这种唠叨烦得我快要发疯了。我头一回如此地厌恶一个人的声音。他那种谄媚的样子、油腻的笑脸，还有那小人得志的德行，全都在刺激着我的神经，我时不时地被气得全身发抖。他绝对是我平生所见过的最讨厌、最肉麻的人。他烹调的食物脏得令人难以启齿。因为他做着全船人的饭菜，我只好异常仔细地挑着最不脏的食物食用。

我的手不习惯干体力活，简直糟透了。指甲变了色，乌黑一片，油污渗进了我的皮肤纹理中，即使用刷子也刷不下来，而且还打满了水泡，痛得厉害。我的前臂因为船的晃动，使我在失去了平衡时倒在厨房的炉子上烫伤了一大块。我受过伤的膝盖一直都没有痊愈，肿也没有消，骨头还翘着，一天到晚瘸着走是很难痊愈的。如果想要这伤痊愈的话，我需要的其实是休息。

休息！我以前从来不知道这个词意味着什么。我休息了小半辈子，却还不知道什么是休息，现在如果能坐上半小时不动，什么事都不用干，什么都不用想，那就是世界上最快乐的事了。但是从另一个角度来看，其实也是一种启示，以后我会更加理解辛苦的民众的生活了。我做梦也没想到干活会有那么恐怖。每天早上五点半起床一直忙到晚上十点，我要伺候很多人，任何人都可以把我呼来唤去，没有丝毫自己的时间。只有在第二个错班快结束时，我才能轻松一会儿，有时间看看在阳光中闪耀的大海，看着水手爬上纵帆上缘的斜桁，或是放出第一斜桅（是船舶桅杆的一种形式，通常船舶桅杆是直立在甲板上，斜桅设置在船首部位，从船头向前伸出）的帆绳，可这时我又一定会听到那个可恨的声音响起，“嗨，你，骆驼，别磨蹭了。我这眼睛还盯着你呢！”

“下等舱”里有过斗殴的迹象，据说黑崽和亨德森打了一仗。亨德森好像是最棒的猎手，他的动作沉稳，也不容易生气，可见这回他一定是非常生气了，因为黑崽下来吃晚饭时，我看到他有一只眼睛受了伤，乌黑乌黑的，就像厉鬼一样。

在晚饭前又发生了一件残忍的事，反映了这帮人的冷漠和残忍。水手里有一个新手名叫哈里森，是个长相笨拙的乡下小伙子，我猜他是受到冒险精神鼓舞来做第一次海上航行的。三桅船行驶不顺风，总是拐来拐去的，船帆东倒西歪，要安排一个人爬上去把纵帆上的前斜桁扳正。[赏析解读：此处的叙述，说明了为什么哈里森会爬上桅帆，为下文作铺垫。]哈里森爬上去后，横帆索却不知为什么在它穿过的斜桁索具尾部被夹住了。依我看想要把它拉出来只有两个方法：一是放下前帆，那样做既容易又没有危险；二是从斜桁尖头的升降索出去，爬到斜桁的顶上，那危险可就大了。

约翰森向哈里森喊话，要他从升降索爬出去。大家都明白那个小伙子害怕了。在甲板上空八十英尺的地方靠着几根晃动的细绳，他应该是害怕的。如果风速平稳，倒也没有多大问题，但是“幽灵”号却是一艘起伏不定的空船，每颠簸一下，那船帆就会“叭叭”作响一次，升降索也会随之松弛或绷紧。那绳子可能会把人甩下来，像鞭子抽苍蝇那样。

哈里森听明白了大副下达的命令，但他迟疑了。看起来那是他这辈子第一次爬到那么高的地方。约翰森显然被海狼拉尔森的霸道作风影响，他向着高空的人发出一连串的咒骂和脏话。

“好了，约翰森，”海狼拉尔森也粗暴地说，“我得让你知道，在这艘船上骂人是我的工作，需要你帮忙，我会喊你的。”

“是的，船长。”大副乖乖地认错。

这时哈里森开始从升降索往外爬。我在厨房门口抬头望着他，我看到他的四肢不停地抖着，仿佛发了疟疾（急性传染病，病原体是疟原虫，由蚊子传播，周期性发作，有的地方也叫冷热病）。他爬得很慢、谨慎，每次只挪动一英寸。在蓝天的映衬下，就像是一只大蜘蛛，正在沿着花里胡哨的蛛网爬行。[赏析解读：作者在此处运用了比喻的修辞手法，将哈里森比喻成一只缓慢爬行的大蜘蛛，生动而形象，具有画面感。]

由于前帆翘得很高，爬的时候要微微向上斜。升降索穿过了斜桁和船桅的几道索具，让他的手脚有了着力的地方，可是风吹得不够有力，也不平稳，不能把船帆吹得鼓鼓的。他刚爬出去一半，迎风前行的“幽灵”号便一头扎进了漩涡里。哈里森静止不动，牢牢地抓着升降索。我在八十英尺下也能看到他的肌肉都绷紧了，紧张和痛苦的情绪笼罩着他。船帆低垂着，斜桁向船的中部摆来，一瞬间升降索松塌了。绳索带着他坠下去，斜桁随即向后猛烈地晃动，大帆就像放炮一样，“轰”地一声，三排帆的折叠尖都扫到了帆上，发出像排枪连响的“叭叭”声。在蓝天的映衬下，爬行的哈里森陡地一停，升降索猛地一紧，一鞭抽了过来，他的一只手被打脱了，只能用另一只手死命地抓紧，但是他的身子一直在下滑，一只手根本支撑不住，被甩了下来，他设法用脚勾住了绳子，脑袋朝下挂在了上面。他立即一使劲，双手重新抓紧了绳索，但是用了很长的时间才重新回到先前所在的位置上，就像一个可怜虫似的挂在那里。

“我敢打赌他一定没有兴趣吃晚饭了，”海狼拉尔森的话声传了过来，“别站在下面，你，约翰森！多留神！会出事的。”

在上面的哈里森难受极了，像晕船一样；他在那让人命悬一线的地方待了许久，没有前进的打算，可约翰森却像没有看到似的一直吼叫着命令他前进，去完成任务。

“太丢人了！”我听见钟森用一种痛苦而缓慢的语调说道。他站在主索具的边上，离我只有几英尺远。“那个孩子是想要干活的，如果有机会的话一定能够学会。可是现在却……”他停顿了一下，那个表情明显是在表达：这是“谋杀”。[赏析解读：钟森的欲言又止，表现出了他对海狼拉尔森的畏惧，从侧面也说明了海狼拉尔森的冷酷。]

“嘘，你！”路易对他悄悄地说，“为了你妈妈的爱，快住嘴。”

但是观看着的约翰森仍在嚷嚷着。

“听我说，”猎手斯坦第什对海狼拉尔森说，“他是我的桨手，我可不想因此而失去他。”

“说得没错，斯坦第什，”他答道，“他到了你的艇上就是你的桨手，可是他在我的船上就是我的水手。我愿意怎么对待他，就怎么对待他。”

“可是你没理由……”斯坦第什反驳道。

“好了，说得好极了，”海狼拉尔森回道，“道理我已跟你说过了，你就到此为止吧。人是我的，只要我乐意，就是把他当作一碟下酒菜都可以。”

猎手的眼里满是愤怒，他转身走进“下等舱”的舱门，停在那里望着上面。这时所有人都来到了甲板上，眼睛全都望向了上面。那里有一个生命正在与死神拼搏着。人命交到了这些人的手里，但是他们却如此冷酷无情，让人毛骨悚然。我一直生活在世界的漩涡外，做梦也没有想到干活会是这样的。生命一向仿佛是神圣的东西，可是在这里却一文不值，在商业算术里它只是个零。[赏析解读：此处对于主人公的心理描写，表现了他看到在生死边缘挣扎的哈里森时，内心对于他们对待生命的方式的唏嘘和感慨。]但是我得说明一下，水手们是有同情心的，比如钟森，但是老板们(猎手们和船长)却是冷酷无情的。即使斯坦第什发出了抗议的声音，也不过是因为他不愿意失去桨手。如果是别人的桨手，他也会和其他人一样，只会觉得有趣。

还是把话题回到哈里森身上吧。约翰森对着那个倒霉的孩子咒骂了十分钟，才逼得哈里森继续前进。没过多久，他爬到了斜桁的尽头，跨上了斜桁，这时他抓得更牢了。他先是顺了顺帆脚索，这样就可以沿着微微下斜的升降索顺利地回到船桅了，然而他的胆量在这个过程中丢掉了。虽然他现在所在的位置并不安全，他却舍不得离开这里向升降索更危险的地方爬去。

他看着那条无奈的空中之路，又向下看了看甲板，眼睛几乎都要鼓出来了，恐惧使他浑身乱抖。我第一次看到恐惧在一个人的脸上这样猛烈地扭动着。约翰森催他下来，但是完全没有用。他随时都会被甩下来，可他已经被吓得六神无主了。海狼拉尔森跟黑崽一起来回走动并说着些什么，不再留意上面的情况，因为他只对舵手叫过一次：

“你偏离航道了，小子，注意点儿，否则你会惹麻烦的。”

“是，是，船长。”舵手把舵向下转了两圈。

舵手是故意让船偏离航道一些，想要张满前帆，让它变得更稳定。他冒着惹怒海狼拉尔森的危险，想去帮助可怜的哈里森。

时间一点点地流逝，悬念痛苦地折磨着我，但是却让托马斯•玛格利奇觉得很有趣。他不停地从厨房门口探出头，说些俏皮的话。我太恨这个人了！那一刻，仇恨在我脑海里掀起了一股飓风！我第一次萌生了杀人的念头——就像“公牛看见了红色”，这是某些形象鲜明的作家说的。一般来说，生命应该是神圣的，但是在托马斯•玛格利奇的身上表现出来的委实太低贱了。当我发觉自己也“看见了红色”时，十分吃惊，一个念头闪过：我也感染上了周围的暴戾之气吗？我一直对杀人偿命是不赞同的，即使是杀那些罪恶滔天的人。

半小时过去了，钟森和路易几乎要吵起来了。钟森一下甩开路易挡住他的胳臂，冲上前去。他跑过甲板，跳进前桅索具里向上爬去，海狼拉尔森将目光牢牢地放在他的身上。

“喂，你，你想干什么？”他叫道。

钟森停了下来，他看着海狼拉尔森，缓缓答道：

“我去把那孩子弄下来。”

“马上给我从索具里出来，马上！听到没有？下来！”[赏析解读：在钟森想要去救助哈里森时，海狼阻止了他，此处的语言描写为后文作铺垫。]

钟森犹豫了，但是多年服从船长命令的习惯压制住了他，他沉闷着下来，离开了。

下午五点半，我下去摆餐桌时几乎不知道自己在做什么，我的眼睛里、脑海中一直晃动着一张惨白的脸——他哆嗦着，像一条肉虫可笑地附在晃动的斜桁上。六点钟，该上晚餐了，我到厨房去取食物，抬头看到哈里森还待在那里。在餐桌上，他们谈的是别的事情，好像没人关心就在他们头顶上面，有人命悬一线。再晚一点时，我特意去了趟甲板，却高兴地看到哈里森有气无力地离开了索具，往水手舱舱盖走去。他终于鼓起勇气爬下来了。[赏析解读：此处对于时间的叙述说明，凸显出了哈里森被困在上面的时间很长。]

之后在船舱里，我和海狼拉尔森有了以下这段对话。

那时我正在洗盘子。

“你今天下午有点儿大惊小怪，”他起了个头，“是怎么回事？”

他十分清楚，我和哈里森几乎一样感到很难过，他是在“开导”我。我答道，“这样做对那个孩子也太粗暴了。”

他笑了笑，“就像晕船一样，我是这么认为的。有人晕船，有人就不晕。”

“不是。”我说。

“就是，”他接着说，“世界充满了暴力，就像海洋里充满了运动一样。有的人一到海上就想吐，有的人一看到暴力就想吐。只有这一个理由。”

“可是你把人命当作儿戏，你没有感受到生命的价值吗？不管多少？”我问道。

“价值？什么价值？”他目光坚定地看着我，里面却带着嘲弄的笑，“什么样的价值？怎么去衡量？谁看重生命的价值？”

“我看重。”我回答。

“那么，生命对于你来说是什么价值？我是说别人的生命。说说，它的价值有多少呢？”

生命的价值？我怎么能给生命的价值定量呢？我向来能说会道，但是此时却哑口无言。从那以后，我认为这样的行为来源于他的性格，但是更主要的是来自他的价值观。他跟我看到过的其他的实利主义者不同，我与后者还有一些相通之处，但是和他却丝毫没有，而且他天然单纯的心灵也让我困惑。他单刀直入事物的核心，抛开一切烦琐的过程，一副真理在手的霸气，让我觉得脚下的基石被抽走了，一直在深水里挣扎着。生命的价值？我怎么能当场回答这个问题呢？我把生命的神圣当作自然而然的事情，认为生命的价值是不用论证的公理，可是当他向不用证明的公理提出质疑时，我就无言以对了。[赏析解读：在面对海狼的问题时，主人公无言以对，此处对其心理活动的描写，说明了他此刻矛盾的心理状态。]

“昨天我们就在谈这个问题。”他说，“我认为生命是酵母——一种不断发酵的东西。它为了生活必须要吞噬生命，而生活只是像贪婪的猪一样罢了。为什么？如果供求平衡的话，那么生命就是世界上最没有价值的东西了。世界上只有那么多水，那么多土地，那么多空气，但是却要求新生的生命无穷无尽。大自然是个败家子。你看看鱼和它数以百万计的卵。就这个问题而言，也不妨看看你和我。在我们的腰下就存在着一个可产生数百万生命的东西。如果我们能够尽可能地利用身上的每一个没有诞生的生命，直到最后的一个，或许我们就能成为众国之父，让大地上挤满人了。生命？呸！没有任何价值，它最低廉，生命在到处乞讨。大自然四处挥洒着生命。在只容得下一个生命的地方，她播下了一千个生命，这就导致了生命吞噬着生命，最强的和最贪婪的生命才能活下来。”

“你读过达尔文，”我说，“可是你下结论说生存斗争批准了你滥杀生命。你误解了他。”

他耸了耸肩，“你要知道，你的说法只是对人的生命而言，但是你毁掉的禽、兽、鱼的生命跟我和任何人一样多，但是‘众生平等’啊，即使你觉得有所不同，而且自认为在思考为何不同。我为什么要吝惜这种低廉的东西？世界上的水手超过了海船的容量，工人超过了工厂和机器的容量。你们陆地上的人知道，你们让穷人住在城市的贫民窟里，把饥馑（指因为粮食歉收等引起的食物严重缺乏的状况）和瘟疫放在他们的身上，剩下那些人还不知道要怎么处理，而他们却因为少了一块面包皮或是一片肉（那也是毁灭了的生命）而死去。你见过伦敦码头的工人为了抢夺工作的机会而像野兽一样互相斗殴吗？”[赏析解读：此处的语言描写，说明了海狼对于生命的理解，暗示社会阶级下的阴暗。]

他向着舱门的扶梯走去，然后转过身来接着说，“你知道吗？当生命的价值由它自己定时，就高估了，因为必然会有偏见，利己是人的本性。比如那个我让他上去的家伙。他抓住升降索不放，仿佛自己是个宝，比红宝石、钻石还贵重。但是对你来说当然不是，对我来说更是一文不值，然而对他自己来说就太宝贵了。但是我无法接受他的估价，他可悲地高估了自己。还有许多的生命要求出生。如果他摔了下来，像蜂蜜从蜂房里摔出来那样，脑浆流到甲板上，即使那样对世界也不会有什么损失。他对世界毫无价值。因为供应量太大了。他只对他自己有价值。他死去之后自己也意识不到有什么损失，这说明这种价值有多么虚幻。只有他把自己看得比红宝石、钻石还贵重。[赏析解读：此处的叙述，说明海狼认为人们往往过于高看自己的生命。] 当红宝石、钻石溅满了甲板，被一桶海水冲掉时，他甚至连红宝石、钻石怎么没的都不知道。他并没有损失什么，因为他只是失去了自己，也就不知道有损失。明白吗？你还有什么话可说？”

“我说，你这也算是自圆其说吧！”我只能这样说。我继续洗起了盘子。[赏析解读：面对海狼的辩解，主人公觉得无能为力，而且也无力反驳。]

第七章　欢快的夏日夜晚

[名师导读]

“幽灵”号进入了顺风行驶的状态，这使船上的人也得到了片刻的休息。在一个美丽的夏日夜晚，“我”因为睡不着而望着海浪出神，这时却遇到了正在吟诵诗歌的海狼。

在变幻莫测的风中航行三天后，“幽灵”号终于遇到了东北贸易风。我得到了一晚上的充分休息。尽管我的膝盖还很疼，我还是来到了甲板上。我看见“幽灵”号破浪前进。除了船首的三角帆，其他的帆全都升了起来，两侧的翼帆也都张开了，它们承受着从船后吹来的强劲的风。啊，浩瀚的贸易风！我们整日整夜地飞速前行着，二天、三天，一天接一天地飞速前行着。风总在船尾用力地吹着。三桅船被推着前进，完全不用升降帆脚索，也不用使用复式索具，不必改变中帆，除了掌舵，水手们什么事都不用做。夕阳西沉时，风帆松弛了；清晨露气蒸发，风帆又绷紧了——除此之外就没有什么了。

我们的速度在每小时十英里、十二英里、十一英里之间不断变化着。美妙的风总是从东北方向吹来，吹着我们在航道上急驰，两个黎明之间航行了二百五十英里。我们把旧金山扔在了背后，向着赤道（环绕地球表面与南北两极距离相等的圆周线。它把地球分为南北两半球，是划分纬度的基线，赤道的纬度是0°）飞速前进，这让我难过，也让我开心。天气一天比一天热了，水手们在交班时来到甲板上脱光了衣服，从海里提了水相互泼着。飞鱼（银汉鱼目飞鱼科约40种海洋鱼类的统称，以“能飞”而著名，所以称飞鱼。飞鱼的长相奇特，胸鳍发达，像鸟类的翅膀一样一直延伸到尾部。它能够跃出水面十几米，在空中停留40多秒，最远可飞400多米，但飞鱼不是飞翔，只是滑翔）开始出现了。晚上值上层班的人在甲板上跑来跑去，追逐着落到船上的飞鱼。到了早上，托马斯·玛格利奇得了好处，厨房里就会传出煎飞鱼的香味。如果钟森在第一斜桅尽头抓住了色彩变幻的美人鱼（传说美人鱼以腰部为界，上半身是美丽的女人，下半身是披着鳞片的漂亮的鱼尾，整个躯体既富有诱惑力，又便于迅速逃遁。一般认为美人鱼的生物原型是儒艮或海牛。这里作者写的是海豚，可能是当时的误解），前舱后舱就都有海豚（是对海豚科的一类水生哺乳动物的通称，通常喜欢群居，捕食鱼类、乌贼等。海豚的大脑沟回复杂，记忆力良好，能在人类的训练下学会许多动作，是智商最高的动物家族之一）肉吃了。

钟森闲暇时似乎总是在第一斜桅或在桅顶的横桁上待着，看着“幽灵”号乘风扬帆，破浪前进。他的眼睛里洋溢着激情和崇拜，有时好像太入迷了，沉醉地望着吹满的风帆和雪白的尾浪，望着“幽灵”号在起伏中急驰，翻越着那和我们一起静穆流动的海浪。

日日夜夜“全都是奇迹和狂欢”，我尽管没有多少时间抛开那乏味的工作，也总是忙里偷闲去看那亘古长流的壮丽景象。我一再凝神观望，做梦也没想到世间还有这样的美景。天空是一尘不染的深蓝，蓝得就像大海本身，船头前的海水闪烁着蓝绸般的光芒。四边是银灰色的海平线，羊毛般的白云垂在天边，从不变化，从不推移，仿佛给没有瑕疵的绿松石色的天空嵌上了一个纯银的画框。[赏析解读：此处对环境的描写，将蓝色的大海比作是蓝绸，加上银灰色的海平线和羊毛般的白云，作者将海上的美景生动形象地呈现在了读者面前，令人向往。]

那一个夏夜令我难以忘怀。原本我早该入睡了，却靠在前甲板下的水手舱前，凝视着“幽灵”号的船头掀开的幽静飞跃的浪花。水声像幽谷里的汩汩清泉泻过苔痕斑驳的岩石。它那低吟的小调令我神往，忘记了自己。我再也不是舱房小厮骆驼，也不是在书本里做了三十五年梦的范·魏登了，但是我背后的一个声音却惊醒了我。没错，那是海狼拉尔森的声音，带着那所向披靡的刚毅，我沉醉在了他吟诵的诗句中：

啊，灿烂的热带之夜，尾浪是一道光亮的鞭痕，

驯服了炽烈的天空。

稳健的船头隆隆地驰过繁星闪动的水面，

受到惊动的鲸在霞光里甩动着尾巴；

船的铁甲印上了太阳的疤痕，亲爱的姑娘，

她的帆绳绷紧了，因上面挂满晶莹的夜露；

我们隆隆前行着，沿着古老的路，自我的路，世外的路；

沿着漫长繁荣路，万古常新的路，我们顺流而下。[赏析解读：海狼吟诵诗歌时的热情，与他一直以来所展露的形象是完全不同的，这令主人公对他产生了极大的兴趣。]

“喂，骆驼？有什么感想？”他依照韵律停顿了一下，问我。

我看着他一脸的灿烂，犹如这大海，他的眼睛里闪着璀璨的星光。

“最起码我觉得很惊讶，你居然会有热情。”我冷冷地答道。

“怎么，老弟。这是生活，是生命！”他叫道。

“是廉价的东西，一文不值！”我用他的话回敬过去。

他哈哈大笑。那是我第一次听到他发自内心的愉悦笑声。

“啊，我无法让你理解我的生活，无法把它塞到你的脑袋里去。生命当然一文不值，但对自己来说就不一样了。我可以告诉你，我刚才的生活十分有价值——对我自己而言。

那价值是无法衡量的——你或许认为我夸大了，可我却只能这样衡量，因为衡量它的是我的内心。”[赏析解读：在此处，海狼对生命的意义有了进一步的理解，可以看出他此时的心情很愉悦，为下文作铺垫。]

他好像在等着表达自己内心想法的话，最后意犹未尽地又说了下去，“你知道吗？我感到有一种奇异的升腾感包围了我，好像所有的时代都在心中回荡，一切权力都归属于我。我知道真理，明辨善恶，分清是非。我的幻觉清晰而遥远。我差不多就要相信上帝了。但，”——他的声音低沉了，脸上的灿烂也收了起来——“我发现自己处于什么环境呢？这种生命的高扬是什么呢？被我称为灵感的是什么呢？那是人在消化良好时出现的东西。那时他的肠胃正常，胃口大开，一切顺利。那是诱使你去生活的一种贿赂，是血液里的香槟，是酵母酝酿出的泡沫——那东西使一些人产生了神圣的念头，使有些人在看见上帝或看不见上帝的时候创造出了上帝，只是这样。它是生命的迷幻，是酵母的震动和蠕动，是它意识到自己活着而疯狂冒出的泡沫。呸！明天我就会为它付出代价的，像醉汉付出代价一样。我知道我必然会死去，可能会葬身大海，自己停止蠕动，让海里的寄生虫爬满我的身体，吃掉我，让我成为骷髅，把我肌肉里的全部力量和运动都交出去，让它成为鱼鳍、鳞和内脏的力量和运动。呸！呸！香槟已经走了气。气泡和闪光都没有了，索然无味了。”

他走了，像老虎一样矫健敏捷地跳上甲板，像来时一样突然。“幽灵”号劈浪前进着。我注意到船前的汩汩声很像打鼾声。海狼拉尔森从崇高的升腾堕入绝望的深渊时对我的影响渐渐地消融在夜风中。这时船上一个远洋水手用浑厚的男高音唱起了《贸易风之歌》：

啊，我是海风，是水手们的爱——

我沉稳，浩瀚且诚挚；

他们凭流云寻找着我的踪迹，

在热带深邃的蓝天中。

穿过夜与昼我都追寻着小舟，

像猎犬似地紧随着她，

正午时分我的风头最强劲，即使在月下，

也为她吹满船帆，灌足气流。

第八章　海狼拉尔森的“利己主义”

[**名师导读**]

“我”一直认为海狼拉尔森是个粗野、疯狂的怪人。在这里，“我”特别要说一说他与玛格利奇的那场赌局。海狼拉尔森在那场赌局中将“我”被玛格利奇偷走的钱赢了回来，但就在“我”向他讨要这笔钱时，他却在“对错”与“强弱”的问题上与“我”争论了起来……

海狼拉尔森那怪诞的情绪和行为有时让我觉得他疯了，至少是半疯了。有时我又觉得他是个伟大的人，一个没有取得成功的天才。最后我断定他是个真正的野蛮人，只是晚出世了一千年，或是一千代，生活在这个达到文明高潮的时代里是个错误。他肯定属于最露骨的个人主义者，不仅如此，他还非常孤独。他与船上其他的人没有共同的语言。他那极其旺盛的精力和洞察力把他与人群孤立了。在他面前，那些人都像是小孩子，包括那些猎手。他把他们都当小孩子一样看待，他勉强降低水平跟他们玩，就像逗小狗玩一样。要不然就是伸出他那活体解剖学家的残酷的手在他们的心灵里去探索，查看他们的灵魂，看那是用什么材料做成的。[赏析解读：此处的心理描写，说明了在经过一段时间的海上生活后，海狼最初野蛮的形象在主人公的心里发生了变化。]

我曾数十次地看到他在餐桌上侮辱那些猎手，眼神冷冷的，带着玩闹的神情，审视着他们的动作、回应或愤怒。那种好奇的样子几乎让我觉得很可笑——我站在一旁，袖手旁观，心中却很清楚。至于他发脾气，我倒不相信是真的。有时他是为了做实验，但主要是出于一种习惯，或是自认为这种姿态更适合跟他们交往。我觉得我并没有见他真正生过气——对那个死去的大副可能是个例外；当然也并不希望看到他真的发火，因为到那时他会全力以赴的。

关于他的奇思怪想，我要说一说托马斯·玛格利奇的舱房遭遇，以便了结一个已经提起了一两次的故事。那一天午饭后，我收拾完了舱房，海狼拉尔森和托马斯·玛格利奇一起下了楼。厨子虽然有个洞窟一样的小间可以通向舱房，但是他却不敢在舱房里逗留或是让人看见，不过他每天总要去那里一两次，就像个怕见人的幽灵。

"这么说，你会玩'拿破'（拿破仑的简称。拿破是一种扑克牌赌博游戏，撤掉7以下的牌，A除外，只打28张。两人、三人、四人都可以打）了？"海狼拉尔森快活地说，"你是个英国佬，我早该想到你会玩这个的。我自己就是在英国船上学会的。"

托马斯·玛格利奇喜出望外，他是个管不住嘴的白痴，因为巴结上了船长不自觉地就得意忘形了，摆起了小小的派头，装出贵族的优雅神气。如果不是让人觉得好笑的话，直让人恶心。[赏析解读：此处对玛格利奇的神情描写，说明了他在与海狼的关系变得亲近后所表现出的小人得志的样子。]他完全不把我放在眼里——不过我相信他对我真的是视而不见。他那双灰蒙蒙、蒙眬的眼睛犹如夏季慵懒的海面，他究竟产生了怎样的快活幻觉已超出了我的想象。

"拿牌去，骆驼。"两人在桌边坐下，海狼拉尔森命令道，"去我的寝室把雪茄和威士忌也拿来。"

我取了东西回来，恰好听到厨子正在露骨地暗示他的身世里那不能说出来的隐秘：他可能是某位绅士的少爷，误入了歧途之类的，而他又是个收受汇款、无法回到英格兰的人。"汇给我的钱很多，船长。"他说道，"给了很多钱，要我走得越远越好。"

我拿来了常用的酒杯，但是海狼拉尔森皱起了眉头，他摇了摇头，对我比了个手势，要我去拿大杯。他用没有掺水的威士忌把酒杯斟满到三分之二——“绅士的饮料。”托马斯·玛格利奇说道，双方为辉煌的“拿破”牌赛碰杯，然后点上雪茄，开始洗牌，发牌。

两人赌起钱来，而且赌注越下越大。他们喝着威士忌——没有掺水的威士忌。我又去取了威士忌来。我不知道海狼拉尔森有没有作假——他完全有可能作假的，总之他不断在赢。厨子多次回到他的床位去取钱，一次比一次张扬，但是每一次都只拿几美元回来。[**赏析解读：通过描写海狼与厨师玛格利奇的赌局，从侧面说明了海狼的狡猾，为后文作铺垫。**]他伤感了，满不在乎了，连手上的牌都看不太清楚了，连坐也坐不端正了。当他再次回到床位去取钱时，还用带着油污的手摸了摸海狼拉尔森的纽扣眼，失神地唠叨着，“我有钱，我有钱。我告诉你，我是个绅士的少爷。”

海狼拉尔森并不爱喝酒，但是他一杯接一杯地喝着。如果非要说出有什么不同的话，就是他倒得非常满，喝下去的时候镇定自若，甚至对对方的奇怪举动也不觉得荒唐。

最后，厨子一边大声地声明自己要像个绅士输得起钱，一边孤注一掷押上了他最后的赌注，然而又输掉了，于是他把头埋进双臂里哭了起来。海狼拉尔森好奇地看着他，好像还想探测、解剖他的精神，却又马上改变了主意，仿佛觉得已有定论了，不值得他再动手动脑了。

“骆驼，”他装出一副很有礼貌的模样说，“请你抓着玛格利奇先生的手臂扶他到甲板上去。他看起来很难受。”

接着他凑到我耳边说，“叫钟森泼他几桶海水。”

我向几个嬉笑着的水手传达了海狼拉尔森的话，便把玛格利奇交给了他们——他还在糊里糊涂地嘀咕说他是位绅士的少爷，当我下楼梯回去收拾桌子时，就听到了他的一声尖叫，看来第一桶海水已泼到他身上了。

此时海狼拉尔森正在数着赢来的钱。

“整整一百八十五美元，”他大声地说道，“和我猜的完全一样。这个穷鬼上船时一个子儿都没有。”[赏析解读：海狼拉尔森通过赢得的钱的总数，猜测到厨师玛格利奇在上船时是身无分文的，由此体现出了他的聪慧。]

“那你赢的就是我的钱，船长。”我壮起胆子说道。

他回敬了我一个嘲弄的笑容，“骆驼，我也曾读过一点儿语法，我觉得你把时态搞错了。你应该说‘过去是’，不应该说‘是’。”

“这不是个语法问题，而是个伦理问题。”我回答。

他几乎停顿了一分钟左右才开口。

“你知道吗，骆驼？”他的语气中带着一种让人捉摸不透的落寞，沉重且缓慢，“这是我第一次从别人嘴里听见‘伦理’这个词。这船上只有你和我懂得它的意思。”

“我的生活里有一段时间，”他又停顿了一会儿，接着说，“我曾梦想和使用这样词语的人谈话，想要把自己从出生的环境里救出来，想要跟谈着伦理之类问题的人交往，而这是我第一次听到别人读出这个词——不过，这都是题外话，因为你错了。这既不是语法的问题，也不是伦理的问题，而是现实。”

“我明白，”我说，“现实就是钱在你的手里。”

他的脸上放出了光彩，仿佛是因为我的聪明而高兴。

“可是你避开了真正的问题，”我说，“这是个是非问题。”

“啊，”他撇了撇嘴，说道，“看来你还在相信是非问题。”

“你难道不信？——一点儿也不信？”我问道。

“一点儿也不信。强权就是公理，弱小就是错误，说穿了就是这么回事。不过，这样说很愚蠢，表明强者就是好的，弱者就是坏的——或者准确地说：强者因为获利而感到快乐；弱者因受损而感到痛苦。刚才我获得了钱，这是快乐的事情。得到钱是好事。我得到了钱，如果我把它还给你，放弃拥有它的快乐，就是对不起自己和生命。”[赏析解读：此处的语言描写，凸显出了在海狼的认知中，弱肉强食才是生存的道理。]

“可是你拥有了这笔钱，无疑就是对不起我。”我反驳他。

“并不是。人是不可能对不起人的，只能对不起自己。在我看来，我为别人的利益考虑就是在犯错。你没看到吗？两块酵母都想吃掉对方，这有谁对不起谁呢？吃和不被吃是生命内在的冲动，如果因此而反对这一点就是犯罪。”

“那么你不相信利他主义吗？”我问道。

他听见这个词时，脸上的表情显示好像是见过，不过还是想了一下。“让我想一想。这话含有合作的意思，对吧？”

“是的，在某种意义上与合作有关。”我答道，一切都在意料之中，我已经看出了他的词语库里没有这个词。他的词汇就像他的知识一样，完全是靠自学获得的，没有受谁的指导。他想得多，谈得少，或根本就没有谈过。

“利他主义的行为是一种为了别人的利益而采取的行为，这与自私不同；和为了自己利益而采取的行为正好相反，那才是自私。”我说。

他点了点头。“哦，对了，我想起来了。我在斯宾塞（赫伯特·斯宾塞，1820—1903年，英国哲学家，进化论的奠基人，社会达尔文主义之父。试图以进化论解释自然界和人类社会的一切知识。他的10卷《综合哲学》包括了《首要原理》《生物学原理》《心理学原理》，后两本即是海狼拉尔森所说的《生物学》和《心理学》）的书里面读到过。”

“斯宾塞！”我叫了起来，“你读过斯宾塞？”[赏析解读：此处的语言和动作描写，凸显出了主人公的惊讶，他怎么也没有想到海狼的涉猎范围竟然还包括哲学。]

“不是很多。”他承认，“我对他的《首要原理》倒是懂得很多，可是他的《生物学》让我的船帆得不到风；他的《心理学》让我困在了赤道的无风带。说实话，我真的不懂。我原本认为这是智力不足的表现，后来我才明白，那是因为我的准备不够，没有相关的基础。我学得有多苦，只有斯宾塞和我自己知道，不过我毕竟从他的《伦理学》里学了一些道理。我就是在那里遇见‘利他主义’的。现在我想起了那词是怎么用的了。”

我真不知道这个人能从那部巨著中学到什么。我记得不少斯宾塞的著作，懂得利他主义对他的最高行为的理想是不可或缺的。海狼拉尔森对那位哲学巨匠的言论显然是有选择性的，他是按照自己的喜好去学的。

“你还读过什么？”我问道。

他微微皱起眉头，思考着用精确的词语来表达他的新想法。我开始感觉到了一种精神探险。他探索别人的灵魂用来实验，我和他一样，探索他的灵魂，可是我探索的却是一片莽原。我的面前展开了一片新奇但很恐怖的天地。

“总的来说，”他说，“斯宾塞的意思大概是这样的：首先，人必须为自己而活——这样才是道德的、好的；其次，他必须为他的后人的利益而活；最后，他必须为他族人的利益而活。”

“而最伟大的、最善的、最正确的活动，”我惊叹道，“则是对自己、对后人和对族人同时都有利的行为。”

“我不赞成这话。”他回答，“我看不出来那有什么必要性，我也不懂那样的常识。我要删掉对后人和族人都有利这一部分。我并不愿意为他们当牛做马。那不过是被夸大了的、伤感的和情绪化的，最起码不相信永恒的人是不会接受这样的说法的。我要是追求永恒，利他主义就是一笔赚钱的生意。我得把我的灵魂不断地提升，然而在我面前只有一个像酵母一样、短暂爬行和蠕动的、叫作生命的东西。除了死亡，再也没有什么是永恒的了。这样一来，让我去做牺牲就不符合道德的定义了。任何会令我少爬行一次、少蠕动一次的牺牲都是愚蠢的——不仅是愚蠢的，而且还会让自己受委屈，那就是恶。如果我想要从酵母那里获得更多的东西，就不能损失一次爬行或蠕动的机会。在我还是酵母、还在爬行时，不管我是发酵或是献身，都不能让那个即将降临于我的长眠快活一些或难受一些。”[赏析解读：对于大哲学家的理论，海狼保持着不赞同的态度，他想要在短暂的生命中为自己而活，为下文作铺垫。]

“那么你就是个个人主义者、利己主义者，因此从逻辑上说，你是个享乐主义者。”

“这是些高深的词，”他微笑着说，“但是什么是享乐主义者呢？”

我说出定义，他点头赞同。

“而你，”我说，“在涉及自身的利益时，会是一个不值得信任的人吗？”

“你现在开始懂了。”他脸上散发着光彩，看样子很高兴。

“世人所谓的道德，你已经完全没有了？”

“是的。”

“是个永远叫人畏惧的……”

“是的。”

“就像可怕的蛇、老虎或鲨鱼（鲨鱼属于脊索动物亚门、软骨鱼纲、板鳃亚纲，海生，少数种类进入淡水，是一种游速快的中大型海洋鱼类，又称“海中狼”。最大的鲨鱼是鲸鲨，长达20米，重7000~8000千克；最小的鲨鱼是宽尾小角鲨，又叫小抹香鲛，成熟的雄鱼长15厘米，雌鱼为20厘米，最大和最小鲨鱼的大小差距有100多倍）一样？”[赏析解读：主人公在听完海狼的利己主义的话后，将他比作可怕的蛇、老虎或鲨鱼，凸显出了他的冷血无情以及凶残。]

“现在你理解我了，”他说，“你按照别人通常理解我的方式理解我了。别人都叫我‘狼’。”

“你是一个怪物，”我壮着胆子说，“一个思考过塞提柏斯的凯利班（见莎士比亚的传奇戏剧《暴风雨》。凯利班是个粗蠢的精灵，塞提柏斯是巴塔哥尼亚的神，被凯利班的母亲西考拉克斯崇拜）。你和他是一样的，在闲暇时做事完全随心所欲。”

一听到这个典故，他的脸马上变得阴沉——他不懂。我马上明白过来：他不知道这首诗（罗伯特·勃朗宁的诗歌《凯利班谈论塞提柏斯或岛上的自然神学》，大意是凯利班偷闲躺在洞穴的烂泥里，对塞提柏斯做出幻想，他幻想塞提柏斯创造了世界，作为玩具让自己高兴，就像他自己用泥捏了鸟一样）。

“我刚开始读勃朗宁，”他坦言，“感到相当困难。不太能读得进去，像现在，我有些发晕了。”

没有多说，我从他的房间里取来了那本书，为他朗诵了这首诗。他十分高兴。那是一种原始的推理模式，这样他就能完全理解问题了。他不断地插话发表着自己的见解。在我读完之后，他又让我接着读了两遍。我们探讨起来——哲学、科学、进化论、宗教。

他暴露出自学成才的人的粗疏，可是我必须要承认，他表现了原始心灵的直接和鲜明。他质朴的推理正是他的力量所在；而他的利己主义比查理·福路瑟特那精密烦琐的实利主义更有说服力——不是说海狼拉尔森能够说服我这个“气质上的理想主义者”（这是福路瑟特的话），而是说他冲击我信念的最后的支柱的力量值得尊重，尽管这样并不能说服我。

时间流逝，到了晚餐时间，但是餐桌还没有摆好。我很着急，感到不安。托马斯·玛格利奇从扶梯上一脸厌恶地向下看，我得上班了，不过海狼拉尔森却向他喊道：

“厨子，今天你多做些，我和骆驼正在忙着，他来不了了，你只能尽力去做了。”

开了一个先例，就会有第二个先例。那天晚上我和船长以及猎手们一起用餐，而托马斯·玛格利奇却只能站在旁边伺候着，后来他又洗了盘子——那是海狼拉尔森一时兴起导致的，是他“凯利班”式情绪的结果。我早猜想到那件事会给我惹来麻烦，不过，当时我们只是不断地谈论着，谈得猎手们心烦意乱——因为他们完全听不懂。[赏析解读：主人公通过几次与海狼的交谈，使他们的关系越来越亲密，同时这也为主人公带来了一些不必要的麻烦，此处的叙述说明为后文设下了悬念。]

第九章　一场关于厨房主人的战争

[**名师导读**]

三天的休息时间里，“我”一直都和海狼拉尔森在一起，没想到引起了玛格利奇的嫉妒，在他不断地侮辱与压迫下，“我”终于做出了反抗，从而受到了他的恐吓，里奇也被他刺伤了。接下来他还会做出怎样的疯狂举动呢？

我休息了三天，那幸福的三天我一直和海狼拉尔森在一起，在舱房的餐桌旁用餐，什么事都不做，只是讨论生命、文学和宇宙。托马斯·玛格利奇干着我和他的两份工作，这让他气急败坏、暴跳如雷，总是恶狠狠地看着我。

“留神小风暴，别说我没有提醒过你。”那天海狼拉尔森忙着平息猎手之间的一场纠纷，我也在甲板上享受难得的半小时空闲时间，这时路易凑过来警告我。

“你不知道会出什么事，”路易接着说，因为他看出来我想要得到更确定的信息，“那家伙就像气流和海流（是海水因热辐射、蒸发、降水、冷缩等形成的密度不同的水团，加上风应力、地转偏向力、引潮力等作用而大规模相对稳定的流动，是海水的普遍运动形式之一，一般将发生在大洋里的海流称为洋流）一样不可捉摸。你无法猜到他下一步会干什么。你以为对他已经了解了，想与他顺风顺水地并肩前进，他却突然原地打转，拼命地冲过来，嗷嗷叫喊着扑到你的身上，将你顺风顺水的风帆全都撕碎。”

因此，当路易预言的意外突然落到我的头上时，我一点儿都不觉得惊讶。我们争论得很激烈——当然是有关于生命的——而我也开始放肆起来，对海狼拉尔森和他的生命进行了尖刻的抨击。事实上，我是在对他进行活体解剖，把他的灵魂的材料来回翻看着，挑剔而彻底，就像他习惯对别人活体解剖一样。我说话一向很直接，这或许是我的一个弱点，不过我排除了一切顾虑，对他又砍又杀，让他大发雷霆。他那被太阳晒成紫铜色的面孔因为生气而变得铁青，眼露凶光，再也没有了清醒和理智，剩下的只有疯子才会有的那种令人恐惧的愤怒。此时我在他的身上看见了那匹野狼——疯狂的野狼。[赏析解读：此处的叙述说明，点明了海狼与主人公发生冲突的原因，引出下文的展开。]

他半吼着朝我扑过来，抓住了我的胳膊。我勉强应对着这次袭击，尽管我的内心吓得发抖，但是这个人力气奇大，我的忍耐力完全无法承受。他用一只手紧紧抓住了我的二头肌，稍微一发力，我就泄了气，尖叫起来。我的腿站不住了，那疼痛让我根本站不直身子，肌肉拒绝履行职责。我的二头肌快被捏成一团肉酱了。[赏析解读：作者在这里采用了一种夸张的写作手法，凸显出了海狼的力量之大，体现出了他的兽性。]

他好像恢复了理智，因为他的眼睛里闪过了一道清澈的光亮。他松开了手，随即大笑了一声。与其说那是笑声，倒更像是一声狼嚎。我一下子瘫倒在地上，感觉头晕目眩。他坐了下来，点上一支雪茄，盯着我，像猫看着老鼠一样。我扭动时，在他的眼睛里看到了那种我过去经常看到的好奇目光——包含惊奇、迷惑、追求和永远的疑问，他好像是在问我：这一切都是为了什么？

我终于勉强站了起来，爬上了楼梯。晴朗的天气结束了。我没有办法，只好又回到厨房去。我的左臂麻木了，仿佛瘫痪了一样，好多天后才能再次使用它，好几个星期后那僵硬和疼痛感才彻底消失。而他只不过抓住它，在上面捏了捏，没有硬拧，也没有拉扯，只是把手稍稍握紧，平稳地用了一点力。我也是到了第二天才真正明白他这样做会造成的后果。当时他把头伸进了厨房，露出重归于好的表情，问了问我胳膊的情况。

“可能会更厉害些。”他笑着说。

我正在削土豆。他从盘子里拿起来一个。那土豆的个头很大，也很硬，还没有削皮。他把土豆握在手里，五指收拢，用力一捏，土豆就成了泥，从他的指缝里迸射了出来。他把剩下的土豆泥放回盘子里，转身离开了。我这才敏锐地感觉到，如果那个怪物真用了劲我会怎么样。[赏析解读：此处对于海狼的行为描写，体现出了他令人生畏的力量，同时也体现了他还是相当珍惜与主人公之间的情谊。]

除此之外，三天的休息还是美好的，因为我的膝盖难得有这样休息的机会：感觉好多了，肿块明显消了，似乎复位了。然而，三天的休息也给我带来了预料中的麻烦。很明显，托马斯·玛格利奇打算要我为这三天付出代价。他对我的态度十分恶劣，不断地骂我，还把他那份工作推到我身上，甚至向我伸出了他的拳头，不过我自己也变得像头野兽了，我在他的面前咆哮，露出一副凶狠的样子，毫无疑问，他被我吓到了。我自己回想了一番，感觉这并不是什么令人愉悦的场景，我——亨佛莱·范·魏登——在那闹闹哄哄的船上的厨房里，蹲在一个角落里干活，抬起头来看着那个准备揍我的家伙的脸，嘴唇一收像只狗似的咆哮着，眼里闪着惧怕和无助的光，也闪着因为惧怕和无助体现出来的勇气的光。[赏析解读：通过此处的行为描写，说明了主人公的性格已经发生了改变，与一开始的怯懦隐忍形成了对比，说明我受到了海狼拉尔森的影响。]我不喜欢这样的场景。它让我强烈地想到老鼠掉进捕捉器里的样子，虽然我不乐意回想这些，但是这一招还是产生了效果，因为那只吓唬人的拳头并没有落下来。

托马斯·玛格利奇退缩了，他的眼神凶狠且恶毒，就那样瞪着我，我以同样的眼神回敬他。我们此时就像两只对峙的野兽，被关在一个笼子里，相互龇牙咧嘴。他是一个胆小怕事的人，即使我没有当场退缩，他也不敢把拳头落下。于是，他又找到个新办法来威胁我。厨房里只有一把算是刀的菜刀。这把菜刀使用了许多年，经过不断地打磨，慢慢地留下了一个长而窄的刀身，看上去凶险异常，刚开始我在使用时都感到害怕。厨子从约翰森那里借来了一块磨刀石，开始磨起这把刀来。他磨刀的时候十分张扬，一边磨刀一边向我投来意味深长的目光。他整天都在打磨这把刀，一有空就拿出刀和磨刀石来磨，不停地磨啊磨，刀锋被他磨得像刮胡刀一样锋利。他用大拇指的指头肚刮着，用指甲试着，在手背上刮着汗毛，用显微镜般的目光精确地打量着刀锋，找到或者假装找到不齐整的地方，又把刀放在磨刀石上磨啊磨。那样子滑稽极了，差点儿没让我笑出声。

这种情况也很严重，因为我觉得他是有可能用这把刀干点什么的。尽管他是一个胆小怕事的人，但是也有胆小的人该有的胆量，就像我一样。那种胆量或许会驱使他去做天性抗议或是害怕做的事情。水手间悄悄地流传着“厨子在磨刀，要对骆驼下手”的话。有些水手还拿这事来取笑他，他却乐意接受，十分高兴，带着预示不祥和神秘的样子点点头，直到原来的舱房小厮里奇和他开了个粗野的玩笑。

事情就是这样凑巧。里奇正好是玛格利奇和船长玩纸牌后，依照海狼拉尔森的吩咐向玛格利奇泼水的水手之一。里奇显然干得很卖力，玛格利奇因此一直怀恨在心。两人因为绊了嘴，还说了些与祖宗有关的脏话，玛格利奇拿他磨来对付我的刀威胁里奇，里奇哈哈大笑，把更多的电报山的脏话扔了过去。就在里奇和我都还没觉得出了事时，他的右胳膊就挨了一刀，从胳膊肘划到了手腕。厨子向后退去，刀还举在前面，摆出自卫的架势，脸上的神色就像恶魔一样。不过里奇很平静地受了这一刀，即使血喷射到了甲板上，像泉水一样汩汩地流着。

“我迟早会找你算账的，厨子，”他说，“我会狠狠地收拾你的。我不着急。等你没有刀子的时候收拾你。”

说完这些话后，他便转身平静地走掉了。从玛格利奇的脸上可以明显看出他对自己所做的事感到害怕，或许他的恐惧来自那个被他砍的人迟早会找他算账。不过，这件事后他对我的态度比以前更凶狠了。尽管害怕因为自己干的事遭到报复，他也看出那对我是一个活生生的教训，于是在我面前更肆意妄为了。在他身上还带着一种近乎疯狂的欲望，那是他亲手砍出的血引起的。无论他看向什么地方都会看到红红的血色。

这种血腥的心理悲哀地纠缠在一起，不过我十分清楚他的脑子里在想些什么，就像读一本印好的书一样。

几天很快就过去了，“幽灵”号依然在贸易风的推动下行驶，我敢发誓，我看见托马斯·玛格利奇的眼睛里的疯狂在不断地增长。我承认这让我感到害怕，而且非常害怕。他不停地磨、磨、磨，整天都在磨着那把刀。他一边用手指试着锋利的刀，一边斜眼看着我，那神色就像要吃人似的。我不敢背对着他，离开厨房时只好倒退——那些水手和猎手们看见了都觉得很可笑，总是三五成群地凑在一起看着我以这样滑稽的样子向外撤。我的压力太大了。有时觉得自己要崩溃了——在这满是疯子和野蛮人的船上，疯了可能更正常。每一个小时，每一分钟，我都处于危险之中。[赏析解读：此处的心理描写，写出了在面对日渐疯狂的玛格利奇时，主人公内心的恐惧，同时也为后文埋下了伏笔。] 我的灵魂遭受着苦难，但是整艘船上没有一个人表现出同情，愿意帮我一把。我好几次想要请海狼拉尔森发发善心帮我一下，但是他眼里那怀疑生命、嘲讽生命的恶魔形象恶狠狠地驱逐着我，我只好打消了这样的念头。有时我也郑重地想过自杀，幸亏我凭借着乐观哲学的全部力量，才没有在夜深人静时从船舷上翻过去。

海狼拉尔森多次尝试引诱我与他继续讨论，但是我尽力回避着他，只用三言两语敷衍着。最后他命令我重新回到舱房的餐桌边，让厨子去做我的工作。我开诚布公地表示因为他对我表示的三天偏爱，导致我受到了托马斯·玛格利奇的迫害。海狼拉尔森笑眯眯地看着我。

“这么说你害怕了，是吗？”他嘲笑我。

“是的，”我没有回避，坦诚相告，“我承认我害怕了。”

“你们这种人就是这样，”他大声说道，语气里透露着愤怒，“怕死，对你们不朽的灵魂伤感。看见一把锋利的刀子和一个怯懦的伦敦佬就被吓坏了，生命对生命的执着就把你们那些没有道理的想法统统压倒了。好吧，我亲爱的朋友，你会永远活下去的。你是一个神灵，而神灵是不会死的。厨子伤害不了你；你一定会复活的。那还有什么可怕的？

“你面前有永恒的生命。在永恒的生命方面你是一个百万富翁，是一个不会丢失财富的百万富翁，你的财富就像星星一样永生，像空间和时间一样持久。你不能缩小你的原则，永恒是一种既没有开始也没有结束的东西。永恒就是永恒。即便你在这里死掉，你也会在别的某个地方继续生存下去。而摆脱肉体，让被囚禁的灵魂飞升是一件美好的事情。厨子伤害不了你。他只能推你一把，让你走上你永远要走的路。”[赏析解读：海狼拉尔森在这里将主人公的生命比作星辰，他认为灵魂和星辰一样都是永生不灭的。]

“或者，如果现在你还不想让人推一把，那你为什么不去推厨子一把呢？按照你的想法，他也同样是一个永生的百万富翁。你不能让他破产，他的债券会永远照着票面价值去流通。你不能通过杀死他让他的寿命变短，因为他没有开始也没有结束。他一定会在某个地方以某种方式生活下去。那你就推他一把吧！捅他一刀，解放他的灵魂吧！事实上，他的灵魂现在正被囚禁在一个令人厌恶的牢房里，你把牢房的门砸开是为他做了件好事。或许他那从肮脏的尸体中飞上蓝天的灵魂很美好呢，谁知道呢。你推他一把，我就把你提升到他的位置。他现在一个月能挣到四十五美元呢。”

很显然，我没法指望能从海狼拉尔森那里得到帮助或者同情了。不管最后会发生什么，我都得靠自己，恐惧也会让人产生勇气，因此我想到用托马斯·玛格利奇用的同样的武器来和他斗一斗。[赏析解读：此处的叙述说明，说明了人在陷入绝境时，会爆发出超乎寻常的力量，就像主人公这样。]我从约翰森那里借来了一块磨刀石。路易是个桨手，他曾向我要过炼乳和糖。在船上的储藏室里有一些好东西，就放在船舱板的下面。我找机会偷了五罐炼乳，趁那天夜里路易在甲板上值班时跟他换来了一把匕首，那匕首和托马斯·玛格利奇的菜刀一样窄长、凶狠。匕首上锈迹斑斑，很钝，于是我转动着磨刀石，让路易把它磨出了刀锋。那天夜里我睡得比平常踏实多了。

第二天早餐过后，托马斯·玛格利奇又开始磨他的菜刀，他磨啊磨。我警惕地瞥了他一眼，因为当时我正跪在地上掏炉灰。我倒了炉灰回来时，他正在和哈里森交谈，哈里森那张淳朴的乡下佬的脸上满是入迷和惊讶的神色。

“是的，”玛格利奇正说着，“那位大老爷怎么办呢？他把我在里丁监狱里关了两年，可是我不在乎。那个家伙也不好过，你真该看一看他那个样子。就像这样的刀子，我一下子就捅了进去，像捅进了软奶油里。他叫唤得比廉价剧院里的表演还要动听呢。”他朝我所在的地方看了一眼，观察我是不是在听，继续说下去：“‘我并不是那个意思，汤米，’他哭泣着，‘上帝保佑我吧，我不是那个意思！’‘我非狠狠地收拾你不可，’我说，跟着他不放。我把他砍得皮开肉绽，没错，我就是这么做的。他不停地在那里尖叫。有一次他竟然把刀抓住，还想用手抓紧。但是我把刀抽了出来，他手上的骨头都露出来了。我跟你说，那才叫精彩呢。”

大副的叫喊声打断了这血腥的叙述，哈里森到后舱去了。玛格利奇坐在厨房的门槛上，继续磨他的菜刀。[赏析解读：此处的动作描写，凸显出了玛格利奇对主人公的恐吓，为后文埋下伏笔。] 我把铁铲放下，静静地坐在他对面的煤箱上。他恶狠狠地看了我一眼。我依然尽力保持着平静，尽管我的心跳得特别快。我把路易的匕首抽出来，也开始在磨刀石上磨了起来。我几乎想遍了伦敦佬会如何爆发的方式，但是令我意外的是他好像没有看到我在做什么。他继续磨着他的菜刀，而我也磨着我的匕首。整整两个小时，我们坐在那里，面对面不停地磨着各自的刀。这个消息传开后，全船一半的人都围在厨房门口来看热闹。

有鼓励的，有提建议的，他们七嘴八舌的，十分热闹。乔克 · 霍纳——就是那个安静的、总喜欢自言自语的猎手，看起来他好像连老鼠都不敢伤害——但是此时却建议我如何避开肋骨，直接向肚子捅去。里奇那条缠满绷带的胳膊十分显眼地挂在他的胸前，他祈求我在厨子身上多刺几刀。海狼拉尔森也在舵楼甲板缺口处停留过一两次，好奇地打量着。他一定认为那是那种发酵的东西——生命的颤动和爬行。

我可以很明确地说，当时生命对我来说同样是一种没什么价值的东西。它不包含任何可爱的东西，也没有任何神圣的东西——只不过是两个胆小的活物坐在那里磨刀，还有另一些活物在一边看热闹，有胆小的，也有胆大的。我相信，在他们中有一半人急切地希望可以看到我们彼此流血，认为那是挺好玩的事。我认为如果我们杀得你死我活，是不会有人站出来阻止的。

这件事十分可笑，幼稚至极！亨佛莱·范·魏登在船上的厨房里不停地磨着刀，磨啊磨啊，还用大拇指试刀锋！在所有的事情中，这件事情是最令人难以置信的。我知道与我类似的人都不会相信这是真的。从前我一直被莫名其妙地称为娇气的范·魏登，但是那个娇气的范·魏登竟然能够做出这样的事情，对亨佛莱·范·魏登来说也是一种启示，他不知道该得意还是羞愧。

但是并没有出事。两个小时后，托马斯·玛格利奇把他的菜刀和磨刀石推到了一边，向我伸出手。

“我们为什么要演戏给这些傻瓜看呢？”他问道，“他们不喜欢我们，只是喜欢看到我们彼此割断对方的喉咙。你这个人不坏，骆驼！你是个男子汉，就像你们美国人说的那样，我开始有些喜欢你了。来吧，让我们握一下手吧。”[赏析解读：此处的语言描写，凸显出了在面对强势的主人公，玛格利奇最终选择了主动示弱，从而表现出他的胆小怕事、欺软怕硬。]

我或许胆小，但是他比我还胆小。我显然取得了胜利，我拒绝握住他那只令人厌恶的手，也不想与他化敌为友。

“好吧，好吧，”他丝毫不觉得丢了面子，接着说，“握不握手都无所谓，我还是喜欢你。”为了挽回面子，他凶狠地转过身对着那些看热闹的人嚷嚷道：“从我的厨房里滚出去，你们这些蠢货！”

好像这样的吼叫并不能让他发泄，他又拿起一个烧开的水壶为自己助威，水手们看到开水后纷纷逃了出去。这对托马斯·玛格利奇来说也是一种胜利吧，让他心里的郁闷消散了许多，还算是体面地接受了我对他的打击。不过他还是很有分寸的，不敢用这样的方式把猎手们赶走。

“我看厨子这下要完了。”我听到黑崽对霍纳说。

"当然，"霍纳回答说，"从今以后骆驼就是厨房的首领了，厨子把他的触角缩回去了。"[赏析解读：随着看热闹的人散去的语言描写中，凸显出了他们对主人公的认可和肯定。]

玛格利奇听到后急忙瞟了我一眼，我装作没有听到两人的谈话一样。我并没有认为我的胜利有那么深远、彻底，不过我决定不放弃到手的胜利。日子一天天过去了，黑崽的预言应验了。厨子对我十分恭敬，比对海狼拉尔森都有过之而无不及。我不再叫他先生，不再洗油腻腻的盘子，也不再削土豆皮了。我只干自己的工作，我想什么时候做就什么时候做，想怎么做就怎么做。我还像名水手一样，把那把匕首插在刀鞘里，挎在腰间。我对托马斯·玛格利奇保持着一贯的态度：盛气凌人、侮辱、蔑视的平均组合，从未变过。

第十章　海狼拉尔森的自述

［名师导读］

“我”与海狼拉尔森的关系越来越亲密了，而且从和他的交谈中“我”了解到了他儿时悲惨的生活经历，从而也明白了造就他现在这种性格的问题所在。

我和海狼拉尔森越来越亲密——如果主仆之间，更准确地说如果国王和弄臣之间，那种关系能用亲密二字来形容的话，我想是的。我对于他来说不过是个玩具，他对我的喜欢，就像孩子摆弄自己的玩具一样。我的作用就是能逗他开心。只要能逗他开心，我就万事大吉了；不过只要他一厌烦，或是心情烦闷，我就马上会被他从餐桌旁踢回厨房，我能保住性命、没有缺胳膊少腿就已经值得庆幸了。

我渐渐地感觉到那个人身上的无穷的孤寂。在船上，大家除了害怕他就是恨他，他从来都不把谁放在眼里。他身上的那种超乎寻常的强力仿佛在折磨着他，他也从来没有爆发出全部的潜能。如果那自大的精灵路西法（原本是“明亮之星”的意思，在《圣经》里先知以赛亚借以指狂妄的巴比伦王尼布甲尼撒。后成为基督教中的堕落天使）被放逐到一个没有灵魂的汤姆林森（英国作家吉卜林一首短诗中的人物。他死后没有灵魂，天堂和地狱都不接纳）式的幽灵世界里的话，那么他恐怕也只能是和海狼拉尔森一样。

寂寞已经让他无法忍受了，更糟糕的是，他还受到种族与生俱来的忧郁的折磨。在我了解他之后，再审视斯堪的纳维亚的古代神话就更明了了。那创造了可怕的潘提翁神庙（古罗马的万神庙，潘提翁原是泛神的意思，这里指阿格里帕于公元前27年在罗马修建的那座神庙）的白肤金发的野蛮人的素质和他一样，爱笑爱闹的拉丁人的轻浮与他毫无关系。如果他笑了，也不是因为别的，而是因为他那凶狠的天性，但是他很少笑；他有许多忧郁，那忧郁深远得就像他的种族的根。那是种族的遗传，使他那民族头脑格外清醒，生活洁净，对道德有着不一样的热衷——这最后一点在英国人里就产生了新教和格朗地太太。[赏析解读：格朗地太太只是戏剧《快犁》中一个尚未出场的人物，但是在剧中却总被当作女性懿范提及，作者在这里提到她，是将她作为一种社会传统礼法的象征。]

事实上，那原始的忧伤的发泄方式向来都是各种比较痛苦的宗教，可海狼拉尔森从这种宗教中得不到补偿。他那野蛮的利己主义是不会容许的，所以他在抑郁时除了像个魔鬼，没有别的办法。如果他不是那么令人害怕，偶尔我还会为他感到难过。例如，在大前天的早晨，我到他的特别间去给他灌水壶时，意外地遇到了他。当时他并没有看到我，只是把头埋在手里，肩膀不停地抽动着，好像在哭。他好像正在被一种巨大的忧伤折磨着。我悄悄地退出来时还听见他在哭喊着，“上帝！上帝！上帝！”他不是在呼唤上帝；上帝只不过是个虚词，那是他灵魂的呼唤。[赏析解读：通过此处的叙述说明，说明了海狼拉尔森有着不为人知的痛苦，同时为后文埋下伏笔。]

在吃晚饭时他问猎手们有没有治疗头痛的药。他那么健壮的一个人，黄昏时已经被疼痛折磨得快看不到东西了，在舱房里几乎都站不住了。

“我一辈子都没生过病，骆驼，”我带他回到他的房间时，他对我说，“脑袋除了在被起锚机杠子打破了六英寸后的恢复期里，其他时候都没有痛过。”

这折磨得几乎让他看不到东西的头痛持续了三天，他像野兽一样忍受着，没有抱怨，也没有人会对他表示同情。他孤独无援。这艘船上的人忍受起痛苦来好像都是这样的，不会有人同情，每个人都是孤独无援的。

不过，今天早晨我进舱房去收拾床铺、打扫房间时，却发现他已经好了，正在忙着他的工作。在他的桌上和床上到处都是图纸，他正拿着圆规和丁字尺（又称“T”形尺，为一端有横档的“丁”字形直尺，由互相垂直的尺头和尺身构成）在一张透明的大纸上写着一种仿佛是比例尺一样的东西。

“喂，骆驼，”他看到我后高兴地和我打了个招呼，“我刚刚修改完，想要看一看它的功能吗？”

“是什么东西？”我问道。

“一种为水手节省力气的设计，它把航海简化成了幼儿园的玩意。”他看起来十分得意，“从今以后再也不用那些复杂的计算，连小孩子都可以驾船了。在天气不好的夜晚只要天上有一颗星星，就能知道自己在哪里了。你看，把这透明的标尺放在星图上，我已经在标尺上画出了纬度圈和经度线。只要把它放在一颗星星上，然后转动标尺，让它与下面地图上的数字对齐就可以了，你看！船的准确位置就出来了。”

他的声音里饱含着胜利的喜悦，海蓝的眼睛里闪烁着光芒。

“你的数学一定很棒，”我说，“是在哪儿上的学？”

“我的运气不佳，从来没有上过学，”他答道，“只好自学。”

“你认为我研究这个东西是为了什么？”他突然问我，“是梦想在时光的海滩上留下印迹吗？”他的脸上浮现出嘲笑的意味，“不。我想要获得专利，靠它赚很多的钱。贪婪的猪要寻欢作乐，晚上在屋子里快活，让别人去工作，这才是我的目的。何况我在设计的时候还是很快乐的。”

“创造的快乐。”我喃喃地说。

“我想可以那么说。这正好表明了生命活着，快乐地活着，也表明运动对抗物质取得的胜利，生活对死亡的胜利。这是酵母的骄傲——因为酵母还是酵母，还在爬行。”

我举起双手，对他丝毫不加以掩饰的利己主义表示无奈，然后开始铺床。他继续在那透明的标尺上抄写着线条和数字。那是一项极为精密、细致的工作，他要调节内在的力量，去适应那精密细致的工作，这样的毅力令我十分钦佩。

我铺好床后就一直看着他。他沉醉于工作之中。海狼拉尔森毫无疑问是个美男子——阳刚之美。我再次惊讶地注意到：在他的脸上找不到凶恶、奸诈的影子，那是一张从来没有干过坏事的脸。请注意，我的意思是说：长着那样一张脸的人，做事从没有违背过他的良心，或者可以说那样的人就没有良心。我更倾向于相信后面这种解释。他是一个返祖现象的极好案例，是一个在道德产生之前就降临到人世的野蛮人。他并非不道德，只不过是与道德隔绝了。[赏析解读：通过对海狼拉尔森的外貌描写，说明了主人公如今对海狼的印象已经随着日益加深的情谊发生了改变。]

我说过他那张脸极具阳刚之美。他把胡子刮了后，脸上的每一根线条都很明晰，轮廓分明，就像用玉石雕刻的一般。阳光和大海把他原来白皙的皮肤变成了深沉的青铅色，说明他久经战斗，为他增添了野性之美。他的嘴唇饱满，给人一种刚毅、甚至冷酷的感觉——那通常是薄嘴唇的特征。他的嘴、下巴和颌骨也一样刚毅，或是冷酷，带着阳刚的全部暴力和顽强。他的鼻子略呈鹰钩状，那是一个征服者的鼻子，它可能带着希腊味，也可能带着罗马味，如果说是前者却嫌厚重，说是后者又嫌纤细。虽然他的整张脸体现了刚猛与强劲，但是那折磨着他的、放大了的原始忧郁又藏于他的嘴、眼和眉毛上的线条里，使那张脸更显气魄与完整。

我就这样呆呆地站在那里研究着他。我无法说清楚对他的兴趣有多大。他是谁?干什么的?怎么来的?他仿佛拥有着一切的力量和潜能——这是怎么回事?他不就是一个捕海豹的三桅船的无名的船长吗?他在同行中不是声名狼藉吗?

我的好奇心爆发了，转化成了滔滔不绝的语言。

“你为什么没有在世上做出一番伟业呢?你拥有这样的力量，可以上升到任何高度。你没有良心或者道德本能，你是有机会驯服世界、君临天下的，然而你在生命的最高峰，在开始走下坡路时过着黑暗肮脏的日子，为了满足女人的虚荣心和爱美的天性，猎捕着海中生物；用你自己的话说，像贪婪的猪在寻欢作乐一样。这什么都能算，唯独不能算是荣耀。你既然拥有这样的力量，为什么不干出一番伟业呢?没有什么会阻挡你，也没有什么能够阻挡你。哪里出问题了呢？你是缺乏雄心壮志吗？你是沉溺于某种诱惑中而不能自拔吗？是怎么回事？是怎么回事？”

从我开始说话，他就看着我，看起来很满意，我说完话后，一脸无措地站在他面前直喘粗气。他稍等了一下，好像是在思考要从哪里开口，然后他说：

“骆驼，你知道那个播种的人的寓言吗？如果还记得，有的种子掉落在满是石头的地方，上面没有多少泥土。种子发了芽，因为泥土不深，太阳一出来它们就蔫了，又由于没有根须便枯萎了。有些种子掉落进荆棘丛中，荆棘生长起来把它们生生地闷死了。”

“怎么样？”我说。

“怎么样？”他反问了我一句，有些别扭，“不怎么样。我就是这样一粒种子。”

他又低头盯着那张比例图，继续描绘着。我干完活，打开门正要向外走，他对我说道：“骆驼，你看看挪威西海岸的地图，会在那里看见一处凹口，叫作罗姆斯托峡湾。我就出生在离峡湾不到一百英里的地方。但我不是挪威人，而是丹麦人。我的父母都是丹麦人，我不知道他们究竟是怎么来到西海岸这个荒凉的小峡湾的，也从没听谁说起过。除此之外，没有任何秘密。他们都是穷人，不识字。祖祖辈辈都不识字——是海上的农民，把孩子们都播种在海浪上，这是他们自古以来的习俗。仅此而已，别的也没有什么要说的了。”

“还有可以说的。”我反对说，“我还是没有弄清楚。”

“我还能告诉你些什么呢？”他反问道，那种凶狠的劲头又上来了，“儿时生活的贫困？在我会爬的时候就已经随船出海？我的兄弟们一个接一个地到深海里去耕种，却再也没有回来？我自己不识字，刚满十岁就到沿海一带去做舱房小厮，吃不饱饭，常常受虐，被拳打脚踢更是家常便饭，随意被指使做这做那，因此惧怕、憎恨和痛苦是我仅有的心灵经历？我一点儿也不想记住这些。我现在想到这些，疯狂的情绪就会从我的脑子里冒出来。我曾经想等到长大成人变得强壮有力了回去杀掉沿海的几个商船老板，只不过那时我生命的轨迹被扔在了其他地方。不久前我回去了，不过，很遗憾那些商船老板都死了，只剩下一个还活着，是当年的大副。我见到他时，他成了个商船老板，我离开时打残了他的双腿，他这辈子都别想再走路了。”[赏析解读：因为主人公的逼问，使海狼拉尔森变得暴躁，从而说出了自己悲惨的童年经历，同时也从侧面说明了他对生命的解读为什么会如此不寻常。]

“可是你从没有进过学校，你是怎么学会读书写字，阅读斯宾塞和达尔文的呢？”我问道。

“在给英国商人干活时学会的。我十二岁做舱房小厮，十四岁成为船上的侍仆，十六岁做普通水手，十七岁成了高级水手，接下来成了水手领班。无穷无尽的野心和孤独，没有得到过帮助，也没有得到过同情，我靠自己钻研了航海术、数学、科学、文学，还有其他别的东西。可是这些又有什么用呢？就像我们说的那样，一生的巅峰也就是成为一艘船的老板——在我已开始走下坡路和死亡的时候。没有意思，不是吗？太阳一出来我就蔫了，因为我没有根须，只能枯死。”

“可是历史上许多奴隶都能成为有所作为的大人物。”我提醒他说。[赏析解读：此处的语言描写，体现出了主人公和海狼在不同的生活背景下形成的迥然不同的性格特征。]

“历史确实表明会有机会来到奴隶面前，这样才使他们有所作为的，”他冷冷地说，“机会是不能被制造的。所有伟人做的事只是在机会到来时能够看到它罢了。那个科西嘉人（这里指的是拿破仑）就看到了。我曾经和那个科西嘉人一样做过伟大的梦。我可以看得到机会的到来，但是机会没有到来。荆棘生长起来便把我闷死了。哎，骆驼，我可以告诉你，对于我，你比任何人都知道得多，除了我的兄弟之外。”

“他是干什么的？在哪里？”

“是‘马其顿’号的船长，猎海豹的，”他回答道，“我们很可能会在日本海附近遇到他。水手们都叫他‘死亡拉尔森’。”[赏析解读：海狼拉尔森在这里提到了他的哥哥，为后文作铺垫，从侧面说明了他哥哥的狂野和残暴。]

“‘死亡拉尔森’！”我不禁叫喊道，“他像你吗？”

“不好说。他没有理智，是真正的野兽。他具有我所有的——”

“残暴性格。”我提议说。

“是的——谢谢你说出这个词——所有我的残暴，不过他几乎不会读书写字。”

“那么他从来不探究生命的哲学。”我加上一句。

“从来不，”海狼拉尔森说道，他的脸上浮现出悲哀之情，“他抛开了生命的意义，会活得更快活。正因为他的生活太过于忙碌了，所以没有时间去思考生活。而我的错误则在于总在翻阅生活这本书。”

第十一章　一场与死亡有关的讨论

[名师导读]

海上的生活让我吃尽了苦头，而且船上的水手常常用武力解决问题，想必这与他们有一个喜欢用拳头说话的船长有关。“我”在与海狼拉尔森的讨论中，常常不能受到善待，这个习惯了用暴力说话的野蛮人总是对我施以武力。

“幽灵”号已到达跨越太平洋的弧线的最南端，开始向西拐弯，再向北往一个孤岛驶去。听说要在那儿把水箱补满，之后驶向日本海沿岸的狩猎水域。猎手们已经把步枪和猎枪检查好，也试用过了，结果很满意。桨手和舵手已经装好斜桅，用皮带和缆绳（缆绳具备抗拉、抗冲击、耐磨损、柔韧轻软等性能，用于系结船舶的多股绳索）拴好桨和桨栓，免得在偷偷接近海豹时发出声响。用里奇的话说，小艇已“像苹果馅饼一样摆放整齐了”。

顺便提一下，里奇的手臂好得很快，虽然疤痕难以去掉了。托马斯·玛格利奇怕得要命，天黑后不敢到甲板上去。在水手舱里爆发了几场结下了梁子的争吵。路易告诉我水手们的闲话传到了后舱，告密的两个人被伙伴们一顿痛打。钟森的前途未卜令他不禁连连摇头，钟森是他那艘小艇上的桨手。钟森有个缺点，说话太冲。因为名字的发音问题，他和海狼拉尔森已经正面冲突过两三次了。前几天晚上，他在中舱甲板揍了约翰森一顿。从那之后，大副再叫他名字时发音就准了许多，但是要钟森揍海狼拉尔森一顿当然是不可能的。

路易还和我谈及了死亡拉尔森。他说的话和海狼拉尔森的一样。我们或许会在日本的沿海遇到死亡拉尔森。“小心小风暴，”路易预言说，“他俩之间的仇怨就像两只狼崽之间一样。”死亡拉尔森指挥的是一艘名叫“马其顿”号的汽船，那是猎海豹船里独一无二的。“马其顿”号带有十四只小艇，而其他三桅帆船通常只带有六只。流言传得很厉害，说那艘船上装有大炮，还谈到了那艘船会突然袭击其他船只和违禁运货，例如，偷运军火到美国，走私鸦片到中国，拐卖黑人以及公开的海盗活动，我相信路易，因为我还从没听他说过谎，而他对猎捕海豹和海豹船的人的知识就像一本百科全书。[赏析解读：此处对“马其顿”号的装备和所做的营生做出了简单的介绍，从侧面说明了那是一艘为非作歹的船。]

这是一艘真正的地狱之船，前舱和厨房如此，“下等舱”和后舱也是如此。[赏析解读：总结性的叙述说明，为后文的具体事例埋下伏笔。]人们打起架来一副要杀死对方的架势。猎手们等着看黑崽和亨德森随时展开枪战。他们以往口角造成的伤口还没有痊愈，而海狼拉尔森则扬言如果两人打起来，谁活下来他就宰掉谁。他坦言自己并非出于道德，对他来说，如果不是需要人手去猎捕海豹，哪怕所有的猎手都因相互残杀而丢掉性命也不会管。他答应，如果他们能在狩猎季结束前克制一点，那么他就会搞个大狂欢。到那时新仇旧恨都可以解决，活着的可以把死去的扔到海里去喂鱼，再编个故事解释他们是在海上失踪的。就连猎手们都被他表现出的残忍冷血吓坏了，虽然猎手们都不是什么好东西，却也对他很害怕。

托马斯•玛格利奇对我讨好的样子就像条狗，而我对他则暗暗提防。他那胆量是被吓出来的——对于这类事情我深有体会。恐惧过度是完全有可能会让他爆发出疯狂的胆量来杀死我的。我的膝盖好多了，不过偶尔还是会隐隐作痛。被海狼拉尔森轻捏的僵硬的手臂也逐渐恢复了。除了这些，我的身体棒极了，肌肉结实了，鼓了起来；可是手却惨不忍睹，像是烤焦了一样，指甲破了还藏满了污垢，手指上长满了倒刺，伤口的边沿好像发了霉。我还生了疮，这可能与饮食有关，因为我以前从没受过这种苦。[赏析解读：从此处的描述中可以看出，与之前相比，主人公不止性格发生了变化，就连身体也发生了巨大的变化。]

几天前的一个晚上，我看到了海狼拉尔森在诵读《圣经》，这引起了我的兴趣。这本书在航行开始时并没有找到，后来却在死去的大副的航海箱里发现了一本。我不知道海狼拉尔森能从中得到什么。他对我朗诵了《传道书》里的一段。

我又为自己积蓄金银和君王的财宝并各省的财宝；又得唱歌的男女和世人所喜爱的东西，如乐器之类的。

这样，我就日见昌盛，胜过以前在耶路撒冷的众人。我的智慧仍然存留。

后来，我察看我所经营的一切事和我劳碌所获得的功，谁知都是虚空，都是捕风，在日光之下一点儿好处也没有。

凡临到众人的事都是一样：义人和恶人都遭遇一样的事；好人，洁净人和不洁净人，献祭的与不献祭的，也是一样。好人怎样，罪人也怎要；起誓的怎样，怕起誓的也怎样。

在日光之下所行的一切事上，有一件祸患，就是人们的命运是一样的，并且世人的心充满了恶。活着的时候心里狂妄，后来就归死人那里去了。

与一切活人相连的，那人还有希望，因为活着的狗比死了的狮子更强大。

我认为他是想要宣泄心声才朗诵的。在狭窄的舱房里，他的声音听起来深沉且忧伤，令我沉醉。他可能没有上过学，但是他天生懂得怎样去朗读，他的声音里有着一种与生俱来的忧郁感。[赏析解读：此处对于人物的描写，增加了海狼的魅力，使这个人物变得更加迷人了。]

“你听到了吧，骆驼，”他把手指夹在书里合上了，抬头看我，“传道者就是耶路撒冷的以色列国王，可他的想法和我一样。你称我是悲观主义者，可他这难道不是最悲观的悲观主义者吗？——他说，‘都是空虚，都是捕风’‘在日光下一点儿好处也没有’‘人们的命运是一样的’，不论对于傻瓜还是智者，干净的还是不干净的，罪人还是圣人，都是一样的，而他所说的遭遇正是死亡，那是一件邪恶的事情。因为这位传道者热爱生命，不想死，就说‘因为活着的狗比死了的狮子厉害’。他宁可要虚空和捕风，也不要坟墓的沉寂和静止。我也一样。爬行无异于猪猡，但是停止爬行，成为泥土和石头，也让人厌恶，让我体内的生命厌恶。生命的本质在于运动。那是运动的力量，是运动力量的意识。生命本身是很难被满足的，但是展望到死亡的话那就更加难以满足了。”[赏析解读：海狼在阅读《圣经》后，又再次与主人公谈到了生命这个话题，他认为生命值得珍惜，但是要有尺度地去珍惜。]

“你比莪默（指波斯诗人莪默·伽亚谟，？—1123年，以《鲁拜集》而闻名。“鲁拜”是波斯语“四行诗”的意思，《鲁拜集》就是四行诗集，共110首。诗中表达了对生命奥秘的沉思，主张趁活着时寻欢作乐）更糟糕，”我说，“他经历了青年常见的痛苦后至少还发现了满足，把他的实利主义转化成了快乐的东西。”

“谁是莪默？”海狼拉尔森问道。因为这句话我那天什么工作也没做，第二天也没有，第三天还没有。

他读书很随意，有什么读什么，却从来都没有机会读到《鲁拜集》，现在觉得发现了一件了不起的宝贝。我记得一些，大概是那些四行诗的三分之二吧，剩下的我也没有费多少力气就拼凑出来了。我们每首诗都要讨论好几个小时，我发现他读懂了诗里的那种悔恨、反叛的呐喊，那是我无论如何都无法读出来的。我或许只能按照自己的感觉读出那些欢乐的韵律，他的记忆力很好，只要我背过两遍（更多的时候只需要一遍），他就能记住整首诗。他在背诵同样的诗行时往往投入一种不安的、激烈的反叛情绪，令人信服不已。

我问他最喜欢哪一首“鲁拜”？他选择的是那首因瞬间的激怒而产生的诗，我并不感到意外，因为那首诗和那位波斯人安于现状的哲学与亲切和顺的人生法则是格格不入的：

不要问从哪里匆匆而来？

不要问往哪里匆匆而去！

且痛饮一杯杯禁饮的美酒，

要醉倒对那骄横傲慢的记忆！

“精彩！”海狼拉尔森大声叫喊起来，“精彩！这就是基调。好一个骄横傲慢！再找不到比这更好的词了。”[赏析解读：此处对于语言的描写，凸显出了海狼拉尔森对于诗词的认同及热爱之情。]无论我怎么反对或是否认都没有什么用。他的极力争辩把我淹没了，我被压倒了。

“生命的天性就是这样的。生命，在它认识到它一定会中止的时候总是会反抗的，那是不由自主的。那位传道者发现生命和生命的劳作都是虚空的、捕风的，认为那是一件邪恶的事情；然而却又发现了死亡，人死后便不再能够表现出虚空和捕风，他认识到那是一件更加邪恶的事情。他一章又一章地为人人都会遭受的死亡感到忧虑。我默是这样，我是这样，你也是这样，因为你在厨子磨刀要杀你时就对死亡开始反抗了。你怕死，你体内的生命也不想死——是它组成你的生命，它比你更了不起，它不想死掉。你谈过永恒的本能，我谈的是生命的本能，而那本能就是活着。当死亡慢慢在靠近，越来越大时，就主宰了所谓的永恒的本能。生命的本能主宰了你身上的永恒本能，因为一个疯狂的伦敦佬正在磨刀子。你无法否定这点。”

“你怕他，也怕我。你不用否定这一点。如果我像这样一把抓住你的喉咙”——他的手果然抓住了我的喉咙，我出不来气了，“开始把你的生命从你体内挤出去，像这样，就像这样，你那永恒的本能就会暗淡下去，而你生命的本能在渴望生命，就会活跃起来，你会用挣扎来拯救自己。是吧？我在你的眼睛里看见了对死亡的惧怕。你举起手臂在空中舞动着，使出浑身的力气，努力要活下去。你的手紧紧抓着我的胳膊，却没有什么力气，像一只蝴蝶落在了那里。你的胸膛上下起伏着，舌头伸了出来，你的皮肤渐渐变青，你的眼神也变得游移不定，你一直在呼喊‘活！活！活！’。你此时此刻想要活下去，不是以后。你对你的永恒产生怀疑了，对吧？哈哈！哈哈！你信不过永恒了。你抓不住它的。生命这个东西，只有在你实实在在地享有它时，它才是真实的。啊，你感觉生命变得暗淡，越来越黑。那就是死亡的黑暗，生活的终点，感知的终点，活动的终点，正在靠近你，降临到你的身上，在你身边升起。你的眼睛变得呆滞，失去了原有的光泽；我的声音听起来越来越微弱，越来越远。你看不到我的脸了，但是你仍然在我手中挣扎。你的两条腿胡乱地踢腾着，身体像蛇一样蜷缩起来，拧成了一团。你的胸膛剧烈地起伏着。活下去！活下去！活下去……”［赏析解读：通过一系列的语言及行动描写，海狼向主人公表达出了他所认为的生命的意义。］

我听不见他后来说了什么。我的意识被他生动描述出来的黑暗吞没了。我醒来时发现自己躺在地板上，他一边抽着雪茄一边若有所思地看着我，眼睛里还是我所熟悉的那种好奇的目光。

“呃，你相信我的话了吗？”他问道，“来，喝一杯，我要问你几个问题。”

我在地板上摇了摇头，“你的争辩太——呃——太狠了。”我好不容易才说出话来，后果就是喉咙疼痛难忍。

“用不了半个小时你就没事了，”他向我保证，“我答应不再使用体力论证了。快站起来吧！你可以坐在椅子上。”［赏析解读：从海狼的语言描写中可以看出，他经常用这样的方法去对待其他人，从侧面表达出他粗暴的一面。］

我只是这个魔鬼手里的一个玩具，关于莪默和那个传道者的讨论又恢复了。我们坐着讨论了半夜。

第十二章　暴行的发生

[名师导读]

这一天，“幽灵”号上又上演了一幕幕惨剧，暴力就像传染病一样蔓延至整个船舱，但归根结底还是与海狼拉尔森脱不了关系。这到底是怎么回事呢？海狼又会怎么去处理这样的状况呢？

过去的一天里，暴力又开始狂欢了。它像传染病一样，从舱房向水手舱蔓延过来，我不知道该从哪里说起。真正的根源还是在于海狼拉尔森。因为仇恨、争吵和嫉恨而紧张的人际关系正处于动荡状态，邪恶的情绪燃烧了起来，犹如星火燎原。[赏析解读：海狼拉尔森的暴力行为成了船上水手们更多暴力行为的导火索，为下文作铺垫。]

托马斯·玛格利奇不但是个卑鄙的小人，同时还是个探子、告密者。他总是把探听到的他人的事通报给海狼拉尔森，想要重获他的欢心，恢复在他心里的地位。他把钟森曾经随意说出的话说给海狼拉尔森听。钟森可能是在船上的“杂品箱”买了一套雨衣，结果发现质量太差，便四处向他人抱怨。“杂品箱”是一个小型的杂货铺，猎捕海豹的船上都有，那里有水手的必需品。水手从那里买的东西都会从他日后狩猎的收入里扣除，因为他们拿到手的不是工资，而是分红，是从他们各自小艇捕获的每一张海豹皮价款里提成的。猎手们是这样，桨手和舵手们也都是这样。

我对钟森抱怨“杂品箱”的事情一无所知，因此对眼前发生的这一幕十分意外，吓了一跳。我打扫完舱房，海狼拉尔森找了个话题，我们开始讨论哈姆雷特（莎士比亚著名悲剧《哈姆雷特》的主角，丹麦王子，性格深沉复杂。因叔叔克劳狄斯谋害了他的父亲，篡夺了王位，哈姆雷特因此向叔叔复仇），那是他喜欢的角色。这时约翰森走下楼梯，他的身后跟着钟森。钟森按照海上的规矩脱下帽子，规规矩矩地站在舱房正中，面对着船长，船随波起伏，他也跟着沉郁地摇摆着。海狼拉尔森对我说，“把门关上，窗户也关上。”

我照办了，发现钟森的眼里闪烁出不安的光来，但是我做梦也想不到原因。事后我还是一头雾水，但是钟森从一开始就明白要出事了，只是勇敢地等待着。

他的行为与海狼拉尔森的利己主义背道而驰。水手钟森所尊崇的是理想、坚定、真理和诚实。他没有错，也知道自己没有错，所以他不怕。如果有必要，他可以为正义而牺牲自己。他对自己是真诚的，对灵魂是真诚的。这种热情体现出了精神对肉体的胜利、灵魂的坚贞和道德的辉煌。它不承认约束，勇猛地凌驾于时间、空间和物质之上。这一切只能产生于永生和不朽中，其他东西是无法做到的。

言归正传。我看到了钟森眼里的焦虑，却把那当成了他本性的羞愧和不安。大副约翰森站在离他不远的地方；海狼拉尔森坐在一把旋转的椅上，距离钟森足有三码远。我关上舱门和窗户后，大家沉默了许久——足足有一分钟。最终海狼拉尔森打破了这沉默。

“约翰森。”他发话了。

“我叫钟森，船长。”水手勇敢地纠正道。

“那么，钟森，你个混蛋！你能猜到我为什么喊你来吗？”

“知道，也不知道，船长，”他一字一句地说，“我的工作做得很好，大副知道，你也知道，船长，所以对于我没有什么可以挑剔的。”[赏析解读：对于海狼的问话，钟森并没有马上回答他，而是做出了反驳。]

“只是这个吗？”海狼拉尔森问道。他的声音柔和而低沉，带着颤音。

“我知道你恨我，”钟森仍是那样沉重缓慢的语调，“你不喜欢我。你……你……”

“说呀，”海狼拉尔森鼓励他，“别害怕我是怎么想的。”

“我并不怕。”钟森反驳着，黑色的皮肤里泛起红晕，“我说话慢，因为我没有你离开家乡的时间久。你不喜欢我，因为我太像个人。缘由就是这个，船长。”

“你对待船上的纪律时太像个人？这是你的意思吧？可是如果你能听懂我的意思……”海狼拉尔森反驳。

“我懂英语，我明白你的意思，船长。”钟森回答，他听出了海狼对他的英语有着嘲讽的意味，他的脸更红了。

“钟森，”海狼拉尔森说，他不再绕圈子，开始直奔主题，“我听说你对那件雨衣不满意？”

“是的，我不满意。那件雨衣不好，船长。”[赏析解读：在面对凶狠粗暴的海狼拉尔森时，钟森虽然内心恐惧，但还是坚守着自己的想法。]

“你就拿此事去胡侃？”

“我说的是实话，船长。”钟森鼓起勇气，他没有忽略船上的规矩，在每一句话的后面都加上了“船长”这个敬称。

此时我偶然瞥了一眼约翰森。他那巨大的拳头握起来又松开，一副凶神恶煞的样子，恶狠狠地打量着钟森。我看到在约翰森的眼睛下面有一处乌青隐约可见，这是几天前的晚上他被这名水手揍的。我这才意识到某些可怕的事情就要发生了——到底是什么事情呢，我仍然想象不出来。

“你知道，你这样说我的‘杂品箱’，和我这么说话，会有什么下场吗？”海狼拉尔森问道。

“我知道，船长。”水手回答说。

“你知道会有什么下场？”海狼拉尔森的语气严厉而凶狠。

“你和大副会对我做的事，那就是我的下场，船长。”

“你看他的样子，骆驼，”海狼拉尔森对我说，“看看这被激活了的尘土吧，这个物质的聚合体。它可以活动，可以呼吸，还不把我放在眼里，只相信自己是由好物质构成的。它的身上带着某些人的虚构之物，例如正义和诚实之类的，无论他遭遇了怎样的苦难和威胁，他都会按那些虚构之物去处理。你怎么看，骆驼？你对他有什么感想呢？”

“我认为他这个人比你好，”我说，不知为何，有一种欲望迫使我把自己感觉到的马上就要降临到钟森头上的暴怒情绪，转移一部分到我的身上来，“他的那些人类虚构之物，就像你所描述的那样，构成了他高贵的身份和男子汉气概。你没有那些虚构之物，没有梦，没有理想。你是一个穷光蛋。”[赏析解读：主人公对海狼的回应实在是令人意想不到，说明了他对钟森的认可，同时也表现出了钟森坦率、淳朴的性格特征。]

他点点头，流露出一种野蛮的得意，“没错，骆驼，没错。我是没有构成高贵的身份和男子汉气概的虚构之物。这就是为什么活着的狗比死掉的狮子更好，我和那位传道者都这样说。我唯一的教条就是方便，这足以让人生存下去了。这个被我们称为钟森的酵母，不再是酵母的时候就只是灰尘，那就没有什么高贵可言，不过是灰尘而已，而我那时不但还好好地活着，而且还吼叫着。”

“你知道我要干什么吗？”他问道。

我摇了摇头。

“好了，现在我要行使我吼叫的特权，让你看看高贵的遭遇了。看着我。”

他坐在椅子上的地方距离钟森有三码远，那足有九英尺！可他并没有站起，突然一跃就离开了椅子——从椅子上维持着坐在上面的样子，端端正正纵身一跃，像野兽，像腾空扑来的老虎。这是一种天崩地裂式的愤怒，钟森竭力想要防卫，不过看起来没多大用处。他迅速用一只手护住了肚子，另一只手护住脑袋，然而海狼拉尔森的拳头却朝着中间打来，“砰”的一声巨响，狠狠地打在他的胸脯上。[赏析解读：此处一系列的动作描写，凸显出了海狼行动的敏捷，从钟森的行为上表现出了海狼巨大的威力。] 钟森嘴里猛出了一口气，又像在挥斧头时突然停了下来，使劲屏住气，他差一点儿就要仰身跌倒在地上了，左右摇晃了几下，努力保持住了平衡。

我实在不忍心继续描述那个令人惊恐场面的更多细节了，太令人反感了。即便是现在想起来，我还是感到恶心。钟森十分勇猛地与海狼拉尔森搏斗，但是他显然不是海狼拉尔森的对手，何况旁边还加上了大副。搏斗场面十分惨烈。我很难想象得到，一个人能在这般摧残下，依然可以进行反抗。钟森确实在继续反抗。显而易见，他没有希望，一点儿也没有，他清楚地知道这一点，然而他凭借着身上的男子汉气概，没有停止斗争。

这个场景过于残酷。我觉得自己随时都会发疯。我爬上了升降梯，想要打开门向甲板逃走，但是海狼拉尔森已经暂时离开了受害者，猛地扑过来，把我甩到了舱房远处的角落里。

“生命的现象而已，骆驼，”他嘲笑地看着我说，“在这里好好看着。或许你能收集到灵魂永恒的数据呢！何况，我们无法伤害钟森的灵魂。我们只能损伤他外表的皮肉。”[赏析解读：从海狼对主人公说的话里可以感受到嘲讽的意味，令人觉得心酸。]

时间流逝，好像过了几个世纪——事实上，打斗的过程只是持续了不到十分钟。海狼拉尔森和约翰森两个人换着花样去蹂躏那个可怜的人。他们用拳头揍他，用厚重的皮鞋踢他，把他打倒在地，又把他拉起来再次打倒在地。直到打得他眼冒金星，什么都看不见，鲜血从耳朵、鼻子和嘴里流下来，舱房看上去就像屠宰场一样。钟森再也站不起来了，躺在地上，然而殴打还在继续。

“行了，看这样子可以了。”最终海狼拉尔森说道。

但是大副身上的兽性被引爆了，不愿意停手，海狼拉尔森只好用他的胳膊向后挡了一下，动作看起来相当轻柔，约翰森却被向后甩了出去，像被扔掉的木头一样撞在了墙上。他跌倒在地上，有好长一段时间里都不知道发生了什么，只是喘着粗气、眨着眼睛，呆呆地坐在那里。

"去把门打开，骆驼。"我听到他命令我。

我依照他的命令打开了门。两只野兽把失去知觉的钟森拉起来，像拖垃圾一样拖过了狭窄的舱口，拖上扶梯，丢到了甲板上。钟森的鼻子里喷涌着血，就像红的泉水一样，冲到了舵手的脚上。而舵手正是跟他同艇的路易，但是路易只是把舵柄转了一下，纹丝不动地盯着罗盘针箱。

而乔治·里奇，就是以前的舱房小厮的态度却完全不同。前舱和后舱的任何事物都没有他随后的举止那样让我们惊恐。他不等命令就来到了舵楼甲板上，把钟森拉走，尽自己所能给他包扎伤口，让他舒服一些。钟森已经不是原来的钟森了，此时完全认不出来他原来的样子，不仅这样，从殴打到拖出来的短短几分钟里，他的脸就已经变得青紫红肿了。

还是说一下里奇的行动吧——等到我把舱房清理干净了，他已经帮钟森包扎好了。我来到甲板上想要呼吸一下新鲜空气，尽力平复一下我那被刺激过度的神经。海狼拉尔森抽着雪茄，在检查着测速器，"幽灵"号的测速器通常被拖在船后面。这时候因为某种目的将它拉回到了船上。突然，里奇的声音传到了我的耳朵里。那是一种激烈而嘶哑、充满不可遏止的愤怒的声音。我转过身去，看到他站在舵楼舱口下的厨房左边。他的面色惨白，不断地在抽搐，两眼闪着异样的光，握紧的拳头举在头顶上。

"上帝会把你的灵魂送进地狱，海狼拉尔森，进地狱也不为过，你这个懦夫，杀人犯，猪猡！"他这样说道。[赏析解读：此处的语言描写，说明了当时里奇看到自己朋友被打的愤怒，同时也表现出了他对海狼暴力的不满和反抗。]

我十分吃惊，等待海狼拉尔森马上打死他。但是海狼拉尔森没有收拾他。他慢慢地走回到舵楼舱口，把胳膊肘倚在船舱的角上，若有所思地带着好奇的眼神注视着这个愤怒的小伙子。

这个小伙子对海狼拉尔森的诅咒是他从来没有经历过的。水手们惊慌失措地围成一团，聚集在水手舱的舱口盖前不远处，看的看，听的听。猎手们也慌乱地在"下等舱"外挤作一团，但是随着里奇滔滔不绝地谩骂，我看到他们脸上的轻佻消失了，就连他们也被吓坏了，倒不是因为这个小伙子说的那些话，而是因为他那可怕的胆量。竟然有人敢这样公然与海狼拉尔森叫板，这简直是不可能的事。[赏析解读：从水手们一系列的动作描写中，说明了大家平日里对海狼拉尔森的畏惧。]我知道自己就被这个小伙子吓到了，由衷地产生了崇拜之情。我看到了从他身上升起的永恒生命那辉煌的大无畏精神，就像古代先知，在谴责着邪恶，战胜了肉体的种种惧怕。

多么了不起的谴责啊！他把海狼拉尔森的灵魂赤裸裸地拽出来示众，让它受到众人的蔑视。他从上帝那里对那灵魂降下了如急雨一样的诅咒。在他激烈的咒骂声中，那灵魂萎缩了，那咒骂带着中世纪天主教将信徒逐出教门的分量。他近乎上帝，骂得痛快淋漓，骂上了义愤的顶峰。只是因为骂得没有什么可骂的了，才能骂出最恶毒、最猥亵的话。

他的愤怒是一种疯狂，他的嘴边沾满了像肥皂泡一样的唾沫沫子。有时候他哽住了，喉咙咯咯作响，话也说不清楚了，而在这整个过程里，海狼拉尔森显得平静而冷淡，他一直将脑袋倚在胳膊肘上盯着他，仿佛陷入了一种强烈的好奇中。这个酵母的生命的疯狂激动，这个物质的可怕反抗以及蔑视，这一切都令他心动、迷惑而感兴趣。

我和每个人时刻都等着他跳起来扑向那个小伙子，把他毁掉。但是这并不是他所想的。雪茄熄灭了，他仍然一声不响地注视着他，充满了好奇。

里奇已经骂得忘乎所以，他的激怒已经没有了威力。

“猪猡！猪猡！猪猡！”他用尽肺腔的力气反复地叫骂着，“你为什么不来把我杀了，你这个杀人犯？你是能够这样做！可是我不怕！这里没有人能够阻止你！与其在你的手心里苟且偷生，还不如一死百了，脱离你的手掌心！来吧，你这个胆小鬼！来杀了我！杀了我！杀了我吧！”

这时托马斯·玛格利奇在反复的灵魂驱使下钻进了现场。[赏析解读：在这危机的时刻，被揍的玛格利奇突然出现了，他的出现使当前剑拔弩张的气氛得到了一定程度的缓解。]他一直站在厨房门口听着，这时候却走了出来，装作往海里扔垃圾，但是很显然他是要来观看一场他觉得一定会发生的好戏的。他冲着海狼拉尔森谄媚地笑着，然而，海狼拉尔森却好像没有看到他一样。但是这个伦敦佬不以为然，他疯了，而且是疯透了。他转过身面对里奇说道：

“怎么能这么说话呢！太难听了！”

里奇的愤怒有了发泄的对象，终于有某个东西近在眼前了，而自从那次伤人事件之后，这是这个伦敦佬第一次没有带刀走出厨房。他话刚一出口就被里奇打倒在地。他爬起来三次，想逃回厨房，但每一次都会被重新打倒在地上。

“啊，天呐！”他大叫起来，“救命！救命！快把他拉开，行不行？快把他拉开！”

猎手们因为换了个口味而大笑起来，悲剧偃旗息鼓了，因为闹剧粉墨登场了。水手们这时也大胆地聚集在船尾，挤来挤去并咧着嘴坏笑，看这个可恶的伦敦佬挨打。甚至连我也从心头升起一种巨大的快感。我承认很高兴看到里奇痛打托马斯·玛格利奇，虽然场面几乎和钟森挨打场面的可怕程度不相上下。但是海狼拉尔森的表情一直都没有变化，就连姿势都没变，他只是带着强烈的好奇心注视着下面。虽然他坚定地认为自己是一个实用主义者，好像也在观察着生命的表现和活动，他希望能够发现更多有关生命的事物，在这种极其疯狂的扭动中，他发现自己到目前为止还没有发现什么东西——那东西好像是生命秘密的钥匙，一个可以把所有都弄清楚的存在。

殴打仍在继续！这与我之前在舱房看见的那个场面十分相似。伦敦佬尽力保护着自己，躲闪着那个暴怒的小伙子的拳头，可是没有用。他想躲回舱房里，却没有做到。他被打倒在地时向舱房滚去，向厨房爬去，向舱房里倒，但是一拳接着一拳飞快地打来。他像个毽子似的被踢来踢去，直到最后和钟森一样躺在甲板上任人连打带踢，再也没有了躲避的能力。没有人来阻拦。里奇是可能把他打死的，但是他显然已经发泄完心头的仇恨，离开了那个躺在地上的仇人，走掉了。而那个伦敦佬则像一只哈巴狗一样呜咽着，哭诉着。

但是，这两次殴打事件仅仅是那天的开场戏。到了下午，黑崽和亨德森又发生了冲突，从“下等舱”里传出了一阵枪响。另外四名猎手争先恐后地窜上了甲板。黑色火药造成的浓烈的硫黄味浓烟从舱门冒上来，海狼拉尔森立即从烟雾中跳了下去。拳头和脚步声传进了我们的耳朵。两个人都受了伤，但海狼拉尔森依然对他们照打不误，因为他们没有听从他的命令，在捕猎季还没开始就打伤了自己。事实上，他们受了很重的伤。海狼拉尔森在揍过他们后，又像外科医生一样给他们动手术、包扎伤口，只不过手法要粗糙很多。他检查和清洗着由子弹打出的创伤，我在一旁协助他。我看到两个人都没有用麻药，只给他们喝了一大杯烈性威士忌酒顶着海狼拉尔森那粗糙的治疗手法。

随后，在第一个错班时水手舱里又发生了骚乱，它是由导致钟森挨揍的闲言碎语和通风报信所引发的。从我们听到的声音以及第二天受伤的人来看，显然是那里一半人把另一半人痛打了一顿。

第二个错班时约翰森和拉提莫发生了殴斗，他们的争斗为那一天画上了句号。这次打架是因为拉提莫埋怨大副睡觉时发出鼾声。尽管约翰森挨了揍，他还是让全部“下等舱”的人后半夜都没有睡着。因为在他安然入睡后，还多次翻身起来与人打架。

至于我自己，受到了一个又一个噩梦的侵扰。那一天就像是可怕的噩梦一样，暴力一次次地爆发。燃烧的激情和冷血的无情驱使着人们互相残杀，一心只想着伤害、伤残和摧毁对方。我的神经和心灵都受到了震动。我的一生基本上对人类的兽行没有什么了解。事实上，我只是了解生命中智力的许多方面。我曾遭遇过暴力，但那只是智慧的暴力——查理·福路瑟特那尖酸刻薄的讽刺，碧蓓洛俱乐部会员们的那些残忍的警句，以及偶然冒出来的苛刻的玩笑话，还有我在大学期间某些教授那些激烈的言辞。

这便是全部，但是人们竟会依靠互相伤害皮肉和放血的方式来发泄愤怒，这样的情形对于我来说是从未见到过的、可怕的。[赏析解读：航海生活及船上人们的生活状态都是主人从未见过的，从而引出了下文中他的思考。]从前我被称为是娇气的范·魏登看来不是没有道理的，我躺在床铺上接连地做着噩梦，辗转反侧。我觉得自己好像对生命的各种现实一无所知。我刻薄地嘲讽着自己，似乎发现在海狼拉尔森那可怕的哲学里有着对生命更为充分的解释，这个发现是在我的哲学里没有的。

当我意识到自己产生了这种思想时，不禁吓了一跳。我身边连续发生的兽行促进了堕落。它很有可能会摧毁我生命中最美好、最光明的事物。我的理智告诉我，对托马斯·玛格利奇的殴打是一件邪恶的事情，但即便是丢掉性命，我也不能阻止我的灵魂欣然地接受了这件事。哪怕我被自己的罪恶感折磨得难以忍受——这就是罪恶啊——我还是感到疯狂的快感使我咯咯地笑起来。我不再是亨佛莱·范·魏登了。我是骆驼，“幽灵”号帆船上的舱房小厮。海狼拉尔森是我的船长，托马斯·玛格利奇和其他水手是我的同伴。在他们身上已经打下印记的压模，此时正在反复地给我打下印记。[赏析解读:此处的叙述说明，说明了主人公已经慢慢地意识到自己思想上的变化，而这正是环境所造成的。]

第十三章　玛格利奇的仇恨

[名师导读]

在那场暴力事件过去后，一切又归于平静。厨子玛格利奇因为受了伤，所以他的活由“我”暂时负责。在这样平静的表面下，大家的身上都发生了变化。

我干着自己的活，也干着托马斯•玛格利奇的那份活，就这样干了三天。他的那份活我做得得心应手，还因此获得了海狼拉尔森的夸赞。在我短暂的“摄政”下，水手们也都赞不绝口。

“第一顿干净饭，”哈里森在厨房门口对我说道，“汤米（托马斯的昵称、贱称、爱称，这里指托马斯•玛格利奇）做的东西有一种油腻味，腐败的油腻味，我想一定是他在离开旧金山后就没有换过衣服。”

“你说对了。”我回答。

“我可以打赌他还穿着衣服睡觉。”哈里森补充道。

“你又对了。”我赞同，“就是那件衬衫，一直以来他就没有脱过。”

但是海狼拉尔森只给了他三天养伤的时间；到了第四天，厨子就被海狼拉尔森拎

着脖子从床上拖了起来，让他干活。他瘸着腿，身上又痛，眼睛肿成了一条缝，几乎看不见东西。他抽着鼻子哭泣着，然而海狼拉尔森根本就不怜悯他。

“小心，别再弄那些汤汤水水的东西，”海狼拉尔森下令，“别再弄得油腻腻的，记住，要经常换衬衫，否则我就把你扔到海里去，知道了吗？”[赏析解读：此处的描写，说明了海狼对于受伤的玛格利奇的冷酷无情，他不但没有去安慰这位厨子，反而还对他进行了威胁。]

托马斯·玛格利奇蹒跚着爬进了厨房，但是“幽灵”号一晃动他就站不稳了。他极力想稳住脚步，便伸手去抓围着炉子的铁栏杆，没想到却抓到了滚烫的炉面上，再加上他本身的身体重量，嗞的一声，马上就有一股烧焦的肉味混合着尖叫声发了出来。

“上帝啊！上帝啊！我造了什么孽啊？”他跌坐在煤箱上号叫起来，身子剧烈地起伏着，他颤抖着收拾着手，“怎么全都落到了我身上呀？我想吐，想吐。我这一辈子可是尽力不去伤害别人呀！我没有伤害过别人呀！”

眼泪从他那青肿的脸上流下，他痛得拉长了脸。他的脸上掠过了一个恶毒的表情。

“我恨他！我恨他！”他咬着牙低吼道。

“你恨谁啊？”我问道。但那可怜的家伙又悲叹起命运来。要想猜出他恨谁，这要比猜他不恨谁更容易。因为我已看到了盘踞在他内心的那条毒蛇，那毒蛇迫使他去恨全世界。生命对他的处理既荒唐又残酷，或许他连自己都恨。这时我心里对他产生了怜悯。[赏析解读：看到饱受摧残的玛格利奇，主人公对这个曾经对自己百般凌辱的男人产生了同情，体现出了主人公的善良。]我有些惭愧，因为我曾经也因为他受到折磨而感到高兴。生活对他不公平，和他开了一个卑劣的玩笑，把他塑造成了现在这个样子，以后还是会继续和他开着这个卑劣的玩笑。他有机会变成另一个人吗？他好像在回应我心中的疑问，哀号道：

“我一个机会都没有，半个机会都没有！有谁送过我上学吗？在我肚子饿了的时候谁给过我面包吗？我小时候鼻子摔破了，有谁给我擦过血吗？有谁帮助过我吗？有谁？”

“没关系，汤米。”我伸出一只手放在他肩上，安慰他说，“你要勇敢，这一切都会过去的。你以后的日子还很长。你想要成为什么样的人都是可以做到的。”

“撒谎，撒谎！”他对我大喊大叫了起来，并甩开了我的手，“你说谎，你知道那是谎话。我的命运已经注定是这样了，我是用边角余料做成的，但是你不一样，骆驼，你生来就是个绅士。你从来不知道饿是什么滋味，饿肚子的时候，肚子里就像有只耗子，在咬呀，咬呀，好难挨呀。我只能哭，哭，一直哭到睡着。明天我要是当了美国总统，就可以胡吃海塞了。我从小就没有吃饱过。”[赏析解读：此处的语言描写，说明了玛格利奇以往生活的艰苦，从侧面表现了他对主人公的羡慕和嫉妒，暗示出了底层人们悲惨的生活状态。]

“可那怎么可能呢？我说，我天生命苦，是受罪的命。我所遭受的苦比十个人加起来还要多，真的。我这一辈子的一半时间都是在医院里度过的。我在阿斯宾瓦尔（位于美国宾夕法尼亚州的一个城市）、哈瓦那和新奥尔良发过高烧；在巴巴多斯害过坏血病（即维生素C缺乏病。是由于人体缺乏维生素C所引起的疾病。在15世纪末，许多远航船员死于坏血病。1753年，苏格兰海军军医詹姆斯·林德发现此病与饮食有关，并经由英格兰探险家詹姆斯·库克进一步引证，发现饮用橘子汁、柠檬汁后，可治疗和预防坏血病），受了六个月的罪，差一点儿死掉；在檀香山出过天花；在上海腿断了；在乌纳拉斯加（位于美国阿拉斯加州的一个小岛，在白令海，属阿留申群岛）得了肺炎；在旧金山断了三根肋骨，内脏全移了位。现在又成了这个样子。你看看我！看看我！我的肋骨又从背后被踢松了，不到八击钟（即四点、八点或十二点。海上报时是从四点半、八点半、十二点半各击一击，以后每半个小时各多加一击。四点、八点、十二点刚好各击八击，因此称为八击钟，这是一种航海用语）就会咳血。我要问问，我受的这份罪要怎么算。有谁给我算呢？上帝吗？上帝让我到这糟糕的世界上来航海，就是因为讨厌我呀！”

他对命运的攻击持续了一个小时，也许更长。然后他又鼓起劲做事了，他瘸着腿，呻吟着，眼里充满了对一切的仇视。他的诊断没有错，因为他的病会不定时地发作，发作时就呕血，这令他十分痛苦。正如他所说的那样，上帝好像很恨他，不肯让他死，因为他终于好了些，不过却比任何时候都恶毒了。[赏析解读：不幸的生活使玛格利奇的性格发生了扭曲，而命运的安排又让他变得更加恶毒。]

几天后钟森爬上了甲板，魂不守舍地干着活。他看起来一副病恹恹的样子，因为我不止一次看到他痛苦地爬到顶桅上去，或是垂头丧气地掌着舵，比这更糟糕的是，他的精神好像已经崩溃了。他在海狼拉尔森的面前露出讨好的神情，对约翰森也几乎拜倒在地。里奇却不一样。他在甲板上走来走去，就像一只小老虎，而且他对海狼拉尔森和约翰森总是怒目而视，公然表达着他的仇恨。[赏析解读：在经历了那次暴力事件后，钟森和里奇展现出了两种状态，钟森变得胆怯，而里奇却变得更加勇敢。]

"我会收拾你的，你这个扁平脚的瑞典佬。"一天夜里，我听到他在甲板上这样对约翰森说。

大副在黑暗里骂了他一句，接着就有个飞行物打在厨房的墙壁上，发出了"当"的一声响。随即骂声四起，中间还夹杂着一声嘲笑。一切平静之后，我悄悄地走出厨房，看到一把沉重的小刀扎进了结实的木头里深达一英寸。过了一会儿，大副过来摸索着想找到那把刀，但是第二天我私下里把刀还给了里奇。我递过去时，他咧着嘴笑了笑。那一笑里的谢意比我处的阶级的成员们常用的喋喋不休更显得真诚。

我和船上的其他人都不同，我现在发现自己和谁都没有争吵，我和所有人都能和睦相处。猎手们或许只是忍受了我，不过也没有人厌烦我。黑崽和亨德森在船上的雨篷下养伤，整天都在吊床上摇晃，他们还向我保证，说我比医院里的护士强多了，等这次航行结束他们领了工资后一定不会忘记我的（听起来好像我在等他们的钱用似的！我一出手便可以把他们全都买下来，像这样连船带人以及船上的设备，能够买二十艘！）。但是当下治疗好他们的伤，让他们痊愈是我的责任，我只好尽力而为。[赏析解读：通过此处的描写，可以看出经过这段时间的相处，主人公的所作所为令他博得了全船水手的认可，他的地位也发生了巨大的变化。]

海狼拉尔森在过去的两天里又遭受了一次头疾的折磨。我想他一定疼得很厉害，因为他把我叫去，像是一个生病的小孩那样听我的吩咐，但是我并没有什么办法能够减轻他的痛苦。不过，在我的建议下他不再抽烟和喝酒。我真是有点想不明白，为什么像他这样一只健壮的动物竟然也会头疼。

“这就是上帝的手啊，我告诉你吧，”路易对于海狼拉尔森的头疼是这样表达自己的看法的，“那是对他黑心歹毒的报应。后面还会有更多的报应的，会来的，要不然——”

“要不然什么？”我催促他说出来。

“上帝在打瞌睡，玩忽职守，不过我不该说这样的话。”

刚才我说我能和所有的人和睦相处，这说错了。托马斯•玛格利奇不仅继续恨着我，而且还找出了恨我的新理由。我百思不得其解，最后才明白，那是因为我天生比他幸运，用他的话来说是“生来就是个绅士”。

“总算死不了了。”我对路易挖苦道。因为我看见黑崽和亨德森肩并肩在甲板上友好地交谈着，那是他们伤后的第一次活动。

路易用他精明的灰色眼睛看了看我，神色怪异地摇摇头，“事情还没完呢，我和你说，如果一爆发就是一场狂风暴雨。那风吹起来的时候你就等着救人吧！我有这种感觉已经很久了。我现在就能感觉到，就像能感觉到黑夜里的索具一样。就在眼前了，快了。”

“谁先动手？”我问道。

“起码不会是胖子路易，我保证，”接着他笑起来，“从骨子里我能感觉到，明年的这个时候我就能看到我母亲的眼睛了。她总是看着海，已经看够了，因为她把五个儿子都交给大海了。”

“他刚才和你说什么了？”没过多久，托马斯•玛格利奇问我。

“他说有朝一日他要回家去看他的母亲。”我委婉地回答道。

“我没有母亲。”伦敦佬感慨地说，他那双眼睛看着我，里面看不到一丝希望。[赏析解读：从玛格利奇的话中可以感受到他的悲哀，话的内容使人难过。]

第十四章　海狼拉尔森与众人的对抗战

[名师导读]

海上的生活让“我”的想法发生了巨大的改变，也慢慢明白了水手们这样凶狠野蛮的原因，在与大副约翰森谈起他母亲的那一晚，发生了一件令人意想不到的事情，水手们试图反抗海狼拉尔森，并与他发生了一场打斗。海狼拉尔森最终会怎么样呢?

我现在才明白过来，我从来没有给女人适当的评价。在这个问题上，虽然我发现自己不是很多情，但从来没有摆脱过女人的包围。我的母亲和姐妹们一向在我身边，而我总是试图逃离她们，因为她们总是为我的健康担忧，每隔一段时间就要侵入我的小窝，使我心烦意乱。她们一来，会让我引以为荣的、有秩序的混乱变得更乱，更无秩序可言。她们走后，我就再也找不到任何东西了，尽管看上去是整洁多了。但是现在，哎，如果她们能够出现在我面前，她们的衣裙会多么受欢迎啊！我曾经打心眼里厌恶她们。我相信如果我还有机会回到家里，就再也不会对她们发脾气了。她们可以来劝我吃药，给我看病，早上、中午和晚上任何时间都可以，每一分钟都可以打扫整理我的小窝。我只需靠在椅子上看着，感谢上帝让我有母亲和几个姐妹。[赏析解读：此处的叙述，表达出了主人公思想上的改变，而他的这种改变是因为船上的生活带来的，同时也是海狼带给他的。]

这样的想法让我陷入沉思。“幽灵”号上这二十多个男人的母亲在哪里呢？我突然觉得男人离开女人在这个世界上闯荡是违反自然、有害健康的，使粗鲁野蛮成为不可避免的结果。我身边的这些男人应该有妻子、姐妹和女儿的，那么，他们也应该可以变得温柔、亲切和富有同情心。但是从现在的情况来看，他们谁都没有结婚。在漫长的岁月里，他们谁也没有接触过好女人，或是受到好女人无法抵抗的影响而变得善良。他们的生活缺乏平衡。他们本质上属于野兽的雄性特征已经发展过度了，而他们本性的另一面——精神的另一面——则发育受阻。事实上已经萎缩了。

他们是一伙独身者，彼此粗粝地摩擦着；日复一日地摩擦使他们变得更加冷酷无情。我有时候很难相信他们是有母亲的——不过是一些半人半兽的品种，一个独有的种族，在这个种族里，“性”这东西已经不存在了；他们是由太阳孵化出来的，就像海龟，或者是以某种相似的肮脏方式获得了生命。他们一辈子都在兽行和凶狠中溃烂，活着和死去都一样可憎。

这个新的思路让我充满了好奇。昨天晚上我和约翰森进行了交谈——那是自这次航行开始他第一次主动和我闲聊。他十八岁离开瑞典，现在已经三十八岁了，在这期间他没有回过一次家。几年前他在智利的一家水手公寓遇见过一个老乡，从对方的嘴里听说他的母亲还健在。

“她现在一定是个上年纪的老太婆了。”他说道，然后若有所思地望着罗盘针箱，再狠狠地看了哈里森一眼。哈里森已经偏离了航道一个方位（航海用语。圆周共分为32个方位，一个方位等于11.25度）了。

“你最后一次给她写信是什么时候？”

他心里计算着，不由地念了出来，“八一年，不，八二年，是吗？不——八三年吗？没错，是八三年。十年前了。从马达加斯加（是位于印度洋西部的非洲岛国，全岛由火山岩构成，也是非洲第一大、世界第四大的岛屿）的一个小港口寄出去的。我当时在那里干活。”

“你看，”他接着说，仿佛在对他相隔半个地球被忽略的母亲说话，“每年我都想回家，所以有什么好写的呢？不就是再等一年的时间吗？可每年都有事耽搁，回不去。不过现在我是大副了，到旧金山领到工资——或许会有五百块，就找艘船去打工，绕过合恩角到达利物浦，多赚点钱，再从那里坐船回家。那时候她就不用再干活了。”[赏析解读：从约翰森的语言描写中，表达出了长期在海上谋生的人的痛苦，以及他们对于家乡和家人的思念之情。]

“她现在还要干活吗？她多大年纪了？”

“大概七十岁了吧。”他答道，接着吹嘘说：“在我们国家，每个人从生到死都在干活。所以我们的寿命都很长。我会活到一百岁的。”

我永远都不会忘记这次谈话。这是我听到的他最后的话，或许也是他最后所说的话吧！[赏析解读：此处总结性的叙述，起到了过渡作用，并为后文中的意外埋下了伏笔。]因为我进舱房睡觉时，觉得下面憋得慌（那是一个平静的夜晚。我们脱离了贸易风，“幽灵”号一小时才航行一海里），所以夹了毯子和枕头到甲板上去睡觉。

我在经过哈里森和固定在舱房顶部的罗盘针箱之间时，发现他已经偏离了航道三个方位了。我以为他在打瞌睡，担心他挨骂或者倒更大的霉，便提醒他，可他并没有打瞌睡，他的眼睛睁得大大的，好像感到极度慌乱，一时间无法回答我的问话。

“怎么回事？”我问道，“你病了吗？”

他摇了摇头，深深地叹了一口气，又好像是刚刚醒过来，住了嘴。

“你最好把航线拨正。”我提醒道。

他往回倒了几下。我看到罗盘针慢慢地转向了东北方向，随后轻轻晃动了几下稳住了。

我把毯子和枕头重新夹好，准备离开。这时有个活动的身影吸引了我的目光。我向船尾的栏杆处望去。那里有一只正滴着水、强有力的手抓着栏杆，接着另一只手在黑暗中也露了出来。我紧紧地盯着，愣住了。是有什么妖怪从黑暗的大海里爬上来了吗？我看见那东西（不管是什么）抓着测速器绳往上爬。我看见一个脑袋露了出来，头发湿淋淋地垂着。接着海狼拉尔森的眼睛和脸逐渐清晰起来，我不会看错的。他的右边脸颊流着血，那是从头上的伤口处流下来的。

他用力纵身一跳，翻身在船上站定，同时急忙打量舵轮边的人，仿佛要确定对方的身份，表明他没有什么害怕的。海水从他身上流下，发出滴答滴答的声音，分散了我的注意力。我在他向我走过来时本能地向后退缩了，因为我在他的眼睛里看到了死亡。

“没有事，骆驼，”他低声地说，“大副哪里去了？”[赏析解读：此处的叙述与前文相呼应，这里提到的大副就是约翰森，海狼从海里上来后便马上找寻约翰森，设下了悬念，增加了神秘性。]

我摇了摇头。

“约翰森！”他轻轻地叫道，“约翰森！”

“他在哪里？”他问哈里森。

这个年轻的小伙子似乎恢复了镇静，因为他回答得很平静，“我不知道，船长。刚才还看见他走过去了。”

“我也是刚才走过去的，可是你看到了，我不是从原来的路线回来的。你能够解释一下吗？”

“你一定是掉进海里了，船长。”

“要我到‘下等舱’里去找找他吗，船长？”我问。

海狼拉尔森摇摇头，“你找不到他的，骆驼，不过你会知道的，来吧，别夹着你的毯子来回走了，让它留在这里吧！”

我跟在他身后离开了。中舱没有丝毫动静。

“那些混蛋猎手，”他说，“又肥又懒，连四小时的班都值不下来。”

我们在船首发现了三名水手在睡觉。他把他们都扳过来看了看脸。他们原该在甲板上值班的，但是船上有个习惯，在风平浪静的夜里值班的人都可以睡觉，不过负责人、舵手和瞭望员除外。

“谁是瞭望员？”他问。

“我，船长，”霍里奥克答道，声音中带着一丝颤抖。他是个远洋水手。“我刚才打了一会儿瞌睡，船长。对不起，船长。以后再也不会了。”

“你在甲板上有没有听到什么？有没有看到什么？”

“没有，船长，我……”

不过海狼拉尔森哼了一声走了，只留下那水手揉着眼睛纳闷：就这么没事了。

“现在小心一点儿。”海狼拉尔森悄悄地对我发出警告。他躬下身子进了水手舱的门，准备下去。

我跟着他，心里“怦怦”直跳。我不知道要出什么事，就像不知道已经出了什么事，但是血已流了，海狼拉尔森掉到了海里，脑袋也受了伤，这可不是他在胡思乱想，再加上约翰森又失踪了。

这是我第一次下到水手舱。我站在楼梯底下时印象深刻。那舱房直接建在船头的两个圆窗之间，呈三角形。三面都是铺位，上下铺，共是十二个。那舱房并不比格拉布街（位于伦敦的一条街，是靠着笔墨谋生的穷文化人的聚集之地）的通铺间大，然而十二个人就蜗居在这里吃喝拉撒睡。我家中的寝室并不算大，但这样的水手舱可以装下十二个，如果算上天花板的高度，那至少可以容纳二十个。

舱房里弥漫着酸臭和发霉的味道。我在摇曳不定的灯光里看见所有的墙壁上挂满了各种各样肮脏或干净的水靴、雨衣和衣裳。“幽灵”号每摇一下，这些东西就跟着晃一次，嚓嚓直响，就像树叶擦过屋顶或墙壁时发出来的声音。有个地方的一只靴子不时地撞在墙上，“砰砰”地响。尽管海上风平浪静，但是这里木料的吱嘎声和海浪的击打声仍然连绵不断地合奏着。[赏析解读：通过对环境的描写，说明了水手们的住宿条件非常艰苦，同时也体现出了水手们不良的生活习惯。]

不过这一切对睡着的人并没有影响。他们一共是八个人——两个值过班的睡下面，他们的体温和呼吸使这里的空气很憋闷。我的耳朵里灌满了他们的鼾声、叹气声和低吟声——那是野兽般的人睡觉时的风范，可是他们真在睡觉吗？都在睡觉吗？刚才睡过觉了吗？这显然是海狼拉尔森要追究的事。他要找出装睡的人、没有睡的人以及刚才没有睡的人。他的做法使我想起了薄伽丘（乔万尼·薄伽丘，1313—1375 年，意大利作家。他的名著《十日谈》第三日的第一个故事说：一个马夫冒充国王和王后睡了觉，又回到仆役房假装睡着。国王摸了摸他的胸脯，他的心跳得很厉害，因此认出了他，于是剪掉他的头发作为标志。马夫在国王走后剪掉了同屋里所有仆役的头发，这才蒙混过关）的一个故事。

海狼拉尔森从架子上取下摇曳的风灯递给我，开始从右前方的床铺查看。上铺睡的是武富提·武富提，他是个来自夏威夷的优秀水手，同伙叫他夏威夷人。他平躺着，呼吸均匀。他把一只手搁在了脑后，一只手放在了毯子上。海狼拉尔森用拇指和食指把住他的手腕，数着脉搏的跳动。那夏威夷人中途被惊醒了，醒得跟睡时一样安静，他的身子没动，只是动了动眼睛，眼睛睁大了，大而黑且闪着光亮。他盯着我们的脸看了一下，纹丝不动。海狼拉尔森把指头往唇上一压，示意他不要出声，那双眼睛又闭上了。

下铺睡的是圆滚滚的路易，他热汗直流，看起来真的睡着了，只是睡得很难受。海狼拉尔森在给他把脉时，他不安地动弹着，挺了一下，身子暂时靠双肩和双脚支撑着。他的嘴唇动了动，说出了谜一般的话："一先令为四分之一美元，对于三便士的钱要留心，要不然客栈船长会当成六便士塞给你。"

然后他深深地叹息了一声，翻过身去，说：

"六便士的钱又叫硝皮匠，一先令是鲍布，可是马驹是什么我不知道。"［赏析解读：硝皮匠、鲍布和马驹是英国俚语对几种钱币的特别叫法，马驹值二十五英镑。路易的梦话都与钱有关，从侧面体现出了他对于金钱的渴望。］

海狼拉尔森感到满意，两人确实是睡着了。他又往前走，来到右舷的两个后床位。借着灯光，我们看到一上一下睡的是里奇和钟森。

海狼拉尔森弯下腰去把下铺钟森的脉时，我挺直腰举着灯，看到里奇的头悄悄抬起来，窥视着床位下面，看出了什么事。他一定是看穿了海狼拉尔森的手段，也很清楚那手段准能发现些什么，因为我手上的灯猛地被打落，水手舱里变得一片漆黑，与此同时他一定扑到了海狼拉尔森的身上。

黑暗中最先传来的是公牛和野狼的搏斗声。海狼拉尔森发出被激怒的吼叫声，里奇发出拼命的咆哮声。钟森一定也加入其中了，那么他这几天表现出来的讨好和谄媚是个圈套。

黑暗中的乱斗吓得我毛骨悚然。我靠在楼梯上发着抖，爬不上去了。这样的场景让我又想吐了。这种感觉在我一看到肉体暴力时就会出现。这一回我虽没有看到，却听到了肉搏声——那是肉狠狠地打在肉上的摧毁性的软响，然后是肉体绞在一起发出的碰撞声、喘息声，以及因突然的痛苦而发出的倒抽一口气的急促声音。

一定还有新的人在加入战斗，因为我听出了里奇和钟森得到了新伙伴的支援，看来参与谋杀船长和大副阴谋的不止两个人。

“谁去拿把刀来！”里奇喊道。

“敲他的脑袋！砸出他的脑浆！”钟森喊道。

此时，海狼拉尔森在发出最初的吼叫声后，就再也没有了动静。他为了生命无声地做着惨烈的斗争。他被包围了，从一开始就倒了，一直没能站起身子。尽管他力大无比，但是我仍觉得他无望了。

他们搏斗的威力给了我生动的印象，因为他们的肉体在来回撞击中撞倒了我，我被严重地挫伤了。我在混乱中总算想办法爬进了一个不挡道的空床位里。

“水手们！我们抓住他了！抓住他了！”我听到里奇大叫着。

“抓住谁了？”真正睡着了的人被惊醒了，迷糊地问道。

“混蛋大副！”里奇狡猾地回答。他几乎喘不上气了，说话的时候有些吃力。

接着便是一阵呜呜的欢叫。陆续有七个精壮的汉子压在了海狼拉尔森的身上。我相信只有路易没有加入。水手舱像个被盗贼捅了的愤怒的马蜂窝。[赏析解读：此处的叙述，说明了船上的人们对海狼的积怨已深，此时有机会自然不会放弃。]

“喂！下面发生了什么？”我听到拉提莫在舱口大叫着，他听到下面的黑暗里乱哄哄的，却不愿轻易下到这情绪的地狱里来。

“谁拿把刀来？谁拿把刀来？”第一次相对平静时，里奇请求道。

袭击者又多又乱，彼此牵制着，这给了海狼拉尔森机会。他的目的是打出一条路，来到楼梯口。虽然漆黑一片，我却凭响动知道他的进展。他一来到楼梯口，就做出了常人做不出来的事。一大堆人用力按着他，可他却只凭着胳臂的力量，硬是从地板上撑起来，站直了身子，然后一步步缓慢地挣扎着爬上楼梯。

拉提莫拿着灯，高举着，灯光照了进来，以至于最后的一幕在我眼前展现了出来。海狼拉尔森快到顶了，我虽然看不到他，但是却看到在舱口一大堆人紧抱着、扭动着，像个多脚的大蜘蛛。“大蜘蛛”随着“幽灵”号有规律的颠簸而摇晃着。那些人一步一步、缓慢地往上爬。有一回他摇晃了一下，几乎倒回来，却又稳住了脚步，继续往上爬。

“是谁呀？”拉提莫问。

借着灯光，我看到他那张脸在往下探望。

我听到一个闷声从人群里响了起来，“是海狼拉尔森。”

拉提莫伸下他的空手。我看到从人群里伸出了一只手来抓他的手。拉提莫一拉，紧接的一两步便是扑上来的了。然后海狼拉尔森的另一只手也伸了上来，抓住了梯口边沿。而那群被甩离楼梯的人仍然紧紧地抱着那快要逃掉的人不放。人们开始散落，有的被梯口尖利的边沿刮掉，有的被海狼拉尔森狠命踢着的脚踢掉。最后掉下来的是里奇，他一头栽进了下面乱爬的人堆上。海狼拉尔森和灯光消失了，我们被抛弃在了黑暗中。[赏析解读：总结性的叙述，起到了承上启下的作用，一方面为一场恶战画上了句号，另一方面引出下文。]

第十五章　为海狼拉尔森包扎

[名师导读]

在“我”目睹了一切后，原本想要逃走却无奈被留了下来，并意外地听到了里奇他们的谈话，就在被里奇他们发现的同时，海狼把“我”叫了出去，原来他想让我成为这艘船的大副。

楼梯口下的人翻身爬起时不断地发出咒骂声和呻吟声。

“谁擦根火柴，我的大拇指脱臼了。”帕森司说。他是斯坦第什小艇上的舵手，皮肤黝黑，乐观快活，哈里森是艇上的桨手。

有人在摸火柴，擦火柴。随后风灯的亮光在黑暗中出现了，冒着烟。人影在灯光里晃动着，人们赤裸着腿纷纷开始处理着伤口。武富提·武富提抓着帕森司的大拇指使劲一扯，让它复了位。[赏析解读：从水手娴熟的动作中可以看出，他们对于这样的情况早已是司空见惯了，从侧面凸显出了航海生涯的艰辛。]这时我看到武富提的手指关节横裂开来，露出了肉。他闪动着那排漂亮的白牙傻笑着，让大家看他的伤口，并解释说那是揍到海狼拉尔森的嘴时受的伤。

“啊，原来是你呀，哼，你这个黑穷鬼。”凯利怒气冲天地追究起来。凯利是个美国籍的爱尔兰人，曾做过码头工人，是寇伏特的桨手，这是他第一次出海。

他在说话时吐出了一口血，血里还混着掉落的牙齿，他把那张狰狞的脸凑到武富提·武富提面前。夏威夷人跳到自己的床位上，又跳出来，手上多了一把长刀。

“好了，快放回去。”里奇发话了。虽然他年轻、经验少，却显然是水手舱的首领。“行了，凯利，别去找武富提的麻烦了。黑乎乎的他怎么知道是你？”

凯利嘟囔了两声消了气，夏威夷人的白牙闪着亮光，露出感激的笑。他是个漂亮的人，身体的线条惹人喜爱，几乎带着女人的柔美。大眼睛里闪着温情和朦胧，很难想象他是以敏捷善斗而著称的。[赏析解读：此处的描述，将武富提的外貌与行为性格作对比，形成了巨大的差异，加深读者的印象。]

“他是怎么跑掉的？”钟森问。

他垂头丧气地坐在自己的床边。他累坏了，还在大口大口地喘着气。他身上的衬衫在搏斗中被扯烂了，脸上有个伤口，血流下来滴到了他赤裸裸的胸膛上，然后又流到了他白色的大腿上成了一条血线，最后淌到了地板上。

“因为他就是个魔鬼，我早就告诉过你了。”里奇边说边站起来，因为失望和气愤使他的眼里闪着泪光。

“你们怎么就没人拿把刀来！”他的语气里有着遗憾。

但是所有人都没有答话，所有人都在为自己的下场而担忧。

“他怎么清楚谁是谁呢？”凯利问道，说话时恶狠狠地扫视一圈，“除非这里有人去告密。”

“他看咱们一眼就全明白了，”帕森司回答，“只需要一眼就足够了。”

“告诉他是甲板翻起来把你的牙磕掉的。”路易傻笑着。他是唯一没有下床的人，他为身上没有伤口而得意。“等明天他看你们的脸吧，兄弟们。”[赏析解读：在这场大战中，其他人都参与了，而一向最厌恶海狼的路易却没有参与，表现出了他的狡猾。]

“我们就说以为是大副。”一名水手说。又一名水手说，“我知道该怎么说——

我听见了打斗声，便从床上跳了起来，没想到下巴却狠狠地挨了一下，于是便对打了起来。黑乎乎，谁知道是谁，只顾着乱打。”

“你打的可就是我，当然。”凯利赞同，脸上暂时有了光彩。

里奇和钟森没有参与讨论。很显然伙伴们都认为他俩的下场一定是最糟糕的，这是注定的；他俩已没有指望了，完蛋了。里奇听着他们话里的担忧和责备，突然爆发了：

“你们这些令人厌恶的家伙！一大群讨厌鬼！如果你们少说多做一些，他早就死掉了。我叫的时候你们怎么没人给我拿把刀来？你们太让我恶心了！还一个劲地抱怨、叫喊，好像他会杀了你们一样！你们知道他不会。他做不到。这里没有水上荐头（旧时以介绍佣工为营生的人）和海岸瘪三，他还需要你们给他干活，迫切需要。没有你们谁给他划桨、把舵、开船？他只会找我和钟森去听他唱的曲子。现在你们都上床捂上脸睡觉吧，我要睡了。”[赏析解读：此处的语言描写，说明里奇对于当前的情形十分清楚，他知道大家对于海狼来说还有利用的价值，海狼不会贸然杀死他们的。]

“好了好了，”帕森司说，“或许他不会为难我们，但是记住我的话，此后地狱的大口为这艘船的无名尸敞开了。”

这整个时间我都在为自己的处境忧心如焚。如果我被这帮人发现了会怎么样？我不可能像海狼拉尔森那样一路打出去。这时拉提莫从楼梯口往下喊着：

“骆驼，老头子要你过去！”

“他不在这儿！”帕森司回答。

“在这儿。”我一边说一边从床上溜了下来，尽力让自己的声音显得镇定和勇敢。

水手们望着我大惊失色。他们脸上的神情先是充满了恐慌，紧接着变得狰狞起来。

“我来了！”我向上喊道。

“不行，你不能走！”凯利叫了起来，抢先站在我和楼梯之间，右手做出一个掐脖子的姿势。“你这个小耳报神（通常指暗中通风报信的人；在民间传说中，它是指附着在个别人耳内的神仙）！我得堵上你的嘴！”

“让他走！”里奇命令道。

“不行，用你的命担保也不行。”凯利怒气冲冲地反驳道。

里奇坐在床沿一动未动。“让他走，我说。”他重复着，声音变得刚猛。

那个爱尔兰人迟疑了。我表现出想从他身边过去的意思，他便让开了。我来到楼梯下，对那一圈在昏暗中凶狠盯着我的面孔转过脸去，心里猛然升起深沉的怜悯，我想起了厨子的说法：上帝既然狠狠地折磨着他们，一定是很恨他们。

“我什么都没有看见，也没有听到，相信我。”我平静地说。

“我告诉你，他没问题，”我上楼梯时听到里奇说，“他也不比你或我更喜欢老头子。”

我发现海狼拉尔森在舱房里，赤裸着身体，浑身是血的等着我。他笑得很随意，与我打着招呼。[赏析解读：海狼将自己的伤势在外人面前展露了出来，说明了他对主人公的信任。]

“来，医生，动手吧！看来这次航行，你实习的机会有很多啊！我真不知道‘幽灵’号没有你会变成什么样子。如果我也能有那种高尚的道德的话，我会对你说，‘幽灵’号的老板谢谢你。”

我很熟悉“幽灵”号上那个简陋的药箱。我在舱房火炉上烧水，做着包扎伤口的准备时，海狼拉尔森一直在来回走动，谈笑风生，仔细打量着自己的伤。我从前没有见到他脱光衣服的样子，如今看到的他的身体令我惊叹不已。我对肉体从来不关注——压根儿就不感兴趣，此时却产生了强烈的艺术气质去欣赏那肉体的奇迹。

我必须说，我被海狼拉尔森完美的身体曲线迷住了，毫不夸张地说，那是一种没有瑕疵的美。我曾经注意过水手舱里的人，其中有的人也肌肉发达，但都有美中不足的地方——有的是发育不足；有的则是发育过度；有的稍微有一点儿歪扭或者有一点儿弯曲破坏了对称；有的腿不是太短就是太长；有的肌腱或骨头显露得太多或者太少了些。武富提·武富提是被我视为唯一全身在线条上令人赏心悦目的人，不过我却总觉得他有点女性化。

海狼拉尔森的身体是男子汉型的、雄性的、完美的，近乎神。他的一举一动牵动着巨大的肌肉在缎子般的皮肤下面跳跃运动。我忘了说一点：他青铜色的肤色只是在脸上才有。因为他有斯堪的纳维亚血统，他的身体就像最白的女人一样白。我记得他抬起手臂去摸头上的伤疤时，我观察过他的二头肌，那二头肌就像一个活物在鞘里活动。正是那些二头肌有一次差点儿要了我的命。我还看见过它们爆发出了一次又一次具有杀伤力的拳头。[赏析解读：此处对于海狼身体的细节描写，与他粗野的形象形成了鲜明的对比，凸显出一种令人着迷的力量美。] 我目不转睛地盯着他，站在那里一动不动的，一卷消毒棉花在我手里滑落，掉到了地上。

他察觉到了我的异样，我这才意识到自己一直在盯着他看。

"上帝把你捏造得多么完美啊！"我说。

"是吗？"他答道，"我自己也经常这么想，而且想过它的目的何在。"

"目的是……"我开始说。

"是实用。"他打断我的话说，"身体本来是为了使用的。这些肌肉生来是用来擒拿、撕裂以及摧毁妨碍我生活的生物的。但是你想到过别的生物吗？它们不也同样有这种或那种天生用来擒拿、撕裂和摧毁的肌肉吗？在它们妨碍我的生命时，我就比它们擒拿得更用力，撕裂得更凶狠，摧毁得更彻底了。目的不能用来解释这些，只有实用才可以。"

"这种解释并不美。"我表示反对。

"你的意思是说，生命是不美的，"他笑起来，"可是你说上帝把我捏造得很完美。你看见这个了吗？"

他的腿和脚鼓起劲来，脚趾蹬紧了舱房的地板，好像要抓住它，一块块、一股股的肌肉马上就在皮肤下面蠢蠢欲动，虬结起来了。

"摸一摸。"他命令道。

那肌肉像铁一样坚硬。我注意到他的整个身体下意识地抽缩在一起，既紧张又机敏。我还注意到他的肌肉在腰胁附近，延伸至背部跨过肩膀轻柔地滚动、虬结着；他的臂膀稍稍抬起来，上面的肌肉立即抽紧，手指弯曲，手变得像鹰爪一样；就连眼神也变了，其中闪烁出警惕、打量的光芒，那是战斗的光。

“稳定，均衡，”他说完后马上松弛下来，让身体回到了休息状态，“脚用来抓住地面，腿用来站立并承受压力，而我用臂膀和双手。牙齿和指甲用来为杀死对方并不被对方杀死而战斗。这就是目的吗？我想用实用这个字眼更适合。”

我没有争辩。我已经看见了原始野兽的战斗机制，有了极其深刻的印象，仿佛是看见了巨大的战舰或者横跨大西洋的客轮的引擎。

想到水手舱里那场激烈的搏斗，他的伤口之轻微让我大为惊讶。我巧妙地把伤口包扎上，并因此而洋洋得意。除了几处厉害的伤外，其他的伤只不过是比较严重的破皮和挫伤。落水前他头上挨的那一刀砍去了他几英寸头皮。[**赏析解读：在一场恶战后，海狼并没有受到严重的伤，凸显出了他的威猛，说明了他的本领很大。**]在他的指导之下，我先把他伤口边上的头发剃掉，然后把伤口清埋干净，缝合起来。他小腿伤得比较厉害，看上去像被牛头狗咬了。他告诉我，搏斗时有名水手用牙紧咬着他的小腿不松口，他一直拖到水手舱的扶梯下，才把他踹了下去。

“顺便提一句，骆驼，我说过你是一个管用的人，”海狼拉尔森看到我手上的工作忙完了，这才说道，“你知道，我们缺了一个大副。以后你就要值班了，一个月有七十五块，前舱、后舱的人都要叫你范·魏登先生了。”

“我——我——我不懂航海，你是知道的。”我倒抽了一口气。

“根本就不需要。”

“我真的不想坐在高位上，”我反对说，“如今我处在低矮位上就已经很难应付了。我没有经验。平庸也是有好处的，你知道的。”

他微笑了，仿佛这个问题已经敲定了。

“我不愿意在这艘地狱船上做大副！”我不客气地说道。

我看见他的脸变得阴沉，眼睛里露出了凶残的光。他走到了卧室门口，说道：

“现在，晚安，范·魏登先生。”[赏析解读：此处对于语言的描述，表达出了海狼想要主人公成为他的大副的决心。]

“晚安，拉尔森先生。”我有气无力地回答。

第十六章　成为“幽灵”号大副

[名师导读]

“我”在成为大副后通过学习，逐渐掌握了航海技能，但是却没有令“我”感到欣喜。海狼对水手的报复行为令他们苦不堪言，不仅使“我”对生命产生厌倦，同时里奇也做好了准备……

我不能说做了大副有什么好处，除了不再洗盘子。我对大副最起码的职责都不清楚，如果不是水手们对我表示同情，准会弄得一团糟。我对绳索、索具、收帆和帆的细节一无所知，但是水手们都不厌其烦地帮我——路易是个特别好的老师，我和手下的人也相处得十分和睦。

但是与猎手们相处就是另外一回事了。他们在海上见多识广，全都把我当作个笑话。事实上，我也觉得自己是个笑话。我，作为一个不折不扣的陆地人，竟然担任起大副的职务来了。别人把我当作笑话是一回事，我没有什么可抱怨的，但是海狼拉尔森却在我身上特别讲究海事规矩——比在可怜的约翰森身上讲究多了。他多次争吵、威胁，引起了许多抱怨，最终还是让那些猎手们就范了。现在不论是在前舱还是后舱，我都是“范·魏登先生”了，而海狼拉尔森也只在不太正式的场合才会叫我“骆驼”。

[赏析解读：此处的叙述，说明了主人公此时在船上的地位，同时也体现出海狼拉尔森对待主人公与其他人的不同之处。]

真有趣。我们吃饭时有时风向会改变好几个方位，我离开桌子时他就会说，“范·魏登先生，您是否要去调理一下，左舷抢风‘之’字形前进。”于是我就上甲板去，做手势叫路易过来，向他请教该怎么做。几分钟后，我弄懂了他的指示，完全明白了要怎样操作，于是便开始下达命令。我记得刚开始时发生了这样一件事：我刚开始下达命令，海狼拉尔森就来了，他抽着雪茄静静地看着这一切，直到看着我办完了事，然后沿着舵楼露天甲板和我并排往船后走去。

“骆驼，”他说，“对不起，范·魏登先生，我向你表示祝贺。我觉得你现在可以不再依靠你爸爸的腿了，让它们回到坟墓去吧！你已经找到了自己的腿，学会靠自己的腿站住。再学点绳索功夫、使帆技术，掌握一些对付风暴的经验和诸如此类的知识，到航行结束时，你就可以驾驶任何沿海航行的三桅船了。”

从约翰森死后直到到达猎捕海豹场的这段日子，是我在“幽灵”号上过得最快乐的时光。海狼拉尔森很关心，水手们很帮忙，跟玛格利奇的交往也心平气和。坦白地说，随着时光流逝，我发现我在心里为自己暗暗骄傲起来。虽然情况很荒唐——一个旱鸭子当上了船上的二把手，而且我做得还不错；那段时间使我很有成就感，而且喜欢上了脚下颠簸起伏着的“幽灵”号。[赏析解读：此处的心理描写，说明了船上的生活使主人公学到了很多。] 它正在向北航行，然后再往西，穿过热带海洋，到我们要补充淡水的小岛去。

但我的快乐并不纯粹，它只是相对而言，是处于过去痛苦的高峰和未来痛苦的高峰之间的缓冲区。因为对水手们来说，“幽灵”号是一艘痛苦的地狱船。他们得不到一点点休息和平静。海狼拉尔森把他们对他的谋杀和在水手舱对他的殴打记在内心深处，上午、中午、晚上和通宵都在不停地折磨着他们，令他们苦不堪言。

他很明白小事造成的心理压力，他靠着小事把全船人折磨得快要发疯了。我见过他把哈里森从床上叫起来，让他去把放得不对的油漆刷子放好，还把下面两个休班的人从酣睡中叫起来看他做。[赏析解读：通过举例说明，展现出了海狼拉尔森对于上次的战斗采取的报复手段，细节描写。] 的确，可是把这样一个聪明头脑设计的小事放大数千倍，水手舱的人的心情怎么样就可想而知了。

当然，大量的抱怨和小小的冲突不断出现。拳头打出去，于是总有两三个人在疗伤——是那个人形野兽，他们的老板打的。面对着"下等舱"的猎手和舱房里的武器库，共同行动是无用的。里奇和钟森受到海狼拉尔森的伤害最厉害。钟森的脸上、眼里深沉的悲哀使我的心流着血。

里奇就不一样了。他的身上有着太多的暴虎冯河（比喻有勇无谋，鲁莽冒险。暴虎，徒手搏虎；冯同淜；冯河，过河不借助工具，即徒步涉水过河）的性格。他仿佛被浓得化不开的愤怒驱使着，没有时间悲哀。他的嘴扭曲了，好像在不断咆哮，一见到海狼拉尔森就发出既恐惧又威胁的低吼声，我确信这是一种本能反应。我曾见过他用眼睛尾随着海狼拉尔森，像野兽看着驯兽人。那时猛兽般的咆哮就在他的喉咙深处发出，在他的牙齿之间颤抖着。

我记得一个晴天，我准备向他下命令，在甲板上先拍了一下他的肩膀。那时他背对着我，我的手刚接触到他，他便一下子跳得老高，蹦得很远，同时吼叫着转过头来。他一时把我当成他仇恨的海狼拉尔森了。

他和钟森只要一有机会就会杀死海狼拉尔森的，可是总没机会。海狼拉尔森太精明了，不会给他们机会的。何况他们还没有合适的武器，赤手空拳对海狼拉尔森是没有指望的。海狼拉尔森打过里奇好几次，里奇总还手，就像野猫一样，拳头、尖牙、指甲一齐用上，直到被揍得脱力或昏死在甲板上，但是他却屡败屡战地反抗着。两个人只要在甲板上碰面，就会打，咒骂着、咆哮着并打。我还看见过里奇突然扑到海狼拉尔森的身上，不警告也不挑衅。有一回，他从鞘里猛地拔出那把沉重的刀甩向海狼拉尔森，仅差一英寸就命中了他的咽喉。还有一次，他从尾帆桅顶的横桁上扔下了一根穿索用的钢锥。在颠簸的船上那样做是非常困难的，但那钢锥从七十五英尺的高空中破空而下，差一点儿就砸在海狼拉尔森的头上——那时他正从舱房楼梯爬上来。钢锥扎进结实的甲板木里，足有两英寸深。还有一次，他悄悄地进了“下等舱”，弄到了一支上了火药的枪正想往楼上跑，却被寇伏特揪住，缴了过来。[赏析解读：通过此处的叙述说明，表现出里奇和海狼之间的冲突已经上升到另一个高度了，但是里奇的屡次失败表明了他与海狼之间的巨大差距。]

我常常猜测海狼拉尔森为什么不杀了他，一了百了，可海狼拉尔森总是哈哈大笑，似乎好玩极了，那感觉就像是个把猛兽当宠物的人。

“提着脑袋过日子，”他说，“给生活来点刺激。人天生就是赌徒，生命是他能下的最大的赌注。输赢越大越带劲。我为什么不刺激里奇的灵魂燃烧得更高，让我自己玩得高兴点呢？这是我对他的恩赐。快活的刺激是把双刃刀，他比前舱任何人都活得奢侈呢，尽管他自己还不明白。因为他有着别人没有的东西——目标、事业和希望，他沉醉于他的目标——想要杀死我，而且很希望。骆驼，他的生活充实且高尚。我怀疑他以前是否有过这种酣畅淋漓的生活。说真的，我看见他那样激动敏感地大发雷霆，有时还真羡慕他。”

“啊，可这是胆小，胆小！”我叫道，“你占尽了优势。”

“我们俩谁更胆小？是你还是我？”他的神情严肃，“情况不妙你就昧良心，让自己同流合污。你要那么厉害，真的忠于自己，那你就应该与里奇和钟森联手。可是你害怕了，你想要活着。你身体里的生命在叫喊着说它无论要付出什么样的代价，都一定要活下去。所以你过着不光彩的生活，不忠于你的梦想，对你整个可怜的小信条犯着罪，如果真有地狱的话，那就是让灵魂堕落在地狱里。呸！我扮演的角色一定要勇敢一些，我没有犯罪，因为我忠于我内心的欲望，而你却不。”[赏析解读：海狼的话刺激到了主人公,他会做出怎样的抉择呢？此处设下了悬念,增加了故事的紧张气氛。]

他的话里带着刺。或许我真的在扮演着一个胆小鬼的角色。我越想越觉得如果我想对自己负责的话，就应该按他的话去做，与里奇和钟森联手杀死他。此刻我的清教徒祖先的严峻的良心出现了，催促着我走向凶险的动作，把杀人也当作是正确的行为。

我安抚着自己。为世界清除这样一个魔鬼是道德的。人类会因此更加幸福，生命会因此而更加美好和甜蜜。

这个问题一直折磨着我，让我在床上翻来覆去无法入睡，回想着一连串的事实。上夜班时，海狼拉尔森在下面，我和钟森以及里奇说着话。两人都绝望了。钟森心灰意冷，而里奇则在斗争里用尽了力气，筋疲力尽了。但是有天晚上他抓着我的手动情地说：

“你是正直的，范・魏登先生，可是你别行动，闭上嘴，除了打鼾外，不要发出任何声音。我俩完蛋了，我知道；可是说不定哪天在我们最需要的时候，你还能助我们一臂之力呢。”

到了第二天，海狼拉尔森开口做出了预言，那时温莱特岛隐约出现在顶风的方向了。他攻击过了钟森，又受到里奇的攻击，刚才把他们都收拾了一顿。[赏析解读：对于海狼来说，钟森和里奇就像是他生活的调剂品，他们无法成为真正的对手与其抗衡。]

“里奇，”他说，“你知道我迟早会杀了你的，不是吗？”

回答他的是一声咆哮。

“至于你嘛，钟森，不等我把你收拾够你就会恨不得死掉，你会自己跳到海里去的。看看你到底会不会跳吧！”

“我这个预言，”他转向我做了个旁白，“我拿一个月的工钱打赌，他会照办的。”

我曾在心里希望那两个人会在我们装淡水时找机会跑掉，但是海狼拉尔森精心挑选了一个极好的停泊点。“幽灵”号在一片荒芜沙滩的激浪带（自波浪开始变形产生破浪地点到岸边之间的地带）以外半英里的地方停住了。那里一个幽深的峡谷缓缓伸展开来，两面是没有人能攀上去的、陡峭的火山岩峭壁。在这里，在他的亲自监督下——因为他自己上岸去了，里奇和钟森把小桶装满水后滚到沙滩上。他们根本没有机会划小艇逃掉。

不过，哈里森和凯利进行了尝试。他们是一艘小艇里的艇员，任务是在海滩和帆船之间来回搬运淡水，每次只运一桶水。午饭前他们载着空桶向岸边划去，却改变了路线向左边划去，准备绕过伸进海里横拦着能让他们获得自由的海岬（是指深入海中的尖形陆地）。浪花飞溅的基石外是日本殖民者居住的美丽小村庄和好像咧着嘴微笑的山谷，那里直通内陆。只要进入到那些房屋通向的山寨里，他们就可以向海狼拉尔森发出挑战了。[赏析解读：此处的环境描写，点明了里奇和钟森想要逃走，并且有可能会成功的外在有利条件。]

我早就观察到亨德森和黑崽整个早上都在甲板上晃荡，现在才知道他们为什么待在那里了。他们拿着枪对准两个逃亡者不慌不忙地射击。这是一次残酷的枪法展示。一开始，他们的子弹只是在小艇两边的水面上吱吱射过，没有造成伤害；然而当看到那两名水手仍然不要命地划时，他们的射击就越来越近。

“现在看我打掉凯利的右桨。”黑崽说着，更加仔细地瞄准了目标。

我是在望远镜里看到的。我看见那只桨叶被他打得粉碎。亨德森也照着他的样子，瞄准哈里森的右桨开了一枪。小艇转了过来，剩下的两支桨很快也被打碎了。那两个人试图用破桨划水，也被打飞了。凯利掰下块船底板开始划水，可是手被破木板扎伤了，痛得大叫了起来，把它扔掉了。他们只好放弃，任凭船在水面上漂流，直到海狼拉尔森从岸边派了一艘小艇过去，把他们拖回到大船上。

那天下午我们起锚离开停泊地。再也没有什么事情要去做，只剩在猎捕海豹地的三四个月的狩猎活动了。前途的确是黑暗的，我心情沉重地做着事。“幽灵”号上笼罩着一种近乎丧礼一般的阴沉气氛。海狼拉尔森又因为那古怪的头疾躺在床上，脑袋疼得像快要裂开了一样。哈里森没精打采地站在舵轮旁边，身体的一半重量都放在了舵轮上，仿佛厌倦于他肉体的重量了。其他水手也都死气沉沉的，一言不发。我看到凯利蜷缩在水手舱天窗盖的避风一侧，脑袋抵在膝盖上，双手抱着头，一副难以言说的绝望姿势。

我发现钟森直挺挺地趴在水手舱前面，盯着船头飞腾溅起的浪花，我恐惧地想起海狼拉尔森曾经说过的那番话。那番话看样子或许会产生后果。我试图打乱他那病态的思绪，叫他离开那里，但是他只对我阴郁地一笑，不肯照办。

我回到后舱时，里奇靠近了我。

“我想求你一件事，范·魏登先生，”他说，“如果你有机会回到旧金山，请找一找马蒂·麦卡锡。他是我的父亲，住在山上，在五月集市的面包店的后面开着一家鞋匠铺，当地人都知道，不会多费事的。告诉他我很抱歉给他惹了许多麻烦，也为我自己做过的事感到抱歉。请代我向他说声‘愿上帝保佑他’。”[赏析解读：此处对于里奇的语言描写，他像在向主人公交代后事一样，为后文作铺垫。]

我点了点头，但是说道：“我们都会回到旧金山的，里奇，我去看望马蒂·麦卡锡时你会和我一起去的。”

“我很愿意相信你的话，”他答道，握着我的手，“但是我回不去了。海狼拉尔森不会放过我的。我只希望他能给我个痛快。”

他离开时，我的内心也有了同样的想法。既然逃不掉了，那么还不如早点来。那种到处弥漫的阴沉气氛把我包围了。最坏的结局似乎无法避免。我一连几个小时在甲板上走来走去，发现怎么也无法摆脱海狼拉尔森那些可憎的想法对我的折磨。这一切到底是怎么回事呢？怎么能够容许这样荒唐地残害灵魂！毕竟这种生命是低贱而肮脏的，早点完结更好。我倚靠在栏杆上，怀着渴望凝视着大海，觉得自己早晚也会沉入它那寒冷碧绿的遗忘深渊里。[赏析解读：船上悲凉的气氛使主人公深陷其中，令他对生命也失去了希望，人生到这里只剩下悲哀了。]

第十七章　“幽灵”号与风暴的搏击

[名师导读]

船上的气氛虽然十分阴沉，“幽灵”号却一直在正常行驶。终于它到达了捕猎区，开始大规模地屠杀着向北游走的海豹。但是就在这个时候，他们遇到了在航海中经常会遇到的风暴。

奇怪的是，虽然大家都有预感，但是“幽灵”号上并没有重大的事情发生。我们继续向北行驶，然后西行，一直来到日本海岸附近，遇到了巨大的海豹群。海豹们不知是从太平洋什么地方游来的，正进行着它们一年一度的大迁徙，向着白令海的栖息地游去。我们跟着海豹向北走，一边走一边掳掠屠杀着，把剥过皮的尸体喂给鲨鱼，把毛皮用盐腌好，这些毛皮将来都会变成城市女人肩头的美丽装饰。

那是肆无忌惮的大屠杀，完全为了女人。没有人吃海豹肉或油。屠杀很顺利，一天下来毛皮和尸体铺满了甲板，脂肪和血弄得甲板滑溜溜的，船身两侧的排水孔变成了鲜血的池塘；船桅、绳索和栏杆上都溅满了鲜血。大家仿佛都是屠夫，干着屠夫的营生，赤裸的双手和手臂上沾满了海豹的鲜血，辛苦地挥舞着剖腹刀和剥皮刀，从他们杀死的那美丽的海上生物的身上剥下皮来。[赏析解读：这一段文字描写淋漓尽致地体现出了当时场面的血腥和残酷。]

他们从小艇回到船上后，我的任务就是登记海豹皮、监督剥皮和冲洗甲板，使甲板恢复原样。那不是愉快的工作，我从灵魂到肠胃都觉得恶心，但是指挥众人也在一定意义上对我有好处。它使我发挥了那为数不多的行政才能。我意识到自己在接受着某种强化和锻炼，那对“娇气的范·魏登”是大有好处的。[赏析解读：猎杀海豹的场面让主人公感到不适，但是长久以来与海狼的接触，让他改变了许多，变得更加勇敢、坚强。]

我开始感觉到自己不再是从前的我了。尽管我对人生的希望和信仰并没有被海狼拉尔森的摧毁性的批判所消灭，但他在细节上改变了我。他为我打开了现实世界的大门，实际上，我一直对现实世界一无所知，总是对它避而远之。我学会了更加密切地洞察现实生活，承认世界上还有个被称为事实的东西，不再束缚于心灵、观念的天地，开始承认存在具体和客观方面的价值。

我在海狼拉尔森面前得势后，和他见面的机会也就多了。因为如果天气不错，而我们又在海豹群里，所有的人便都下艇去，船上就只留下他、我和无足轻重的托马斯·玛格利奇了。可那并不是件好玩的事。六艘小艇从三桅船放下去，呈扇形展开，从第一艘上风艇到最后一艘背风艇之间足有十到二十英里之远。它们在海上巡游着，直到黄昏或被恶劣的天气逼回来。而我们的任务则是驾驶好“幽灵”号，行驶在最后的背风艇后的背风面。这样，所有的小艇在遇到小风暴或天气可能转坏时都可以顺风行驶，回到大船边。

两个人驾着一艘像“幽灵”号这样的大船是很吃力的，特别是在遇到强风时。我们需要把好舵，不断地寻找小艇，升帆，降帆。因此，我的任务就是学习，尽快学。我很快就学会了掌舵，但是要飞快地登到桅杆顶上，离开绳梯并把全身重量挂到双臂上再往上爬，这就难多了，不过我很快也学会了，因为我有一个心愿，要在海狼拉尔森眼里争口气，以此来证明除了精神世界，我也有权利在现实世界里生活。不但如此，我已经可以在桅杆顶上来去自如，只依靠双腿也能稳定在那危险的高空中转动望远镜，搜寻小艇。[赏析解读：在成为大副后，主人公学到了许多东西，这都与他的坚持和努力是分不开的。]我喜欢这样做。

那是一个风和日丽的日子，六艘小艇早早地就离开大船，在海上散开，越行越远。猎手们的枪声变得越来越模糊。只有微风从西边拂来，而且在我们设法靠近最后一只背风艇时，风又停住了。六艘小艇向西追逐着海豹，一艘艘消失在地球的圆弧上——这是我在桅杆顶上看见的。我们停在平静的海面上，几乎不能动弹，无法跟随。海狼拉尔森十分着急。气压在下降，东边的天空让他心绪不宁，他一直警惕地察看着。

“如果风从那边刮过来，”他说，“猛地刮过来，把我们转到了小艇的上风头，水手舱和‘下等舱’恐怕就会空出床位了。”[赏析解读：海狼对当前所面临的情况的推测，以及有可能会发生的意外都了如指掌，体现出了他丰富的航海经验。]

十一时，大海波平如镜。到了正午，尽管是在北纬的高纬度（是指地球表面南北纬60°到南北极之间的区域，是地球表面接受太阳辐射最弱的地带，气候寒冷，有极昼极夜现象）上，天却闷热难熬。空气中没有丝毫的新鲜气息。那闷热让我想到了加利福尼亚人总是提及的一个老词：地震天气。不祥的预兆不断出现，让人不清不楚地感到就要大祸临头了。渐渐地东边的天空布满了乌云，就像地狱里黑色的峰峦压在我们的头顶上，那里有清晰可见的峡谷和悬崖绝壁，峡谷中还有层层阴影，让人不自觉地搜寻那白色的海浪线和因受到海水冲击而轰隆作响的洞穴，可我们仍只轻轻地摇动。海上还是一丝风都没有。

“不是小风暴，”海狼拉尔森说，“大自然这个老太太要后腿立着，使出浑身的力气咆哮了。这下我们会很忙了，骆驼，能保得住我们一半的小艇就不错了。你最好赶快爬上去，放松那几片中帆。”

“可是，既然老太太要咆哮，而我们又只有两个人……”我问，带着反对的口气。

“我们必须尽量在风暴刚起、还没有把帆刮掉前追上小艇。只要能赶上小艇，无论出什么事我都不在乎了；桅杆经得起吹，我们不想挨吹也不行——尽管我们手里还有很多活要干。”

可是海面上还是平静如镜。我们吃了午餐。我忧心忡忡，吃得十分匆忙。在地球的圆弧之外的海上漂着十八个人，而天边的乌云阴沉沉的，缓缓地向我们压了过来。海狼拉尔森似乎没有受到什么影响，虽然在我们返回甲板时他的鼻翼稍稍扇了扇，那是一个可见的快动作。他的面色冷峻，面部的线条变得生硬，可在他的眼睛里——今天那异常明亮的蓝眼睛里——有一种奇怪、明亮的光芒，让我感到他很快乐，略带着凶残的快乐，因为斗争迫在眉睫，他知道生活中一个重大的时刻即将降临了，因而激动和兴奋。生命的大潮正涌动升起，向他袭来。[赏析解读：一系列的神情描写，说明了对即将到来的风暴，海狼激动兴奋的心情。]

有一次他大概没有意识到，或是不知道我看到了，他竟然对着那迎面而来的风暴哈哈大笑起来，笑声中透露着嘲笑和挑衅的意味。我看到他就像《天方夜谭》里的小矮子，面对着凶恶的巨灵的硕大无比的脸。他在向命运挑战，毫无畏惧。

他来到了厨房。“厨子，你把锅碗瓢盆洗完后就到甲板上来，准备干活。”

“骆驼，”他说道，觉察到了我正在痴迷地注视着他，“这要比威士忌酒还令人沉醉呢，是你那莪默也没有见到过的。我觉得他说到底也只是活了半条命。”

此时，西边的半边天已经黑下来了。太阳已经暗下来，看不见了。那时才下午两点，可是一个幽灵似的黄昏已经出现在我们头上了。那昏暗只是偶然被紫光射穿。在这样的紫光里，海狼拉尔森的脸一次次地散发着光彩，在我激动的幻想里他的头上出现了一个光环。我们的船躺在一种超脱尘世的静谧之中，种种迹象和预兆说明了即将出现的声音和动作，我们就处在这一切的中心。难耐的闷热已经变得不堪忍受。汗水在我的额头上冒出来，我能感觉到它顺着我的鼻子流下来。我仿佛要热晕过去，伸手准备扶住船栏杆。

就在这时，空气中传来一阵微弱的声音。它是从东边传来的，如同耳语，随即又消失了，连下垂的船帆都没有动弹，不过我的脸上感觉到了那一丝丝的凉意。

“厨子。”海狼拉尔森低声叫道。托马斯·玛格利奇扭过一张畏怯可怜的脸。“去把前桅下桁的索具解开，牵过来，一感到有风，就放出帆脚索，再拴牢索具。你要是弄错了，那就是你最后的一个错误了，明白？”

“范·魏登先生，你在他旁边放松顶帆索具。然后跳上去，把中帆展开，上帝让你多快你就多快——越快越容易。至于厨子，他动作一慢，你就揍他的眉心。”

他给我的指示没有带威胁，我意识到了其中的赞赏，为此我感到高兴。那时我们的船头对着西北，他的目的是风一刮就趁机转向。

“我们要让风吹刮到船侧的后半部分。”他向我解释道，“从最后的枪声判断，小艇是往略偏西南的方向去了。”

他转身去了后面的舵。我往前走，在船首的三角帆下站定。第二次，风的细语传过来，然后是第三次，都过去了。船帆慵懒地晃动着。[赏析解读：此处的情节描写，说明了微风带来的危险信号，为后文的展开作铺垫。]

“感谢上帝，风没有猛地刮起，范·魏登先生。”厨子激动地叫道。

我确实要感谢上帝，因为这时我已经明白了许多道理：要是所有的帆都张开，而风又猛地一刮，等待我们的就是灭顶之灾。风的耳语变成了吹拂，船帆鼓了起来，“幽灵”号动了。海狼拉尔森使劲向左舷打舵，我们开始放绳。现在，风正对着船尾吹，越来越有力，前帆猛地拍打起来。虽然我没看到别处是怎么样的，却能够看到前帆和主帆随着风向的变化而鼓了起来，三桅船突然晃动、倾侧了。我手忙脚乱地摆弄着船首的斜桅帆、三角帆和桅杆支索三角帆。等我忙完，“幽灵”号已经往西南方向疾驶过去了。风在它的侧后方吹着。全部风帆都向右侧转了过来。[赏析解读：此处的情景说明，凸显出了风暴即将到来的紧张氛围，为下文作铺垫。]我虽然累得心脏像有大锤在锤打一样，却没有时间停下来喘口气，径直攀上了中帆，趁风力还没太大时把它们整齐地放下，卷了下来，然后到后舱待命。

海狼拉尔森点头赞许，然后把舵交给我。风力在稳步增大，海浪越来越高了。我掌了一小时舵，一分钟比一分钟难以驾驭。我没有经验在这样的速度下掌舵。

“现在带上望远镜，爬上去找小艇，我们的速度最起码有十海里，现在达到了十二至十三海里。这老丫头真会跑。”

我爬到前桅顶距离甲板约七十英尺的横桁上停下来。在我扫视着茫茫水面时明白了一个道理：如果想要拯救我们的同伴，就必须赶快。事实上，在我注视着我们正在通过的汹涌海面时，我怀疑是否还有小艇能浮在上面。脆弱的船只似乎无法承受这样的狂风巨浪。

船顺风而行，因此我并没感受到全部风力，但是从栖身的高处往下看时，只觉得自己好像飘飘然脱离了“幽灵”号。我看见汹涌的浪花衬托出它鲜明的轮廓，看见它凭着生命的本能在冲刺奔进。“幽灵”号有时会激起巨浪，淹没了右舷的栏杆，甲板到舱门盖一片都被淹没在翻腾的海水中。此时此刻如果迎风起伏，我就会以令人眩晕的速度飞过空中，仿佛趴在一个倒过来的巨大钟摆上面，摇摆得十分猛烈时，其距离可以达到七十英尺或更远。[赏析解读：此处的描写，说明了当时风暴的猛烈，体现出了当时主人公处境的危险。] 有一回那令人眩晕的晃荡吓坏了我，一时间我只能手脚并用抱紧桅杆，发着抖，瘫软下来，无法搜索迷失的小艇，也看不见海上的任何东西，只看见下面的巨浪在奔腾着、咆哮着，肆意要吞没“幽灵”号。

但是一想到海里的人我便镇静下来，在寻找他们时我达到了忘我的境界。一个小时很快就过去了，除了荒凉赤裸的大海，我什么也没看到。突然，一道偶然的阳光射在海上，大海瞬间变成了汹涌的银海，这时我瞥见了一个小黑点跳向了空中，随即又被吞没。我耐心地等待着，在我们的左舷外两三个方位处，那个小黑点又在耀眼的阳光里跳了一下。我没有叫喊，只是挥动着手臂向海狼拉尔森发出信号。他马上改变了航向，在那个小黑点再次在正前方出现时，我向他发出了肯定的信号。

那个小黑点变大了，而且变大的速度很快，我第一次充分体验到我们行进的速度有多快。海狼拉尔森向我打手势，要我下来。我来到舵边，站在他面前，他向我发出了停船的种种指令。

“你要做好准备，地狱之门开了，魔鬼就会蜂拥而出，”他警告我，“不要害怕。你的任务就是干好你的那份工作。让厨子站到前帆帆脚索旁边去。”

我努力向前走，但是无论走哪一面都一样，因为向风舷栏杆和背风舷栏杆一样，都在不停地被涌上来的海水淹没。我向托马斯·玛格利奇交代完他的任务后，爬上了前索具。那艘小艇现在已经很近了。我可以清楚地看到它的头迎着风浪，被抛到海里当作浮锚的帆和桅杆拖着它；三人在往外戽水，山一样的浪头一掀起来，他们就不见了，我只好等待，心里因焦虑而感到难受，生怕他们不再出现了。然后，那艘小艇又突然飞出令人胆战心惊的浪尖，头朝上，露出整个黑乎乎、湿淋淋的船底，仿佛竖了起来。这时我只瞬间瞥到三人发疯似的戽着水。随后小艇又栽了下来，落入那张着嘴的浪谷，头朝下，露出它的全正面，直到船尾——船尾几乎垂直地翘在船头上方。小艇每一次重新出现都是一个奇迹。[赏析解读：以此处主人公的视角对小艇上的情况进行了描述，体现出了当时情况十分危急。]

“幽灵”号突然改变了航向，走开了，我大吃一惊，以为海狼拉尔森因为看不到希望打算放弃救援了。然后我又明白过来了，他是打算停住船。我便下到甲板上待命。现在我们正对着风，小艇在远处与我们平行了。我觉得我们的三桅船瞬间放松了，暂时没有了冲力和压力，同时速度也变得很快——它已经停下来转过身子，迎风行驶了。

它跟海流呈直角到达时，风的全部力量（我们一直都回避着它）对准了我们。因为无知，我与风脸对脸，一堵风墙屹立在我面前，灌满了我的肺，我根本吐不出去。[赏析解读：这里将风暴比作是一堵“风墙”，说明了当时海上环境的恶劣，体现了形势的危急。]我被风呛着、噎着时，“幽灵”号已经在水里翻滚了一下，侧过船舷，笔直地前行，钻进了风的深处。我看到整个大海在我头顶耸起，我急忙侧过身，屏气再看。巨浪比“幽灵”号还要高，我抬头对着它，一道阳光闪进巨浪里，我瞥见了扑过来的、透明的绿色，背后是一大堆奶白色的泡沫。

紧接着它铺天而下。一瞬间魔鬼世界炸了营，一切都在转眼间出现了。我被狠狠地打了一下，几乎要晕倒了，我觉得哪里都没有特别挨打，却又觉得浑身都挨了揍。抓紧的手被打松了，我被水淹没了。我心中闪过一个念头，这是我遇到的最糟糕情景：

被卷进了波谷。我的身子无奈地被巨浪卷来卷去，东磕西碰，翻来滚去的。我再也憋不住气了，只好把辛辣的海水吸进了肺里。这期间我都坚持着一个念头：我一定要把斜桅帆转回来对着风。我不怕死，我相信胜利就在不远处。在完成海狼拉尔森的指示的想法占据了我被击昏的意识时，我仿佛看到他正站在舵边，用他顽强的意志与风暴抗击，向它挑战。

我拼命抓住了我认为是栏杆的东西，吸了一口气，再吸了一口甜蜜的空气。我想要站起来，却被撞了回来，手脚落地，我已经被戏谑的海浪塞进水手舱前面的圆窗里了。我手脚并用地爬出来，不料却从托马斯•玛格利奇的身体上跨过。他正蜷成一团呻吟着。我没有时间去理会他，我必须要把斜桅帆调转过来。

我爬过水手舱来到甲板上，世界末日仿佛已经降临了。四处的木料、钢铁被折断了，帆布也被撕破；“幽灵”号正被风暴撕扯成碎片。前帆和前中帆因为船头转向而泄掉了风，也没人及时收下，正在被风暴“叭叭”地撕成碎片。沉重的帆底横杠折断了，敲击着从左舷到右舷的栏杆。碎片在空中四处飞舞，绷断的帆索和支索像蛇一样地嘶鸣着、飞舞着。断裂的前帆斜桁从这一切之间哗啦啦地落了下来。

那斜桁只差几英寸就会砸在我的身上，可它也在激励着我去行动。或许情况并没有到绝望那步。海狼拉尔森的警告声在我的耳边响起。他预言地狱的魔鬼会倾巢而出，原来是真的，可是他在哪里呢？我瞥见他在主帆边忙碌着，用超乎常人的臂力把主帆拽起来，拉平了。三桅船的船尾高高地翘到了空中，冲刷过来的一片白色浪花衬托着他的身子。所有的一切，再加上更多的东西——整个的混沌和毁坏——我看见的，我听见的，我明白的，一切都发生在短短的十五秒之内。

我没有停下来看巨浪里的那艘小艇，只顾往斜桅帆奔去。斜桅帆也开始发出叭叭地拍打声，时而半鼓着，时而松弛着，但是用帆脚索改变了方向，再加上它每次拍打时我都竭尽全力地拽住，总算慢慢地把它扭转过来了。我相信一点：我用尽了全力。我一直拽到手指全都冒血了，与此同时，斜桅帆和桅杆支索的帆布却被风撕破了，在

轰响中没影了。[赏析解读：主人公在风暴中作业时受了伤，但却没有放弃，表现出了他坚强的意志。]

可我依然死死地拽着，每一次拽进一点就稳住一点，直到下一回的拍打让我拽进得更多。然后拽起来就容易了，海狼拉尔森已经来到了我身边。我让他一个人往回拽，自己则忙着收回松弛的绳子。

“拴紧！”他叫道，“过来！”

我跟在他身后，发现船上虽然有些凌乱，但是大体上已经有秩序了，“幽灵”号停住了。它仍然能行动，而且正在行动。虽然船上的许多帆没有了，掉过头迎风的斜桅帆和拉下的主帆却还能用，它们在愤怒的大海里稳住了船头。

海狼拉尔森收拾着索具，我继续寻找着小艇。它在无际的海洋上背风鼓起了帆，离我们不到二十英尺。海狼拉尔森做了精确的计算，我们正对着它驶过去。这样一来，只要用索具钩住它的两头，就可以拉上大船来了，不用再费别的事，但是说得容易，想要做好这件事却很难。

小艇头部是寇伏特，尾部是武富提·武富提，中间是凯利。当我们靠近时，小艇正被推上了浪尖，我们坠入一道波谷中，直到我看到三个人差不多就在我的头顶上，伸直了脖子向下看我。随后我们升上来，他们坠下去，直落在我们的脚下面。[赏析解读：这时大船和小艇就像摇摆的天平两端，生动形象的场景增添了紧张的气氛。]简直不可思议，海浪居然没有把“幽灵”号砸向薄弱的蛋壳上。

但是，我在精确的时间里把绳子递给了那个夏威夷人，同时海狼拉尔森也将绳子递给了寇伏特。两套索具一下子便钩住了，三个人瞅准颠簸的时机，一起跳上了大船。“幽灵”号从海水中起伏着露出头时，小艇已经安然地靠在它身边了；在海浪再次回来之前，我们已经把小艇吊起拉上船来，反扣在甲板上了。我发现寇伏特的左手在流血，而且他的第三个指头不知道怎么搞的，被挤压得血肉模糊，可是他没有丝毫疼痛的样子，还用他的右手帮助我们把小艇拴牢。

“站到旁边去，让斜桅帆转过来，你，武富提！”我们刚把小艇安置妥当，海狼拉尔森便下令说，“凯利，到后面去把主帆帆脚索放松！你，寇伏特，到前面去看看厨子怎么样了！范•魏登先生，你再到帆上去一趟，将凡是拦住你上去的东西全部丢掉！”

他下达完命令后，便用他独有的老虎般的跳跃往后面的舵轮走去。在我拼命爬上前护桅索时，“幽灵”号正在渐渐地转向背风了。这回我们驶进了波谷里，巨浪横扫过来，船帆完好无损。当我爬到桅顶横桁的一半时，风用尽全身的力气吹向索具，我被死死地压住，我想这下我是不会掉下去了，“幽灵”号几乎笔直地站了起来，桅杆差不多要和水面平行了，我望向“幽灵”号的甲板，但是却不是向下，而是几乎垂直于垂直线，不过我没有看到甲板，而是看到了甲板应该在的位置，因为甲板被埋进了汹涌的海水中。我能看到的只有两根升出水面的桅杆，别的便什么也看不到了。“幽灵”号暂时被埋进了大海中。[赏析解读：通过此处的环境描写，可见风暴加剧了力量，同时也说明现在越来越危险了。]然后它逐渐恢复到正常的角度，摆脱了侧面的压力，恢复常态，露出像鲸（鲸分为两类：一类是须鲸，一类是齿鲸。生活在海洋中，胎生，外形像鱼，四肢完全退化，尾巴变为尾鳍，用肺呼吸。鲸并不属于鱼类，而是属于哺乳动物）脊背一样的甲板。

我们疯狂地全速前行，穿过狂风巨浪。我像苍蝇一样挂在桅杆的横桁上，搜寻着其他小艇。半小时后，我看到了第二艘小艇，它翻了，船底向上。拼命抓住船不放的有霍纳、胖子路易和钟森。这一回我依然站在高处，海狼拉尔森成功地停住了船，没有让海浪淹没。像前一次一样，我们向小艇扑过去。索具拴紧之后，便把绳索向那三个人扔了过去，于是他们像猴子一样爬上船来。小艇往上拉时被撞伤了。不过撞伤的地方被好好地捆扎起来，可以修复。

“幽灵”号再次及时改变了航向，躲过了风暴的袭击，这回它在海水里淹没了几秒钟，就连高及腰部的舵轮都被淹没了，被海水冲刷着。我简直怀疑它再也不会冒出水了。在这样的时刻，我有一种很奇特的感觉：我独自与上帝在一起，孤独地依傍着上帝，看着由于他的愤怒而造成的混乱。随后，舵楼又钻出水面，海狼拉尔森那宽阔的肩膀和手臂也出现了。他的两只手紧紧地抓住舵把，让船按照他的意愿行驶。他自己就是一个凡间的神灵，掌控着风暴，把扑上来的海浪抖掉，驾驶着波浪追求着他的目标。啊！奇迹啊！真是个奇迹！渺小的人类依靠着这样一台由木头和布做成的脆弱的机器，竟然可以与这浩瀚的自然力抗争，竟然还能活着、呼吸着，继续做事。

像以前一样，“幽灵”号从浪谷跃出，甲板又一次露出了水面，向着咆哮的大风冲了过去。现在已经是下午五点半了。又过了半个小时，在白天最后的余晖就要渐渐消失在朦胧而又凶猛的昏暗中时，我又看到了第三艘小艇。小艇底朝上，水手们却不知所终。[赏析解读：风暴越来越强，翻掉的小艇预示着更大的危险即将到来了。]海狼拉尔森故伎重施，停下船后，绕到上风头，然后向着小艇扑过去，只不过这一次他错过了四十英尺，小艇从船尾滑过去了。

“是四号艇！”武富提·武富提惊叫道。在小艇浮出波浪又要沉下去的一刹那，他敏锐的目光看到了小艇上的号码。

这是亨德森的小艇，和他一起失踪的还有霍里约克和威廉姆斯，威廉姆斯是一名外洋水手。不用想他们失踪了，但是小艇却留了下来。海狼拉尔森又一次不顾一切地想把小艇收回。我已经下到了甲板上，看到霍纳和寇伏特都不同意做出这样的冒险，但是却没有什么用。

“我以上帝的名义起誓，我是不会让风暴夺走我的小艇的！哪怕它是从地狱里吹出来的！”他大声叫喊着。尽管我们四个人把头凑在一起，以便能听清楚他说的是什么，但是他的声音依然很微弱，仿佛距离我们很远。

“范·魏登先生！”他喊叫着，那声音在风浪的咆哮中听起来像是耳语，“你和钟森还有武富提一起站在斜桅帆旁！剩余的人到船尾的主帆那里！快行动起来！要不然，我把你们统统送到前面的世界里去！听明白了吗？”

他使劲打着舵轮，“幽灵”号掉过船头，猎手们无可奈何，只好听从他的命令，尽力去应对这危急时刻。我再次被卷入到浪涛里，为了逃生，我只好拼命抓住前桅杆下面的栏杆，这时我才意识到我们冒了多大的风险。我的手指被冲松了，我被甩到了船边，又从船边冲进了大海。我不会游泳，但是在我沉下去之前又被海水冲了回来。一只强有力的手抓住了我。等“幽灵”号终于浮出水面时，我才发现是钟森救了我。我看见他还在四处焦急地张望着，这才注意到刚才去了前边的凯利不见了。

这一次，“幽灵”号错过了小艇，没有到达前两回的地点。海狼拉尔森只好换了个方法。他顺风开去，把一切东西都甩到了右舷，然后掉转船头，向着左舷调向，开了过去。

“真了不起！”钟森在我耳边大声说道，这时我们已经成功地从随之而来的海水里升了起来。我知道钟森并不是在说海狼拉尔森的驾驶技巧，而是指“幽灵”号本身的运作性能。

这时候天色已经完全暗了下来，还是没有发现小艇的踪迹；海狼拉尔森还在依靠着自己那准确无误的本能，稳定地通过可怕的乱流。这一次，虽然我们不断地被海水淹没，不过帆船却没有掉进波谷，没有被海水冲走的危险。我们对着底朝天的小艇冲了过去，小艇被拉上来时破损严重。

随后便是两个小时的辛苦劳动，每一个人都参与了。两个猎手、三名水手、海狼拉尔森和我——把斜桅帆和主帆收拾妥当。用这两张短帆前进，我们的甲板总算摆脱了被海水淹没的危险。“幽灵”号像个软木塞似的在汹涌的海浪中起伏颠簸着。

我的指尖一开始就破了。我在叠帆时强忍疼痛，等到一切都做完后我就像女人一样崩溃了，在甲板上打起滚来，筋疲力尽的痛苦使我不堪承受。

这时，托马斯·玛格利奇却像一只淹坏的老鼠，被人从水手舱前边拖了出来，他是吓得躲在那里。我看见他被拖进船后的舱房里，并惊讶地发现厨房不见了，那地方只剩下一片空甲板。

我在舱房看见所有人都到齐了，水手们也都在。小炉子上煮着咖啡，我们边喝威士忌，边啃着硬面包。我这辈子所吃的食物从来没有这样鲜美的，热腾腾的咖啡也从来没有这么香过。[赏析解读：在经历过强烈的风暴后，筋疲力尽的主人公对于食物和生命有了新的解读。]“幽灵”号猛烈地摇晃、颠簸着，即便水手们也必须要拉住东西才可以走动。有好几次我们都在一声“嗨，倒了”的叫喊声中跌成一团，摔到右舷舱房的墙壁上，仿佛那里是地板一样。

“别值班了，”我们吃饱喝足之后，海狼拉尔森说，“甲板上什么事都不能做。要是出事我们也拦不住。大家都休息，睡觉。”

水手们往前走，一边走一边把舷灯关上。两个猎手则留下来睡在舱房里——因为觉得打开通往“下等舱”舱盖的行为并不可取。海狼拉尔森和我一起把寇伏特那根被砸烂了的指头切掉，缝合了指桩。玛格利奇一直被迫在煮咖啡，上咖啡，让火炉燃烧，他一直在说他的身体里很疼，现在又赌咒说他断了一两根肋骨。经过检查，我们发现他断了三根肋骨；但是直到第二天才诊断出来，主要原因是我对肋骨折断一点儿也不懂，要先看看资料。

“我认为这不值得，”我对海狼拉尔森说，“收回一艘破艇，丢了凯利的性命。”

“可是凯利的命也值不了多少钱，”他这样回答，“晚安。”

毕竟事情都过去了，可是我指尖的疼痛却让我难以忍受，三艘小艇失踪了，再加上“幽灵”号还在海上疯狂地颠簸，我原本以为是无法入眠了。然而，我的头一碰到枕头，我的眼睛就迫不及待地闭上了。由于过度疲劳我整个夜里都在沉睡。“幽灵”号没有人指挥，孤独地跟风暴搏斗着前行。

第十八章　漂来的漂亮女人

［**名师导读**］

在经历了大风暴后，一切又归于平静。这时我们发现钟森和里奇驾着一艘小艇逃走了。在追捕他们的时候，“幽灵”号意外地遇到了另一艘小艇，而且在这艘小艇上还有一位可爱迷人的年轻女人。“我”一下子就迷上了她。

第二天风暴逐渐转弱，海狼拉尔森和我反复琢磨着解剖学和外科手术，玛格利奇的肋骨总算对接好了。等到风暴停止后，海狼拉尔森驾着船在我们遭遇风暴的海面游弋——只不过有些偏西。我们同时修理着小艇，新的帆也做成并挂了起来。每当我们看到一艘艘捕海豹的船经过，都会登上去看一看。大部分船都是在寻找自己失踪的小艇，而且带着他们收留的、不属于他们的小艇和水手。因为大部分船只都在我们西边活动，而分散在远处的小艇却都拼命向着最近的庇护所逃避。

我们的两艘小艇和上面的水手都安然无恙，这是从“齐思科”号收回的。最让海狼拉尔森得意的，却让我暗自叫苦的是从“圣迭戈”号找到了黑崽以及和他同艇的尼尔森和里奇。这样，五天之后我们发现只少了四个人：亨德森、霍里约克、威廉姆斯和凯利。于是我们又继续到海豹群的两侧去打猎。

我们跟随海豹群往北走，遇到了可怕的海雾。日复一日，我们把小艇放下去，小艇几乎还没有碰到水面便被浓雾吞没了，留在船上的人每到固定时间就会吹响号角，每过十五分钟就放一回炸弹炮。小艇不断地失踪。按照海上的规矩，小艇被哪艘三桅船找到，就在哪艘船上打猎分红，直到被自己的大船找到。不过可以想到，海狼拉尔森因为丢失了一艘小艇，便会抓着别的船上走失的小艇不放，逼迫小艇上的水手为“幽灵”号打猎，即使看见他们的大船也不放他们回去。我记得他如何用枪对着一个猎手和两名水手的胸口，而那时他们原本所属的船正和我们擦身而过，他们的船长正在向我们打招呼并打听消息。

让人惊奇的是，托马斯·玛格利奇竟顽强地活了下来，没过多久，他又能瘸着腿完成他的厨子和舱房小厮的双份工作了。钟森和里奇依然受到了虐待和毒打，这对他们来说已经是家常便饭了，他们知道自己的生命将随着狩猎季节的结束而死亡。其他的水手也都在他们冷酷无情的老板手下艰难度日，就像狗一样每天累得要死。海狼拉尔森和我倒是相处得不错，但是我始终无法让自己摆脱那个念头：那就是我应该把他杀死。他对于我来说有着无穷的魅力，同时也让我产生无穷的恐惧。[赏析解读：大风暴过后，一切又恢复了平静，“幽灵”号上的人们又回到了往日的生活状态。]但是，我无法想象他死去后蜷缩在那里。在他的身上升起一种永恒的青春所具有的坚韧气质，阻止了那种景象的发生。我只能看到他永远霸道地活着、战斗着、毁坏着，而自己却不会死。

他喜欢一种消遣方式。那就是我们在海豹群中由于风浪太大无法放艇时，他就会带着两个桨手和一个舵手下海去。他是个神枪手，能够在猎手们声称无法打猎的条件下带回许多海豹皮。这种把脑袋放在手里做九死一生的斗争的行为，对他来说仿佛是他鼻孔里的气息一样重要。

我学到了越来越多的航海技术。在一个晴朗的日子——那是这个时候很少能遇到的，海狼拉尔森的头疾又犯了，而我也满足了一下，独自驾驶着“幽灵”号把小艇拉回到船上。我站在舵边从早干到晚，跟着最后一艘处在背风里的小艇驶过海洋。我自己把船停住，把小艇吊上来，然后又把其余五艘小艇收回，所有的一切都不用他出主意或下命令。

因为这一带多风暴，十分危险，我们时不时地就会遇上飓风。我们在六月中旬遇到的那次飓风使人终生难忘，也是最重要的事情，因为它改变了我未来的生活。我们一定误打误撞地进了风暴的中心，海狼拉尔森驾船往南边逃走。一开始用了折了又折的斜桅帆，最后只剩下了桅杆。我从来没有想象过海浪会有这么高。过去所见过的海浪和它相比只不过平淡的微波而已。从浪头到浪头足足有半英里远，我可以肯定浪头竖起来比我们的桅顶都高，就连海狼拉尔森都不敢顶风停船，尽管他已经被吹向南边很远，离开了海豹群。

等到飓风减弱时，我们一定是被吹到了横跨太平洋的轮船航线上了。而就在这里，让猎手们大为惊奇的是，我们已经在海豹群里了——第二个海豹群，或者说是它们的后卫群什么的，他们说这是非常罕见的情况。整天枪声不断，随心所欲的大屠杀后就是真正的“满载而归”。[赏析解读：飓风带着“幽灵”号偏离了原来的航道，却意外地让他们遇到了海豹群，一切都是上天的安排。]

我刚登记完最后一艘小艇的毛皮，这时里奇趁着夜色来到我身边，悄悄说道：

“你能够告诉我吗，范·魏登先生，我们距离海岸还有多远？横滨在哪个方向？”

听完他的话后，我的心猛地跳了起来，我明白他的意思。我把方位告诉了他——横滨在西北偏西方向，五百英里以外。

“谢谢，先生。”他就说了那么一句，便钻进了黑夜里。

第二天早上，钟森、里奇和三号艇都不见了。其他艇上的淡水桶和食物盒，还有两个人的被卷和背包也都不见了。海狼拉尔森暴跳如雷。他马上升起帆，向着西北偏西方向追去。两个猎手站在桅杆顶上，用望远镜搜索着海面；而他自己则像一头暴怒的狮子在甲板上走来走去。他清楚我会同情那两个逃亡者，因此不让我上去望。

风很好，只是时断时续。想要在大海中寻找一艘小艇，就如同在干草垛里找针一般困难。但是他命令“幽灵”号全速前进，赶到逃亡者和陆地之间，然后便在他认为他们的必经航线上巡弋。

第三天早上敲过八击钟后不久，从桅杆顶上传来了黑崽的吼声：找到小艇了。所有人都拥到了栏杆边。欢快的风从西边吹来，这预示着大风不久就会来临。在背风面乱晃的银光里，出现了一个黑点，随即又消失了。

“幽灵”号把船头对准它开过去。我的心沉甸甸的。我想之后的事会让我心里更难受。海狼拉尔森的眼里闪现出胜利之光，他的形象在我的面前晃动，我的心里涌现出一股无法压抑的冲动，恨不得向他扑去。一想到里奇和钟森将要吃的苦头，我非常沮丧，因此失去了理智。我的心里一片迷茫，来到了“下等舱”里，拿起了一支装好子弹的猎枪，正要回到甲板上去时，忽然听到一声惊呼：

“小艇里有五个人！”

我在升降梯边软软地靠住了，颤抖着。那个说法得到了其他人的确认。我瘫坐下来，头脑也清醒了，想起我差一点儿就干出的事，吓坏了。我也十分庆幸，急忙放回猎枪，又溜回甲板上。

没人注意到我离开过。那艘小艇已经很近了，它比猎捕海豹的小艇大，而且船型也不一样。当我们靠近时，他们已收了帆，并从底座上放倒了帆，装好桨。小艇上的人在等我们停船，把他们救上来。

我站在黑崽身边，这时他已经从桅杆上下来了，古怪地笑着。我询问地望着他。

“好一个笨蛋！”他咯咯地笑着。

“怎么啦？”我问道。

他又咯咯地笑。

“你还没有看到吗，在艇尾的座位上坐着呢。那要不是个女人，我就再也不打海豹了。”

我仔细看过去，却看不清，直到四周响起了一声又一声惊呼。那艘小艇里有四个男人，而第五个显然是个女人。大家激动不已，迫不及待。只有海狼拉尔森除外，显然他失望极了，因为那不是他自己的小艇，也没有那两个让他泄愤的对象。[赏析解读：在追捕里奇和钟森的路上，主人公他们意外地遇到了另一艘遇难的小艇，使故事转入另一个高潮的开始，为后文作铺垫。]

我们往招展的斜桅帆跑去，拉起帆脚索，对着风张开主帆，迎风前进。小艇上的人划着桨，划了几下后，小艇和大船平行了。这时，我终于看清了那位女士。因为早上很凉，她裹在一件系腰带的宽松长大衣里。我只能看到那露在水手帽下的一绺浅棕色的头发和一张脸，其他的什么也没有看到。她那棕黄色的眼睛又大又明亮，嘴唇甜美而性感，脸是精致的鹅蛋形，因为露在阳光和海风里而变成了紫红色。[赏析解读：此处对小艇上女人的外貌描写，体现出了她的甜美迷人。]

在我眼里她就像从另一个世界来的生灵。我意识到自己对她产生了一种渴望，犹如饥饿的人看到了面包。不是因为我已经很久没见过女人了，我知道自己因为惶恐疑惑而不知所措，几乎迷糊了——那么，这是个女人？于是我忘记了自己，也忘记了我大副的职责，没去帮助新人上船。因为在一名水手把她举起来交到海狼拉尔森伸下去的手臂里时，她抬头望着那些好奇的面孔，甜甜地笑了，也很开心，只有女人才能笑得这么甜。我已很久没见过人这样甜甜地笑了，已经忘记人世间还有这样的甜笑。

“范·魏登先生！”

海狼拉尔森的声音猛然惊醒了我。

“你能把这位女士带到下面去，让她舒适一点吗？把左舷那间空舱房收拾好。让厨子去做。想办法治治她晒伤了的脸。”

他迅速转过身去，离开了我们，去向新人发问去了。那艘小艇被抛弃，随浪漂走了。虽然有人说抛弃它“太遗憾”了，因为距离横滨已经很近了。

我陪着这位女士往船后走去，却发现自己竟莫名其妙地对她产生了畏惧，而且感到尴尬。我好像第一次感到女人竟是如此精美、娇弱的生灵。在我扶住她的胳臂，陪她走下升降梯时，不禁震惊于她那胳臂之纤柔。事实上，作为女人她确实婀娜多姿；可是对于我来说，她却纤弱精美得就像仙灵一样。我已经做好会把她的胳膊捏断的心理准备了。坦白地说，这一切都表明了我在长期没有和女人接触后的反应以及我对茅德·布露丝特的特殊感受。

“用不着为我那么费心。”我从海狼拉尔森的舱房里拖来一张椅子，让她坐下时，她没有接受，“几位先生估计今天早上随时都可能会出现陆地。我们的船应该在晚上到达，你觉得对吗？”[赏析解读：此处针对陌生女人的语言描写，说明她与主人公刚刚来到“幽灵”号上的想法是一样的。]

她想得太简单了，这让我很吃惊。[赏析解读：主人公对于陌生女人这样的想法觉得吃惊，正好说明了他的改变。]我该怎么说实际情况呢？我该怎样向她解释那像命运之神一样在海上横行的怪人呢？怎么向她说清楚过了好多个月我才懂的道理呢？但是我还是实话实说了：

“要是遇到了其他的船长，而不是我们这个，我可以告诉你明天就能到达横滨，但是我们的船长是个怪人，请你做好准备，任何事情都有可能发生，明白吗？任何事情。”

“我——我承认我不明白。”她犹豫了，眼里露出了一阵惊慌失措的神色，那并非害怕。“我想错了吗？我以为凡是遭到海难的人都应得到关怀。你知道这只是一件小事。我们离陆地这么近。”

“坦率地说，我不清楚。”我努力安慰她，“我只是让你做好最坏的打算，为出现最糟糕的情况做好准备而已。这个人——这个船长——是个野兽、魔鬼，谁也说不准他下一步会做什么。”

我激动了起来，而她只是说了一声“啊，我懂了。”就打断了我。她的声音听起来十分疲倦，思想滞缓，很明显体力就要崩溃了。

她不再问，我也不再说，只是赶快完成海狼拉尔森的命令，让她舒适一点。我像个家庭主妇一样忙碌地收拾着，给她的晒伤寻找镇痛洗涤剂，在海狼拉尔森的私人仓库里寻找一瓶葡萄酒——我知道那酒就在那里。我命令玛格利奇收拾那间空着的特别间。

海风很快就变大了，“幽灵”号倾侧得越来越厉害了。特别间收拾好时，“幽灵”

号正在乘风破浪地快速前进。至于里奇和钟森已被我抛之脑后了，这时，突然一声炸雷般的大吼从进舱口传了进来，“哈，小艇！”那是桅杆顶上的黑崽的咆哮声。我瞥了那女人一眼，但是她正闭眼靠着圈手椅，疲倦至极。我甚至怀疑她未必能听见那吼声，我觉得她还是别看那抓住逃亡者后出现的暴力场面为好。她累极了，很好，她应该睡觉。

甲板上响起催促的命令声、杂乱的脚步声和“幽灵”号为了冲进风里抢行而扯起帆篷时的拍打声。在“幽灵”号转帆向风侧航行时，圈手椅滑动了。我马上抢了上去，正好挡住了椅子，那个刚刚被救起的女人才没有被甩出去。

她抬头看我时眼皮太沉重，只是昏昏沉沉地表示了一点令她烦恼的意外。在我带她到她的舱房去时，她走得磕磕绊绊，几乎就要跌倒了。我把玛格利奇赶出房间，他冲我意味深长地笑了笑。他在猎手那里到处散播些热闹的谣言，说我证明了自己是太太们的出色的侍女，以此报复了我。

她沉重地靠在我身上，我可以肯定她在路上已经睡着了。这一点我是在她因为船一晃而差点扑倒在床上时发现的。她睁了睁眼，迷糊地笑了笑，接着又睡着了。我给她盖上两床水手毛毯，让她睡去。她的头陷在枕头里，那是我从海狼拉尔森的床上拿来的。[赏析解读：此处的叙述说明，表现出主人公对陌生女人的喜爱之情，同时也体现出了他的绅士精神。]

第十九章　置身事外

[名师导读]

在将那艘小艇上的年轻女人救上船后，“幽灵”号又发现了被里奇他们偷走的小艇，这时的天气已经预示风暴即将到来，这使里奇他们陷入了危难之中。海狼拉尔森会向里奇他们伸出援手吗？

我来到甲板上，发现“幽灵”号正在向左舷急转，准备顺风抄到一张熟悉的斜桅帆的上风头去——那帆就在前面的同一方向抢风前进。所有人都来到了甲板上，因为知道里奇和钟森一旦被捉上船，就会出事。

那时是四击钟。路易到后面来接班掌舵。空气中弥漫着潮气，我看到路易已经穿上了雨衣。

“会出现什么天气？”我问道。

“从风吹的情况看，会是一场猛烈的飓风，先生，”他回答，“还要下点雨，湿一湿腮帮子，就这样。”

“我们找到他们了，真是糟透了。”我说。这时一道巨大的海流让船头歪了一个方位，小艇从斜桅帆前闪过，进入了我们的视野。

路易打了一把舵，拖延了一会儿，“我担心他们上不了陆地了，先生。”

“你觉得上不了吗？”我问道。

“上不了了，你觉得呢？”一阵风刮向三桅船，路易只好立即倒打了一把舵，摆脱了风力。“一个小时后的海上，连蛋壳都漂不起来了。他们在这里让我们弄上来，还算是幸运。”

海狼拉尔森从中舱大步走过来，他才在那里和几个被救起的人交谈过。他的步伐里那猫般的敏捷比平时更明显了。他的两眼明亮而活泼。“三个注油工，一个四级机械师，”他这话是对我说的，“可是我们要把他们变成水手，至少变成桨手。那位女士怎么样？”[赏析解读：此处的语言描写，点明了获救小艇上人员的身份，这四个人的到来正好解决了海狼人员缺乏的问题。]

不知为什么，他提起她时让我觉得心口像被刀子剜似的难受和痛苦。我以为那是我愚蠢的洁癖在作祟，可是我摆脱不了，只好耸了耸肩，以此作为回答。

海狼拉尔森吹了一声长长的、表示疑问的口哨。

“那她叫什么名字？”他问。

“我不清楚。”我回答，“她睡着了，非常疲倦。实际上，我是在等你的消息。那是艘什么船？”

“邮轮（原意是指海洋上的定线、定期航行的大型客运轮船。“邮”字本身具有交通的含义，而且过去跨洋邮件总是由这种大型快速客轮运载，故此得名。第二次世界大战后多数军用工业向民用工业转型，航空业随之出现并飞速发展。原来的跨洋型邮轮相比航空运输速度慢、消耗时间长，逐渐退出了历史舞台。通常所说的邮轮实际上是指在海洋中航行的旅游客轮）。”他简短地答道，“‘东京’号，是从旧金山来的，去往横滨。被飓风打垮了。那船太古老了，满是裂开的口子，就像筛子一样。他们在海上漂了四天。你不知道那女的是谁、干什么的吗——是小姐，是夫人，还是寡妇？好了，好了。”

他开玩笑地摇摇头，眼里带着笑意望着我。

“你……”我说话了。我想问他是否打算把遇难的人送到横滨去，话已经到了嘴边。

“我怎么样？”他问。

“你打算怎么处理里奇和钟森？”

他摇摇头。“真的，骆驼，我不知道。你看，增加了这么多人，我需要的人手已差不多够了。”

“他们逃跑的目的地也差不多到了。”我说，“为什么不宽容一点呢？救他们上来，和和气气地对待他们。他们也是被逼才会做出这样的事的。”[赏析解读：从主人公的语言描写中，说明了当前钟森他们所要面临的危险，为后文作铺垫。]

“是我逼的？”

“是的。”我直接说，“我警告你，海狼拉尔森，如果你对这两个人的惩罚太过分，我或许会忘记对生命的爱，试图杀掉你的。”

“太好了！”他叫道，“你让我骄傲，骆驼。你可以彻底地用自己的腿站立了，你成人了。你很不幸是因为你生在富人家，你在进步，看到你这样，我就更喜欢你了。”

忽然他语气一变，脸色凝重。“你相信承诺吗？”他问，“你认为承诺是神圣的吗？”

“当然。”我回答。

“那我们就订个条约，”他说下去，他是个完美的演员，“如果我承诺完全不碰里奇和钟森，作为回报，你能承诺不试图杀死我吗？”

“啊，我并不怕你，不怕。”他忙补充道。

我怀疑是不是自己的耳朵出了毛病。这人真让人搞不懂。

“可以吗？”他不耐烦地问道。

“可以。”我回答。

他向我伸出手，在我满心欢喜地握住他的手时，我发誓在他的眼睛里瞬间看到了魔鬼嘲笑的光亮。

我们信步走过舵楼甲板，来到了背风的一侧。那艘小艇现在就在我们跟前，艇上的情况十分凄惨。钟森在掌舵，里奇在戽水。我们以两倍的速度追上了他们。海狼拉尔森做了个手势，提醒路易保持一段距离。然后我们就冲了进去，在距离不到二十英尺的上风头与小艇并齐了。“幽灵”号挡住了小艇的去路。小艇的斜桁帆失去风力，空空地摇摆着，被迫改变了方向，两个人在设法做出补救。小艇不能向前行驶了，在我们趁着大浪上升时头向下一栽，落进了浪谷里。

就在这时，里奇和钟森抬起头来看到了同伴们的脸。他们都站在中部甲板的栏杆旁，没有人向他们打招呼。在同伴们眼里他们已经与死人无异。双方之间有了一条鸿沟，隔绝了生死。

他们立刻面对着舵楼甲板，海狼拉尔森和我就站在那里。我们跌进了浪谷，他们升到了浪尖。钟森望着我，我看到他的脸色憔悴，充满了疲惫。我对他挥挥手，他也挥手作答，但那是绝望地一挥，像是在做最后的告别。我没有望里奇的眼睛，因为他在望着海狼拉尔森。他满脸狰狞之色，带着一如既往的不可调和的憎恨。[赏析解读：此处的叙述说明，体现出了小艇上里奇与钟森两种截然不同的表现，再次强调出两人性格上的迥异。]

然后他们落到大船后边漂走了，“幽灵”号的斜杠帆突然张满了风，向那艘没有遮盖的脆弱的小艇挤了过去，看起来小艇肯定要翻了。一道白浪在小艇的上方出现，飞溅的泡沫化为白色的重压，向着小艇扣了下来。小艇露了出来，灌满了半船水。里奇在戽水，钟森坚守在舵边，脸色惨白焦急。

海狼拉尔森在我耳边爆出一声短笑，然后大步流星地向着舵楼的上风一侧走去。我以为他要下令让“幽灵”号顶风停船，然而“幽灵”号继续向前行驶着，海狼拉尔森没有任何表示。路易站在舵旁一动不动，但是我注意到了前面那群水手对着我们这边露出了焦急的脸色。“幽灵”号继续破浪前行，那艘小艇逐渐变成了一个小点儿，这时海狼拉尔森下达命令的声音突然响起，他正忙着往右舷调帆转身。

“幽灵”号停住了，在那艘小艇上风头的两英里外放下了斜桅帆。猎捕海豹的小艇本身就不是为向风作业而设计的。它们希望有三桅船保持在一定的方位上，在风暴来临时，它们好向大船靠拢，但在那无垠的大海里，里奇和钟森除了“幽灵”号没有其他地方避难，他们坚持迎着斜风前行，但在惊涛骇浪中行速缓慢，随时都会被汹涌的浪头打翻。我们无数次地看到小艇一次次地钻进白浪里，失去速度，又像个软木塞一般被抛了出来。

钟森是名优秀的水手，他驾驶小艇和大船一样熟练，一个半小时后，他差不多要追平我们了，前腿已经伸到我们的船尾了，后腿再加一把劲就赶上来了。

“那么，你们改变主意了？”我听到海狼拉尔森嘀咕着，一半是对自己，一半是对他们，仿佛那两人能听见。“想上船，是吗？好啊，那就跟上来吧！”[赏析解读：在生死瞬间，海狼的话中透露着对里奇与钟森的嘲讽之意，从侧面表现出了他的冷酷。]

“掌好舵！”他向夏威夷人下令。他这时刚换下了路易。

一道命令接着一道命令，“幽灵”号转向背风面，前帆和主帆松了，迎着好风。三桅船兜满了风，开始起伏前行。钟森面对扑来的危险松开了帆脚索，在我们的尾浪后一百英尺外横靠过来。海狼拉尔森笑了笑，挥手让他们赶上。他并不想用船撞沉他们，而是戏弄他们，这是给他们的教训。不过这教训很危险，因为那脆弱的小艇随时都会被扔掉。

钟森马上转了九十度，又跟了上来。他别无办法，因为死神在四处等着机会。只要有一个浪头砸到小艇上，就能把它掀翻，那只不过是时间问题。

“那是他们心里怕死。”我往前走，去安排收回斜桅帆和桅杆支索三角帆时，路易对着我的耳朵小声地说了一句。

“啊，过一会儿他就会停船让他们上来的，”我轻松地回答，“他只想教训他们一下。”[赏析解读：从此处的语言描写中可以看出，主人公对海狼的信任，他认为海狼本性还是善良的。]

路易精明地望着我。“你真的那么想？”他问。

“对，”我回答，“你不那么想吗？”

“现在我什么都不想，除了我自己这副皮囊。”他答道，“事情闹成这样，我有一肚子的疑问。旧金山的威士忌把我弄迷糊了，后舱那个女人把你弄得更迷糊。啊，你是个满嘴废话的笨蛋。”

“你这是什么意思？”我问道，这时他转过身，加快脚步想要离开。

“我这是什么意思？”他叫道，“是你要问我，不是我是什么意思，而是海狼拉尔森是什么意思。是海狼拉尔森，我说，海狼拉尔森！”

“如果出了问题，你会帮忙吗？”我脱口而出，因为他提到了我心底的畏惧。

“帮忙？老胖子路易只帮自己的忙。麻烦会成群结队地来的。我们的麻烦才开始，记住，麻烦才刚开始。”[赏析解读：对于主人公的问题，路易选择置身事外的态度，这样的回答毫不留情地打破了主人公的幻想，从侧面说明了人性的自私与冷漠。]

“我没想到你是个胆小鬼。”我看不起他。

他轻蔑地瞟了我一眼。“我既然从来没有因为那两个可怜的傻瓜动过手，”——他指着船后那片小小的帆——“你以为我会为一个从来没有见过的娘们急着去打破头吗？”

我鄙夷地转过身子往船尾走去。

当我爬上舵楼甲板时，海狼拉尔森说：“范·魏登先生，最好把中帆放下来。”

我觉得我可以放心了，最起码不用为那两个人担心了。显然他并不想跑得离他们太远。我看到了希望，马上执行了他下达的指示。我发出一道道命令，水手们急切地往升降绳跑，去收帆，其他水手争先恐后地往桅杆上爬。海狼拉尔森看着急切的人们，露出了一抹冷笑。

“幽灵”号离小艇越来越远，小艇落后几英里之后，我们停住船等待。所有的眼睛都望向那艘小艇，希望他们能赶上来，连海狼拉尔森也一样，但他是船上唯一冷静的人。路易死死地盯着，脸上露出了一种掩饰不住的焦急。

小艇飞速地赶来了，穿过奔腾的绿波，越来越近；像个具有生命力的东西，掀起层层水花，冲破宽阔的浪头；时而隐入大浪，马上又钻了出来，跃向天空。它似乎无法活下去了，但是它每一次眩晕的冲刺都做了不可能做到的事。一场小暴雨掠过，小艇仍然从飞旋的雨帘里跳了出来，快要赶上我们了。[赏析解读：此处对于小艇一连串动作的描写，生动地刻画出了当时它在海面上翻腾的凶险，渲染出紧张的氛围，引起读者的兴趣。]

“快！那边！”海狼拉尔森大叫，亲自跳到舵轮边，打了几把舵。

“幽灵”号再次启动，在风前疾驰起来。钟森和里奇紧紧追了我们两个小时。“幽灵”号停停走走；那片挣扎的小帆永远在船尾，时而被抛到空中，时而又跌进了浪谷。它终于在四分之一英里外被一片浓密的小暴雨淹没，失踪了，再也没有出来。天空放晴，翻腾的海面上再也没有了那片帆影。我仿佛瞥见那小艇湿黑的底，在一朵绽开的浪头里闪了一下。这事总算结束了。我知道钟森和里奇脱离苦海了。[赏析解读：给了里奇和钟森希望，却又不让他们上船，在反复的折磨中，两个鲜活的生命就这样沉没在大海中，从侧面说明了海狼的冷酷无情，有仇必报。]

人们三五成群地待在甲板上，谁也没有下舱去，谁也没有发出声响，谁也不看谁。每一个人都好像惊呆了，仿佛在沉思，无法接受刚才发生的一切。但是海狼拉尔森没有留给他们太多的时间去思考。他马上把“幽灵”号转向了它的航线——通向海豹而不是横滨港，但是人们在扯帆换向时却变得无精打采了。我听到咒骂声从他们的嘴唇里沉沉地挤出来，毫无生气，就和他们一样。猎手们倒没有什么，压抑不住的黑崽讲了一个笑话，他们哄笑着往楼下的“下等舱”走去，笑声听起来像牛鸣一样。

在我往后走到厨房的背风处时，我们救出的那个机械师走到我身边。他的脸色惨白，嘴唇哆嗦着。

“天啦！先生，这是艘什么船啊？”他叫道。

“你有眼睛，自己不都看见了吗。”我差不多是粗野地答道，部分原因是我自己心里的痛苦和恐惧。

“你的保证呢？”我问海狼拉尔森。

“我是做出了保证，可是我并没有想要把他们救上船来，”他回答说，“不过，你得承认我并没有碰他们。”

“简直连手指头都没有碰，连手指头都没有碰。”他过了一会儿大笑起来。

我没有回答。我心里太乱了，说不出话来，我知道自己需要时间思考。那个此刻正躺在特别间睡觉的女人是我必须考虑的责任，我心里闪过的、唯一的理智的念头是——如果我还想帮助她的话，就不能草率行事。[赏析解读：在亲眼看见了海狼的残酷无情后，主人公对那位陌生女人产生了强烈的保护欲，为后文作铺垫。]

第二十章　茅德·布露丝特小姐

[**名师导读**]

里奇和钟森最终还是没有逃出那场风暴，风暴过后，船上一如既往地恢复了平静，被救上来的那位年轻女人引起了海狼拉尔森的强烈兴趣，也令“我”感到惊喜。但是在与这位茅德·布露丝特小姐的交谈中，让“我”发现了一件不可思议的事情，那到底是什么样的发现呢?

那天剩下的时间过得风平浪静。一场轻俏的暴雨只是“湿了湿我们的脸”，随后便慢慢变弱了。那个四级机械师和三个注油工在和海狼拉尔森进行了激烈地争吵后，穿戴起衣箱里的现成衣服，被分配在猎手们的各个小艇上干活，或是在船上值班。他们乱七八糟地向着水手舱走，边走边抗议，但是声音不大——他们已经被海狼拉尔森吓坏了。他们随后在水手舱听到的故事把他们身上仅剩的那点反抗精神都扫干净了。

茅德·布露丝特小姐——我们从那个机械师那里知道了她的名字——一直在睡觉。晚饭时我请猎手们放低声音，因此她没有受到干扰，但是一直到第二天早上，茅德·布露丝特小姐才露面。我原打算让她单独用餐，但是海狼拉尔森却横插了一脚。“她是什么人？为什么就不能到舱房的餐桌上和舱房的人一起吃呢？”海狼拉尔森这样问道。

[赏析解读：此处的叙述说明，体现出了主人公的绅士风度，他想要保护那位年轻的小姐，但是却遭到了海狼的拒绝。]

不过她来到餐桌上吃饭也很有趣。猎手们都像蛤蜊一样不出声了，只有乔克·霍纳和黑崽不怯场，时不时地偷看她几眼，甚至还参加谈话。另外四个人的眼睛死死地盯着盘子，刻意咀嚼得很规矩，耳朵配合着下巴的节奏晃动着，如同许多动物的耳朵。

海狼拉尔森一开始没有多少话说，只是被问到时才会答上几句。这倒不是害臊，他哪会害臊。在他眼里，这个女人是一种新的类型，是和他过去所知道的种类截然不同的一种，他因此感到好奇。除了看她的手或肩膀的动作，他的眼睛很少会离开她的脸。我也在研究她，尽管维持谈话的是我。但是我也有些害臊，无法做到坦然自若。然而，海狼拉尔森却镇定自若，他的自身显现出绝对的自信，没有什么东西能使他动摇。他在女人面前不会比在风暴和打斗面前更胆小。

“我们什么时候可以到达横滨？”她问道，向海狼拉尔森转过身，直接看着他的眼睛。

终于，这个问题还是被提及了。所有的嘴巴都停止了咀嚼，所有的耳朵也都停止了晃动，虽然眼睛还盯在盘子上，但是每个人都渴望听到答案。

“四个月以后，如果狩猎季结束得早的话，也可能是在三个月后。”海狼拉尔森说道。

她屏住呼吸，低声说道：“我——我——我听人家说到横滨只有一天的航程啊！这……”说到这里她停了下来，四下打量了下围坐在餐桌旁盯着盘子的那一张张毫无怜悯的脸。“这不对呀！”她最后说道。[赏析解读：布露丝特小姐不但向海狼提出了自己的疑问，同时还指出了他的错误，体现出了她的勇敢和坦率。]

“这个问题你得找范·魏登先生回答，”他冲我点了点头说道，眼里充满了恶作剧的神色，“范·魏登先生在对与不对这个的问题上，可以称得上是权威。可是我呢，作为一名水手，看待情况会有所不同。你迫不得已要和我们待在一起，对于你或许是不幸，可对于我们肯定是幸运。”

他笑眯眯地看着她。她在他的注视下垂下了眼睑，但是很快又抬起眼睛，带着几分挑衅地看着我。我看出来她的目光里有没有说出的问题：他这话是正确的吗？然而，我已经下定决心只扮演中立的角色，没有回答她。

“你是怎么想的？”她问道。

“我认为这事很不幸，尤其是如果你在未来几个月里有约会的话，不过既然你说到日本去是为了疗养，那我可以保证，要增进健康没有比‘幽灵’号更好的地方了。”

我看见她的眼里闪出愤怒的光，这回换作是我把眼睑垂了下来，我觉得在她的注视下我的脸都变红了。这是怯懦，可是我还有别的选择吗?

“范·魏登先生讲话是有权威性的。”海狼拉尔森大笑了起来。

我点点头，她镇定下来，满怀期望地等待着。

“不是说他现在的身体有多么值得炫耀，”海狼拉尔森接着说道，“但是他的改变是伟大的。你应该看一看他刚上船时的样子。你很难想象到有人比他还要精瘦可怜。是吗，寇伏特？”[赏析解读：海狼拉尔森在与茅德交谈时故意提到主人公，看起来像是在为她举例说明，实则是对主人公的嘲讽。]

寇伏特被海狼拉尔森的突然问话吓到了，餐刀都掉到了地上，不过他还是嘟哝了声“同意”。

“在削土豆皮和洗盘子时得到进步的。对吧，寇伏特？”

回应他的又是一阵表示肯定的嘟哝声。

“看看他现在的样子吧。当然，他还称不上是肌肉发达，可他确实有肌肉了，这可要比他上船的时候好多了。而且他有腿了，能够站得住了。看着他现在的样子，你绝对想象不到他当初的样子，可是最初他确实不能站起来。”

猎手们发出了“哧哧”的窃笑声，然而她眼含同情地望着我，这是对海狼拉尔森的恶作剧再好不过的补偿了。事实上，我已经很久没有得到过同情了，我的心软了，马上心甘情愿地成了她的奴隶。但是我对海狼拉尔森却十分生气。他在用诋毁我的手段向我的男子汉气概发起了挑衅。

"或许我学会了靠自己的双腿站着，"我回击道，"不过我还没有学会用那腿去践踏别人。"

他轻蔑地看着我，"那么你的教育只完成了一半。"他干巴巴地说，然后转向了她。

"'幽灵'号是很慷慨的。范·魏登先生对此深有体会。我们会尽一切努力让我们的客人感到和在家里一样，是吧，范·魏登先生？"

"对，和在家里一样削土豆皮和洗盘子，"我答道，"更不要说为了友谊去扭断同伴们的脖子了。"

"请你不要从范·魏登先生那里得到对我们的错误印象，"海狼拉尔森的口气中透露着嘲弄，故作焦急的样子插嘴说，"你会看清楚的，布露丝特小姐，在他的腰里带着一把匕首，这对于——啊嗨——这可是船上的长官最反常的表现。范·魏登先生真的很有价值，可是有时——我应该怎么说呢，唉，他有时候很喜欢挑起事端，必须要用强硬的手段去对付。他心平气和的时候是很理智的，也很公正。现在他很平静，是不会否认的，就在昨天他还威胁说想要杀死我呢。"

我气得差不多快憋过气去了，我敢肯定我的眼睛里一定充满了怒火。他把注意力都放在了我的身上。

"你看他现在的样子，就在你面前他都快要发脾气了。总之，他不习惯和女士在一起。我在冒险和他一起上甲板之前不得不把自己武装起来。"

他忧伤地摇了摇头，嘟哝道："太糟糕了，太糟糕了。"猎手们在一旁爆发出"呵呵"的怪笑声。

这些人的嗓门在有限的空间中嗡嗡隆隆的回响，产生了一种野蛮的效果——整个背景都是野蛮的。看着这个陌生的女人，我意识到她在这个环境中是多么别扭，而且我也第一次意识到自己多么像这里的一部分。我了解这些人，了解他们的精神境界，因为我就是他们中的一员：过着猎海豹的生活，吃着猎海豹的食物，想的大多都是猎海豹的事情。粗糙的衣服、野蛮的面孔、肆无忌惮的大笑，以及摇晃的舱房墙壁和晃动的风灯，这些我早已是见怪不怪了。[赏析解读：面对海狼的嘲讽，主人公并没有在意，因为在他的心里，船上的人们都如同野兽一样，而他在与这群野兽生活的这段时间内早已习惯了。]

我在面包上抹黄油时，眼光无意落到了自己的手上。指关节全破了皮，很明显在发炎，手指头都肿了，指甲上一圈黑。我觉得脖子上都长起了大片毛毡似的胡子，我知道我的衣服袖口扯破了，我所穿的蓝衬衣的领口处掉了一个扣子。海狼拉尔森提及的那把匕首此时正插在刀鞘里，挂在我的腰间。匕首别在腰间是一件自然得不能再自然的事情——有多么自然，到现在我还没有想象过。现在用她的眼睛一看，我才明白，这一切以及伴随它们的一切，在她看来是有多么的怪异。

但是她分辨出了海狼拉尔森话里的嘲笑，再一次同情地瞥了我一眼。不过她的眼睛里还带有迷惑的神色，而正是海狼拉尔森那些嘲笑的话，让她对自己目前的处境更加难以理解。

“或许我可以让路过的船只把我带走。”她提议说。

“不会有别的船只路过的，有的话，也只是猎海豹的船。”海狼拉尔森回答说。

“我没有衣服，什么都没有，”她表示出不满，“你很难理解，先生，我不是个男子汉，也不习惯这种无忧无虑的流浪生活。你和你的水手们过的就是这样的生活。”

“你对这种生活习惯得越早越好。”海狼拉尔森说。

“我给你提供布和针线，”他又说道，“希望为自己做一两件衣服对你不会是可怕的困难。”

她嘟着嘴苦笑着，仿佛在表明她对做衣服一窍不通。我看得很清楚，她害怕了，而且不知所措，却又在不惜一切地勇敢地掩饰着。

“我估计你和以前的范·魏登先生一样，习惯别人帮你把事情做好。可是我却觉得为自己做几件事还不至于脱臼。顺便问一句，你靠什么生活的呢？”[赏析解读：此时海狼向茅德提出来的问题，也曾经问过主人公，由此可以看出他不喜欢不劳而获的人。]

她带着掩饰不住的惊讶看着他。

“我没有要冒犯你的意思，大家总是要吃饭的，所以他们必须具备吃饭的资本。

这些人为了谋生而猎海豹，同样为了生活，我要驾驶这艘船；而范·魏登先生目前至少是做我的助手糊口的。可是你是靠什么生活的呢？”

她耸了耸肩。

“你养得活你自己吗？要不，是有别人养着你？”

“恐怕我的大半生都是靠别人养活我的。”她笑了起来，勇敢地做着努力，企图去理解他那盘问的精神。虽然我看得出她在看向海狼拉尔森时已经懂了，一种恐惧在她的眼睛里滋生着。

“我猜有人为你铺床？”

“我自己铺过床。”她回答说。

“经常铺吗？”

她装出遗憾的样子，摇了摇头。

“你知道在合众国对像你这样不会干活谋生的穷人是怎么处理的吗？”

“不知道。”她解释，“对像我这样的穷人，他们会有什么样的下场呢？”

“他们会被扔进监狱，罪名是不劳而食，他们的案件就定为游荡罪。就像范·魏登先生总是喜欢喋喋不休地讨论是非问题，我要问你：你既然生活不能自理，你有什么权力活着呢？”

“可是，你不是范·魏登先生，我可以不回答你的问题，对不对？”

她眼里充满了恐惧，但是脸上却对他绽出灿烂的笑，那酸楚的感觉真让我心痛。我必须要想办法插嘴，把话题引到别的上面去。

“你曾靠自己的劳动赚到过一块钱吗？”他问道。他对她的回答似乎很有把握，口气带着报复的快意。

“赚到过的。”她慢慢地回答。看到海狼拉尔森沮丧的神色，我几乎要笑出声来了，“我记得有一回爸爸给了我一块钱，那时我还是个小女孩，因为我坚持了五分钟没有说话。”[赏析解读：此处的语言描写，体现出了茅德的纯真，为后文作铺垫。]

他不以为然地笑了笑。

“可那是很久以前的事了，”她说道，“你该不会要求一个九岁的女孩自食其力吧？”

“不过现在，”她又稍稍停顿了下说，“我一年大约可以赚一千八百美元。”

所有盯着盘子的眼睛不约而同地全都转向她的脸。一个一年能赚到一千八百美元的女人值得好好瞧一瞧。海狼拉尔森丝毫不掩饰他的钦佩。

“薪水还是计件？”他问。

“计件。”她一口回答。

“一千八百美元，”他计算着，“那就是说每月有一百五十美元。好了，‘幽灵’号上没有小事。在你和我们待在一起的时候，把自己看作在领月薪吧。”

她不露声色。她还没有适应这个人的奇思怪想，无法坦然地接受它。

“我忘了问了，”他温和地问道，“你是做什么的。你生产什么产品？你需要使用到什么工具和材料呢？”

“纸、墨水，”她笑了，“啊，还有，一部打字机。”

“那你就是茅德·布露丝特了？”我胸有成竹地缓缓说道，几乎就像是在给她定罪。[赏析解读：主人公听到了茅德的自我介绍后，马上就猜到了她的身份。]

她惊奇地抬起眼睛。“你怎么会知道？”

“你是不是？”

她点了点头，承认了自己的身份。这回轮到海狼拉尔森茫然了。他对那个名字和它的魔力一无所知。而它对我有着不同的意义，这令我感到骄傲。在备受煎熬的时间里，我第一次清楚地意识到了自己对他所处的优势。

“我记得写过一篇文章，评论过一本小书……”我随口谈了起来，她打断了我。

“你！”她叫道，“你就是……”

此时，她瞪大了眼睛惊讶地望着我。

我点点头，也承认了我是谁。

“亨佛莱·范·魏登。”她断言道，然后发出了一声如释重负的叹息，“我太高兴了。”

“我一直记得那篇评论。”她匆匆说下去，因为刚才那话让她有些尴尬，“那篇太过奖了的评论。”

“一点儿也不。”我大胆地否认，“你这是在谴责我理性的判断，贬低我的原则。何况批评界的同行也和我有同感。朗昂不是把你的《任他吻去》列进四首最佳英语十四行诗之一吗？”

“你还称我为美国的美耐尔夫人（英国女诗人、散文家、评论家）呢！”

“不对吗？”我问道。

“不，不是那个意思，”她回答，“你伤害了我。”

“我们只能用已经知名的去衡量尚未知名的。”我以学者的口吻答道，“作为评论家，我不能不给你排个座次。现在你成了一把尺子，你的七本薄薄的诗集就放在我的书架上。还有两本厚一点儿的，是论文集——请原谅，和你的诗歌水平并驾齐驱。我不知道该多夸奖哪一个。不久的将来，英国出现了某个无名的文人，评论家就可能把她叫作英国的茅德·布露丝特了。”[赏析解读：主人公对于茅德的夸赞，不仅仅是因为她的外表令他喜欢，更多的是对于她才华的肯定。]

“我相信你很宽仁。”她喃喃地说道。她那传统的声调和用词唤醒了我对远方的记忆，马上让我心潮澎湃起来——带来了丰富的回忆和难堪的乡愁。

“原来你就是茅德·布露丝特。”我隔着桌子盯着她，庄严地说。

“原来你就是亨佛莱·范·魏登。”她以同样的庄严回敬我，“真奇妙！我真不明白。我们肯定不是在等着你用清醒的笔写出一本极为浪漫的海洋小说吧？”

“不，我向你保证，我不是在搜集素材，”我回答，“对于小说，我既没天分也没有嗜好。”

“告诉我，你为什么总隐居在加利福尼亚呢？”然后她问，“你这样做简直太吝啬了，我们东海岸的人很难能一睹真容——美国文坛的祭酒，二号祭酒，见你真是太难了。”

对这样的赞美我鞠躬婉拒。“有一回，我在费城，差一点儿就能见到你了。那是一个关于勃朗宁（罗伯特·勃朗宁，1812—1889年，英国维多利亚时代两大诗人之一，剧作家，代表作有《戏剧抒情诗》等）的什么会吧——你要去演说，你知道。我的车晚点了四个小时。”

然后我们简直忘乎所以、滔滔不绝地交谈着，把海狼拉尔森晾到了一边。猎手们下了席，回到了甲板上，我们继续交谈着；只有海狼拉尔森还在。我突然意识到了他，他背靠着椅子，好奇地听着我们以陌生的语言，在他不知道的世界里纵谈着。

我的一句话没有说完就突然顿住了。现实带着所有的危险和担忧，猛地以一种令人昏厥的力量钻进了我的头脑。它也打击了布露丝特小姐，她望着海狼拉尔森时，眼里闪现出莫名的、不确定的恐惧。

海狼拉尔森站了起来，尴尬地笑了笑，笑声里充斥着金属声。

“别管我。”他自嘲地挥了挥手说道，“我算不了什么，继续谈，继续谈，我求你们了。”[赏析解读：此处对于海狼的行为和语言描写，表达出海狼对于文学的异常热爱。]

但是话匣子已经关闭了。我们尴尬地笑着，从桌子边站了起来。

第二十一章 玛格利奇成了鲨鱼的诱饵

[**名师导读**]

因为“我”与茅德·布露丝特小姐的火热交谈，使海狼拉尔森感觉受到了冷落，于是他将怒火发泄到了玛格利奇的身上。他让人拿绳子来，试图要把玛格利奇捆起来。这个可怜的厨子虽然极力躲避，但最终还是被扔下了水……

在餐桌的谈话中，海狼拉尔森遭到了我和布露丝特小姐的冷落，心里憋着气，但是这气总是要发泄出来的，于是玛格利奇就成了他的泄气包。玛格利奇并没有改变作风，也没有换衣服，尽管他非要说他已经换过了，不过他的衣服却在和他唱反调。炉子、罐子和盘子上的积垢也在申诉着他不爱干净。

“我早警告过你，厨子，”海狼拉尔森说，“现在该让你吃点药了。”

玛格利奇那污黑的脸变白了。海狼拉尔森大声叫着让人拿绳子来，那可怜的伦敦佬像发了疯似地从厨房里向外跑，笑眯眯的水手们一路狂追，他就在甲板上窜来窜去。因为厨子送到水手舱的食物和调味品都是最差的，能把他扔到海里去洗一洗，对于水手们而言是件快乐的事情。条件也适宜做这件事：“幽灵”号的时速不超过三英里，海面风平浪静，然而玛格利奇却不想被扔进水里。或许他曾看见别人被拖在海里过，再说水也冷得可怕，而他的身体状况很糟糕。

像往常一样，只要有热闹，休班的人和猎手们就都凑上来了。玛格利奇好像十分怕水，他在逃跑时的灵敏和快捷是我们做梦都想不到的。他被堵在舵楼甲板和厨房的死角里，却像猫一样跳到了舱房顶上，向船后跑去。被追逐的人一堵截，他又转身跑过舱房，跳过厨房，从“下等舱”的天窗盖爬上了甲板。[赏析解读：在此处，玛格利奇被比喻成了猫，体现了他身手敏捷，从侧面表达了他不想被扔进海里的迫切心情。]他笔直往前飞奔，哈里森紧追不舍，快要赶上他了，但是玛格利奇突然一跳，抓住了斜桅和底杠的吊索，双手吊稳后，腰在空中一收，眨眼间两腿蹬出，踢在正冲上来的哈里森肚子上，哈里森忍不住大叫一声，身子一蜷便倒在了甲板上。

他这一招得到了猎手们的鼓掌喝彩，他们大笑着。此时玛格利奇在前桅甩掉了一半的追逐者，又像橄榄球场上的球员从另一半人堆里穿过，向后跑去。他笔直地奔跑着，跃上舵楼甲板，奔向了船尾方向。由于跑得太快，当他来到舱房转角处时双脚一滑，摔了下去。尼尔森正在掌舵，厨子的身子往前一滑，刚好撞到了他的腿上。两人滚到了一起。但是只有玛格利奇爬了起来。真奇怪，他那细弱的身子竟然把那壮汉的腿撞折了，就像折断了一根笛子。

帕森司接过舵，其他人又追了上来。他们一圈又一圈地追着，玛格利奇吓得要死，水手们尖叫呐喊着，彼此指着方向，猎手们哇哇乱叫，为他们加油，同时哈哈大笑。玛格利奇被三个人追下了前舱口，但他却像鳝鱼（指俗称的黄鳝，身体像蛇，但没有鳞，肤色有青、黄两种，体长20~70厘米，最长可达1米。生活在水边泥洞和石缝里，夏季出来，冬季藏于洞中）一样从人群里溜了出来。他的嘴角流着血，那惹人生气的衬衫被撕成了碎片。[赏析解读：此处将逃窜的玛格利奇比作鳝鱼，生动地刻画出了他灵活地在人群中奔走的模样。]他向着主索具跳了过去，拼命向上爬，爬过了索梯，一直爬到了桅杆顶上。

五六名水手蜂拥而上，跟着他爬上了桅顶的横桁，挤成一团等着，武富提和黑人（拉提莫的舵手）继续爬上细钢支索，靠着双臂的力气越爬越高。

那是很危险的做法，因为在距离甲板一百多英尺的高空，只靠双手吊着，同时还要躲开玛格利奇的腿可不是件容易的事，而玛格利奇又踢得很凌厉。最终夏威夷人只靠一只手吊着，用另外一只手抓住了厨子的一只脚。不久后，黑人也如法炮制，抓住了厨子的另外一只脚。三个人一起扭来扭去，晃荡成了一团，挣扎着，滑了下来，落到了横桁上的同伴们的手里。

空战结束，玛格利奇哀号着，嘴上泛着血泡，被带到了甲板上。海狼拉尔森把一根绳子系紧在帆脚索上，再绕过他的腋窝。大家把他抬到船后，扔到了海里。绳子往海里放出，四十英尺，五十英尺，六十英尺。这时只听海狼拉尔森大叫了一声，“停！”武富提便把绳子往缆柱上一绕，绳子就绷紧了。“幽灵”号向前行驶，厨子被拖在海面上跳动着。[赏析解读：一番追逐后，玛格利奇还是被海狼用绳子绑好扔进了海里拖行着，为后文作铺垫。]

那真是凄惨的景象！虽然厨子肯定不会被淹死，但也要忍受着被淹个半死的煎熬。“幽灵”号在风浪中行驶缓慢。船尾在海浪中升起向前滑下时就把那个可怜虫拖出水面，给了他喘气的时间。但是两次升起之间船尾就要下落，在船头慵懒地爬上下一个浪头时那绳子一松，他就沉了下去。

我忘了茅德·布露丝特的存在。当她轻轻来到我身边时，我陡然一惊。那是她上船后第一次登上甲板。在她到来后，甲板上一片死寂。

“为什么要开这样的玩笑？”她问。

“问海狼拉尔森去。”我镇静地答道，一想到她亲眼看到了这样的暴行，我就热血沸腾起来。

她正准备转身去问，目光却落到了武富提的身上。他就站在她的面前，手里抓着绳圈，浑身洋溢着灵活和优美。

“你在钓鱼吗？”她问他。

他没有回答。他那双正全神贯注地望着船后海中的眼睛突然放出光。

“嗨，鲨鱼，先生！”他叫了起来。

“往上拉！快！排队拉！”海狼拉尔森大叫起来，他赶在最快的人前面跃到了绳子边。

玛格利奇听到了夏威夷人的警告，疯狂地尖叫起来。我看见一片黑色的鲨鳍朝着他奔来，比他被拖上船的速度还要快。是鲨鱼还是我们会抢到他呢？那是一场惊心动魄的对抗，是一瞬间的问题。玛格利奇被拖到了我们正下方时，船尾正随浪向下落，这时鲨鱼占了上风。那鳍不见了，肚皮往上猛然一翻，闪出一道白光，海狼拉尔森使出浑身力气猛地一拉，差不多同样的速度，但还是迟了半步。在厨子的身子飞出水面的同时，鲨鱼也蹿出水面。玛格利奇两腿一缩，那食人魔王好像只碰到了一条腿，就掉回到了水里，激起一大片水花。然而玛格利奇却因为刚才一瞬间的碰触大叫起来，然后便像钓线上新钓到的鱼一样离开栏杆老高，落到船上，手脚触地砸在甲板上，又翻过身来。

血流如泉涌。他的右脚没了，从靠近踝骨的地方被咬掉了。我马上瞥了一眼茅德·布露丝特。她脸色苍白，瞪大了眼睛，里面充满恐惧。她看着海狼拉尔森，而不是玛格利奇。海狼拉尔森明白她的意思，因为他发出了一声短笑，说：“男子汉的游戏，茅德·布露丝特小姐，我相信这要比你习惯了的东西可能粗暴了一点，可是这依然是男子汉的游戏。但是鲨鱼是个意外。这是……”

但是，就在这时，玛格利奇已经抬起头，他很清楚自己伤势有多重。他在甲板上一滚，一口咬住了海狼拉尔森的脚。海狼拉尔森冷静地弯下腰，用大拇指和中指掐紧了玛格利奇的耳朵下颚骨后，那颚骨不情愿地张开了，海狼拉尔森把脚抽了出来。[赏析解读：被折磨得失去了一只脚的玛格利奇对海狼拉尔森展开了报复，而他的报复行为却完全没有被海狼放在眼里。]

“正如我所说，”他好像什么都没有发生过一样，继续说下去，“鲨鱼是个意外。这——这个这个——可不可以说是天意？”

茅德听到后没有任何表示，虽然眼神变得极度憎恶。她转身要走，但是没有走掉，因为她晃了晃，没有站稳，她虚弱地伸出手，想抓住我的手。好在我及时扶住了她，她才没跌倒。我把她扶到舱房的一个座位上坐下。我以为她马上就会晕过去，但是她控制住了。

“你去拿一根止血带来好吗，范·魏登先生？”海狼拉尔森喊道。

我犹豫了一下。她的嘴唇嚅动下，虽然没有发出声音，然而她那双眼睛却无言地命令我去帮助那个可怜的人。“请你去吧！”她终于低声说了出来，我只好服从。

现在我的外科手术能力已经被培养得很好了，海狼拉尔森只发出了几声劝告，就让我在两名水手做助手的情况下去完成任务。他的工作就是去报复鲨鱼。一个粗壮的旋转钩在穿好了肥咸肉做成的饵后被扔进了海里。等我包扎好被咬断的粗、细血管时，水手们已经在唱着歌拖拽那惹祸上身的怪兽了。我没有去看，但是我的助手们都换着班离开我到船中部去观看了。那条鲨鱼足有十六英尺长，是用主索拽上来的。他们把它的嘴撬到最大限度，塞进了一根两头尖的结实的棍子，等到撬棍拔出，撑开的上下颚就固定在那根棍子上了。这事做好后再砍掉钩子，鲨鱼掉回海里。虽然它还有充沛的力气，却已经无可奈何，注定了要忍受着漫长的、饥饿的煎熬——那是一种活着的死亡之旅，相比鲨鱼，倒不如说对于那酷刑的发明者海狼拉尔森更合适。[赏析解读：此处的心理描写，表达了主人公对鲨鱼的同情，说明了他的善良，同时从侧面衬托出了水手们的凶残。]

第二十二章　弱者的忍辱求全

[名师导读]

目睹一切发生的茅德找到了“我”，向“我”提出了自己的疑问。面对海狼拉尔森的残暴，“我”和茅德决定联手去打败他。

她向我走过来时，我就知道她的来意。我曾经看见她和那个机械师严肃地交谈了十分钟。这时我做了个让她不要说话的手势，把她带到了舵手听不见的地方。她的脸色惨白，表情阴沉。她的眼睛比平时更大了。她望着我的眼睛，里面带着探索的意味。当时我觉得十分畏惧，因为她是来搜查亨佛莱·范·魏登的灵魂的，而亨佛莱·范·魏登自从登上“幽灵”号后，便没有什么特别值得骄傲的了。

我们走到舵楼甲板舱口，这时她转过身来对着我。我环视了四周一眼，确定没有人能听到我们说话。

“什么事？”我温和地问，但是她脸上坚毅的神色并没有缓和。

“今天早上那件事，”她开口道，“我能够接受，那件事情主要是一个意外，可是我和哈斯金斯先生交谈过了。他告诉我，就在我们被救上船的那天，我当时在舱房里睡觉，有两名水手被淹死了，是刻意被淹死的，是被杀害的。”[赏析解读：从茅德对主人公的质问中，可以看出她是个勇敢、善良、正直的人。]

她的语气透露着一种兴师问罪的意味，她面对面地对我进行指控，仿佛那罪行由我负责，最起码我也是个帮凶。

“你那消息非常准确，”我答道，“那两名水手确实是被杀害的。”

“而你却听之任之！”她叫喊着。

“我没有办法制止，这样说的话会更恰当些。”我的口气仍然温和。

“可是你努力制止过吗？”她特意强调了“努力”二字，声音里流露出几分争辩。

“啊，可是你没有，”她猜到了我要回答什么，接着说下去，“你为什么不制止呢？”

我耸了耸肩，“你一定要记住，布露丝特小姐，你是这个小小的世界里新来的居民，你还不明白这儿所执行的法律。你带来的某些美好的想法——关于人类的，关于男子汉气概的，关于行为的，诸如此类的东西——但是在这里你会发现那些观念是错误的。我已经发现了这一点，在早些时候。”我补充了一句，忍不住叹了一口气。

她摇了摇头，觉得难以置信。

“那么你建议我怎么办？”我问道，“我应该拿刀、枪、斧子把那个人杀了吗？”

她吓得后退了一步。

“不，不是这样的！”

“那我应该怎样办呢？自杀吗？”

“你仅仅是从实利主义的角度说话，”她反驳道，“还有道德勇气这样的东西存在，道德勇气会永远产生作用的。”

“是啊，”我笑了，“你的建议就是不要我杀死他，也不要自杀，那就是让他杀死我。”我伸出手阻止她要说的话，“因为在这个小小的漂浮的世界里，道德勇气分文不值。里奇是被杀害的两个人中的一个，他具有非同一般的道德勇气。另一名水手钟森也是一样。但是道德勇气不仅没有给他们带来好处，反而还让他们丧命。如果我也把我身上那点道德勇气表现出来的话，那么我的下场和他们一样。”[赏析解读：看到与自己最初想法一致的茅德，主人公说出了自己此时的想法，这种想法是符合船上的生存规则的。]

“你必须懂得，布露丝特小姐，要清楚地懂得，这个人是个魔鬼。他没有良心。在他面前没有什么神圣的东西，也没有什么可怕的东西是他不敢做的。首先，我当初能被他留在船上是他的一时冲动在作祟，我能活下来也是因为他的一时冲动在作祟。我无所作为，也无能为力，因为我是这个魔鬼的奴隶，就像你现在也是他的奴隶一样；因为我渴望能活下去，如同你渴望能活下去一样；因为我不能跟他战斗而打败他，就像你不能跟他战斗而打败他一样。”

她等着我继续说下去。

“还能有什么办法呢？我的办法就是扮演弱者。我保持沉默，忍受侮辱，如同你也要学会保持沉默，忍受侮辱一样。然而这样做是对的。如果我们想要活下去，这就是我们能用的最好的方法。战斗并不会永远站在强者那一边，我们没有力量和这个人作战，必须要隐蔽。如果我们能够打赢，那就是通过手段取得的胜利。如果你能够听进去我的建议，你就应该这么做。我知道我的处境十分险恶，我还可以坦率地说，你的处境更加险恶。我们必须要联合起来，私密结盟，表面上不能让人看出来。我不能公开地站在你这一边，不管我受到怎样的侮辱，你都要保持沉默。我们不能激怒这个人，跟他闹翻，也不能忤逆他的意志。无论多么煎熬，我们一定要对他面露笑容，和他友好相处。”

她迷惑不解，用手在额头抹了抹说：“我还是不明白。”

“你必须按照我说的去做，”我不容分说，因为我看到海狼拉尔森的目光落在了我们身上——他刚才在中部甲板上跟拉提莫来来回回地走着，“按我说的去做，不用多久你就会知道我说的是对的。”[赏析解读：虽然现在主人公并不能让茅德理解自己的话，但此刻两人的联手，为后文作铺垫。]

“那我该怎么办？”她问道，显然觉察到了我焦急地瞥着我们谈到的人。我可以认为自己认真的态度已经让她的内心发生了动摇，并由衷地欣慰。

“先把你那道德勇气放在一边。”我直截了当地说，“别想着激怒这个人，要和他和睦相处。和他谈话，跟他讨论文学和艺术吧，他对这类事情很感兴趣。你能发现他听得很入迷，而且他并不是一个愚昧的人。为了你自己好，尽量不要去看这艘船上发生的暴力活动，这样你就更能适应你扮演的角色了。”

“那我就要说谎了，”她用沉着、叛逆的语气说道，“用说话和行动撒谎。”

海狼拉尔森已经离开了拉提莫朝我们走过来。我心里十分焦急。

“请你务必明白我的意思，”我急切地说道，声音也放低了许多，“你以前对人对事的全部经验在这里一点儿也用不上。你必须要重新开始。我知道——我能看出来——你除了别的方面，是习惯于用眼睛左右别人的，仿佛要用你的眼睛表达出你的道德勇气。你已经用眼睛左右了我，用眼睛命令了我。可是不要在海狼拉尔森身上去试。你可以轻而易举地左右一头狮子，但是他却会让你变成一个笑话。他会的——我始终以发现了他而感到骄傲。”看到海狼拉尔森走上舵楼甲板向我们走来，我赶紧转移了话题，说道：“编辑们害怕他，出版商们不接受他，但是我懂他。在他的《熔炉》引起轰动后，他的天才和我的判断都得到了证实。”

“那是报纸上发表的一首诗歌吧！”她从容地说道。

“的确是从报纸上发表后才开始引人注意的，”我回答，“不过并不是因为没有给杂志社的编辑看。”

“我们在谈哈里斯。”我对海狼拉尔森说。[赏析解读：在面对海狼时，茅德选择了撒谎，说明了她对主人公的信任。]

“啊，是的，”他认同，“我记得《熔炉》那首诗。诗中充满了美好的情感，有一种对人类幻想无所不能的信念。顺便说一句，范·魏登先生，你最好去看看厨子，他正在抱怨，而且烦躁。”

我就这样被毫不客气地从舵楼甲板上打发走了，却发现玛格利奇因为我给他服用了吗啡而睡得十分沉稳。我没有急着回到甲板上去，在我回去时，我看到布露丝特小姐正在和海狼拉尔森愉快地交谈着。就像我说的那样，她在按我的请求去做，这个场面让我安心，不过对于她居然听从了我的建议去做她明显不情愿去做的事，我心里不禁有些吃惊或难过。

第二十三章　爱情来了

[名师导读]

“幽灵”号很快就来到了海豹群里，其实猎海豹很危险，而此时“我”想的都是怎么带着茅德逃离这艘船。因为“我”发现这位美丽的小姐不但吸引了“我”的目光，也同样使海狼对其产生了爱慕之情……

一帆风顺，“幽灵”号很快就进入了北方的海豹群里。我们在北纬四十四度附近见到了海豹，那里的海域风暴频发、寒冷多雾，海风驱赶着厚重的海雾四处逃亡。有时一连很多天都看不到太阳，也没有办法观察，风卷残雾后的海面上干干净净，依然翻腾的波浪闪着光，我们又找到了自己的所在地。接着又可能出现一天或三四天晴空万里的日子，然后又是浓雾弥漫，好像比任何时候都要浓。

猎海豹是危险的活。小艇接连被放了下去，被灰色的浓雾吞没，不见了踪影，直到黄昏——常常是过了黄昏很久后——才又像海上幽灵一样，从灰雾里一只只漂出来。温莱特——那个海狼拉尔森连人带船抢来的猎手——借着浓雾逃走了。一天早上，他和他的两个助手在雾里消失了，我们再也没有见到他们，虽然没过几天我们就听说他们不断换着船，终于找到了自己的三桅船。

这也是我下定决心要做的事，但是一直没有机会。大副没有驾艇外出的权力，尽管我找了巧妙的借口，但是海狼拉尔森仍然不同意。只要他同意了，我就能想办法带着茅德·布露丝特逃走。当时的情况已经到了我不愿意去思考的地步。我下意识地回避思考这个问题，但是这个问题却像幽灵一样不断地在我心中缭绕。

我曾看过一些海洋浪漫小说，在船上一群男人中理所当然地要有一个孤独的女人，当时我并不理解这种更深沉的含义——作家们反复触及而且充分发掘过的含义，然而现在我终于懂了。现在我身临其境。为了让事件具有最大的分量，那个女性必须是茅德·布露丝特。现在她已经迷住了我，就像她的诗一直让我着迷一样。

你想象不出一个与这个环境更不协调的人。她是个娇弱的生灵，像仙女，动作轻盈婀娜。在我看来，她好像从来没有行走过，最起码不像常人那样行走。她向你走来时，步子里带着一种极端的轻柔，行动里透露着一种难以言喻的飘逸，像鹅绒的轻荡，如同小鸟的悄飞。[赏析解读：主人公对茅德的高度评价，展现出了他对茅德的爱，引出后文。]

她像是德累斯顿（是德国萨克森州首府和第一大城市，18世纪早期萨克森选帝侯腓特烈·奥古斯特一世发现了中国制造瓷器的秘密，在德累斯顿和迈森发明了欧洲的瓷器）的瓷器，她是那么的脆弱（我可以这么说她），不断地让我心动。那天，我扶着她的胳臂走下楼梯时心里就是这么想的。所以我时时刻刻准备着：她一遇到压力或是粗鲁的接触就会碎成粉末。灵魂与肉体如此完美地融为一体。你用“升华的”“纯洁的”这类评论家的词汇去描述她的诗时，你所描写的也正是她的肉体。她的肉体应是她灵魂的一部分，具有相似的属性，是把灵魂跟生命联系在一起的最精巧的媒介。实际上，她轻盈地走在大地上，构成她的很少是粗陋的泥土（这里指的是耶和华用地上的尘土造人，将生气吹在他的鼻孔里，他就成了有灵的活人，见《圣经·创世纪》第2章）。

她和海狼拉尔森形成了鲜明的对比。她所拥有的一切全是海狼拉尔森没有的，海狼拉尔森拥有的一切也全是她没有的。有一天早上我看到他们在甲板上散步。我把他们比作是人类进化的两个极端：一个是野性的极度表现，一个是优雅的极品。没错，海狼拉尔森也拥有超凡的智力，然而它唯一的目的却是服务于那野蛮的本能，这使他成为一个可怕的野蛮人。他有极好的肌肉，健壮结实；他的稳健虽然和常人一样，却没有沉重的感觉。他的双脚的起落将莽丛和蛮荒的习性隐藏了起来。他的步子像猫一样轻灵、矫健。我把他比作某种大型的猛虎，一种善于搏击的食肉猛兽——他就是那样。他的眼中时常会放出凌厉的光亮，我曾在被关在囚笼里的豹和其他猛兽的眼中看到过这种光。

然而，今天他俩并排走着，我看到后来她终止了散步。两个人来到了我所站的升降梯的入口处。虽然她不露声色，我却能感受到她心中的烦乱。她望着我，随口说着，笑容牵强，但是我看到她的双眼勉强转向了他，好像着了迷，然后又垂了下来，但是却不够快，难以掩饰那涌上来的恐惧。

我从海狼拉尔森的眼中看出了她烦乱的原因。那双眼睛往日里的冷漠、严厉、深灰，此刻却变得温暖、柔和、金黄，其中还闪耀着星光，时隐时现，使他的整个眼球都在耀眼地燃烧着。那金黄或许就是由此而来的。那双金色的眼睛魅惑而专横，同时动人而蛮霸，喷迸着他血液里的欲望，那是任何女人都能感受到的，更不要说茅德·布露丝特了。[赏析解读：通过对海狼眼神的描写，说明茅德在吸引了主人公的同时，也吸引住了一匹野狼。]

她的恐怖在那个恐怖的时刻冲击着我——那是男人能感受到的最大的恐怖，我知道她对于我来说是多么的宝贵。我对她的爱欲带着恐怖的洪流冲刷过我的心头，让我揪心，使我的血液既冰凉又猛烈地奔腾着。我发现自己被一种奇怪的力量掌控着，我的眼睛违背了我的意志，死死地盯住海狼拉尔森的眼睛，然而他已经恢复了平静，金色和亮光都不见了，眼中只剩下冷淡的灰色的光。他匆匆地鞠了一躬，转身走了。

“我害怕，”她打了个寒战，悄悄地说道，“我太害怕了。”

我也害怕，因为我发现了她对我是多么珍贵，我心中十分慌乱。但是我还是尽量保持镇定地说道：

“一切都会好的，布露丝特小姐。相信我，会好起来的。”

她留给我一个感激的微笑，然后走下了升降口扶梯。我的心怦怦地跳了起来。

我在她离去的地方站了很久。我一定要考虑情况变化的意义，改变自己了。爱情来了，在我最不期待的时候，在最残暴的环境里，它来了。当然，我的哲学一直承认：爱情的召唤是无法避免的，它迟早会来的，只是多年来书呆子般的沉默使我变得漫不经心，毫无准备。

可现在爱情来了！茅德·布露丝特！我的思绪回到远方我那书桌上的第一本薄薄的小书上，也好像看到了我图书馆书架上那一排薄薄的小书。我曾经那么热情地欢迎过其中每一本的出现！每年出版一本。而对于我来说，每一本都是那一年的耶稣降临，是那一类智慧和精神的宣言。我虔诚地迎接它们，然而现在它们被我存放在了心里。

我的心啊！一种情感的巨变降临在我的身上。我好像摆脱了自我，我难以置信地审视着自己。茅德·布露丝特！亨佛莱·范·魏登，福路瑟特称他为“冷血鱼”“无情魔鬼”“解剖狂”。但是亨佛莱·范·魏登竟然恋爱了！［赏析解读：此处用“冷血鱼”“无情魔鬼”“解剖狂”来比作主人公，展现出了他在爱上茅德之后内心开始发生了变化，这是一个重要的转折点。］于是我的心又莫明其妙地带着质疑飞回到一本红皮的《名人录》里的小传上。我告诉自己：她“出生于剑桥，现年二十七岁。”［赏析解读：有两个剑桥，一个在英国；一个在美国马萨诸塞州波士顿附近的查尔斯河对岸。布露丝特应该是出生于后者。］然后问道，“二十七岁没有结婚，没有恋爱吗？”我怎么知道她有没有心上人呢？新生的嫉妒之苦出现了，它驱走了一切怀疑。这是可以确定的。我嫉妒，因为我恋爱了。我爱上的女人是茅德·布露丝特。

我，亨佛莱·范·魏登，恋爱了！质疑再次袭击了我。不过，我不怕爱情，也并不是不欢迎它。恰恰相反，作为态度最鲜明的理想主义者，我的哲学一直承认爱情是这人世间最伟大的事物，也当作了伟大的回报。它是生命的目的和巅峰，是欢乐的最精美的强音，是令生命为之战栗、欢呼、鼓掌，要用心去接纳的东西。但是现在它来了，我却又无法相信了。我不可能这么幸运，它太过美好，所以便不真实了。西蒙斯（阿瑟·西蒙斯，1865—1945年，英国诗人和评论家。他在1889—1899年出版的诗歌代表了英国19世纪90年代的风格。他的评论包括《勃朗宁研究引论》）的诗行在我心里涌起：

这么多年来，我一直在漂泊，

在女人的世界里，我寻找着你。

于是我停止了寻找。我曾以为人世间最伟大的东西与我无缘。福路瑟特是对的。我不正常了，我是个"无情魔鬼"，一个老书虫，只懂得心灵的乐趣。我虽然一直都生活在女人堆里，对女人的欣赏却全是美学上的，再也没有别的。实际上，我有时觉得自己是个圈外人，一个修士一样的人，没有激情，无论是永恒的或短暂的——我看到它存在于他人身上，也能够深刻的理解。可是现在，激情来了！梦想不到，没有预兆，却来了。我离开了在扶梯口的岗位，沿着甲板走去。我一定是沉浸于狂喜之中，喃喃地念诵着勃朗宁夫人（伊丽莎白·B·勃朗宁，1806—1861年，英国女诗人，罗伯特·勃朗宁的夫人。她自幼体弱多病，长期卧床不起。与罗伯特·勃朗宁相爱后，受到父亲阻挠，却不顾一切带病出逃，和勃朗宁结了婚。她的代表作是发表于1850年的爱情组诗《葡萄牙人十四行诗集》）的美妙的诗行：[赏析解读：主人公在发现自己恋爱了后的吟诗行为，从侧面体现出了他的浪漫。]

多年前我曾把幻影当作朋友，

以为它是风雅温情的伴侣，

我曾经用它替代过红男绿女，

没有想到还有更甜美的音乐。

但是更加甜蜜的乐曲在我的耳边奏响，于是我忘记了周围的一切，视而不见了。海狼拉尔森的尖厉的声音唤醒了我。

"你在干什么呀？"他问我。

我已经误入水手涂油漆的地方，猛然醒来时发现我抬起的脚几乎要踢翻油漆罐了。

"在梦游，中暑了吧——你怎么了？"他叫道。

“不，是吃得太饱了。”我辩解，然后继续散步，好像什么事也没发生过。[赏析解读：主人公有意地向海狼隐瞒了自己此刻的异常，说明他并不想与海狼分享自己的快乐。]

第二十四章　割钱的“马其顿”号

[名师导读]

在航行中，“幽灵”号遇到了“马其顿”号，那是海狼哥哥的船。而“马其顿”号的出现与其行为给“幽灵”号带来了一场灾难。它的出现会对渴望得到财富的海狼产生什么样的影响呢？

我平生记忆中最生动的事情都发生于我在“幽灵”号上意识到自己爱上了茅德·布露丝特之后的四十个小时中。[赏析解读：总结性的叙述说明为开头，为后文的展开作铺垫，引起读者的兴趣。]我过去都生活在安静的环境里，活到三十五岁却卷入了一系列不可理喻的荒唐冒险中。这四十个小时中出现了我这辈子从没有经历过的众多意外和刺激。在我的耳边有一个声音正在充满自豪地低声说：考虑到诸多情况，你那时干得很不错。这话我也不能不听。

先是午餐时海狼拉尔森向那些猎手们宣布，以后他们都得到“下等舱”里去用餐。这是在猎海豹船上前所未有的事情。因为按照惯例，猎手们都是被当作非正式职员来看待的。海狼拉尔森并没有说明原因，但是他的动机再明显不过。霍纳和黑崽都向茅德·布露丝特大献殷勤。这本是件好笑的事，对她并无伤害，但是海狼拉尔森显然觉得不是滋味。

对这样的决定，猎手们给出的反应是敢怒而不敢言，虽然其他四个猎手含蓄地看了眼那两个惹祸的家伙。一向沉默的霍纳没有什么反应，黑崽却阴沉着脸，血涌上了额头。他刚想张嘴争辩，却发现海狼拉尔森正盯着他，目光犀利。黑崽欲言又止，最终还是什么也没有说。

“你有什么意见？”海狼拉尔森咄咄逼人地问道。

这是在挑衅，但是黑崽并没有应战。

“有什么意见？”黑崽问道，语气里透露出天真，弄得海狼拉尔森一肚子火。其他人都笑了起来。

“哦，没有什么，”海狼拉尔森勉强地说，“我以为你要反对呢！”

“为什么要反对呢？”黑崽坦然地问道。

黑崽的同伴们忍不住大笑起来。海狼拉尔森气得想杀了他。我觉得如果不是因为茅德·布露丝特在场，就要发生流血事件了。其实黑崽之所以敢这样做，也是因为她在场。他是一个小心谨慎的人，不会轻易在海狼拉尔森可能以非语言的形式表达愤怒时惹他发脾气的。我担心会打起来，但是舵手忽然大喊了一声，问题就这样解决了。

“嘿，看到烟了！”打开的升降梯口传来了一声喊叫。

“在哪里？”海狼拉尔森回应道。

“在船的正后方，船长。”

“也许是俄国船。”拉提莫猜测道。

听到这句话后，其他猎手们的脸上马上布满了焦急。俄国船只会是一种情况——巡洋舰。猎手们虽然大概知道自己在什么位置，却也清楚已经临近禁海边缘了，而且海狼拉尔森又是一个臭名昭著（意思是坏名声人人都知道）的偷猎者。所有人的眼睛都落到了他身上。

“我们绝对安全，”他笑着向众人保证，“这次不会被送到盐矿去的，黑崽。不过我要告诉你们——我以五比一的赔率打赌，那是‘马其顿’号。”没有人愿意和他打赌，于是他接着说：“如果是那样的话，我还可以以十比一打赌，会出问题。”

“不用了，谢谢，”拉提莫说，“我不怕赌输几个钱，可是我也想要赢一把。你和你的那位兄弟一见面就从来没有断过麻烦，对此我愿意以二十比一赌一把。”

大家都笑了，海狼拉尔森也笑了。于是午餐又顺利地进行了下去，还是因为我——在午餐的剩余时间里，海狼拉尔森都在不停地挖苦、嘲笑、欺负我，我被气得浑身打战。然而，我知道为了茅德·布露丝特，我也一定要控制住自己。在我和她的眼神对上的那一瞬间，我得到了奖赏，她的目光仿佛明白地告诉我：“勇敢些，勇敢些。”

我们离开餐桌，来到了甲板上，因为总在大海上漂浮，有船出现可以打破乏味，可以说那是一种讨喜的调剂品。更为刺激的是，大家又深信来者是死亡拉尔森和他的“马其顿”号。前一天下午刮起的大风浪，在今天上午已经慢慢平息下来。因此，现在可以放下小艇，打一下午的海豹了，看来这次一定会大有收获。我们从天亮开始就行驶在没有海豹的海面上，现在却追上了海豹群。

那烟还在我们船后的几英里外，却在我们放下小艇时迅速追了上来。小艇四处散开，向北边的海域驶去。我们时不时地看到一张帆落下，听到枪声，又看到风帆升起来。海豹很密集，风力变弱，形势一片大好。我们继续向前行驶，在到达最后的背风艇后的背风处时，发现海豹群密集得像地毯一样，到处都是，比我所见过的任何一次都多。它们或是三三两两，或是成群结队，展开了身子睡满了整个海面，像是许多埋头大睡的小懒狗一样。[赏析解读：场景描写，淋漓尽致地体现出了海豹的数量之多。]

随着烟越来越近，那船身和轮船的上部设施也越来越大了。它出现在我们右舷处不到一英里的地方。真的是“马其顿”号。我从望远镜里看见了船的名字。海狼拉尔森恶狠狠地看着那艘船。茅德·布露丝特则是一脸好奇。

“你那么肯定会出现的麻烦在哪里呀，拉尔森船长？”她快活地问道。

海狼拉尔森看了她一眼，觉得十分有趣，脸色也随和起来。

“你以为会出现什么麻烦呢？想着他们会到船上来，把我们的喉咙割断吗？”

“大概是这一类吧，”她承认，“你知道，我对海豹猎人完全陌生，无论出现什么样的事，我都有心理准备。”

他点点头，“没错，没错。你的错误是没有想到最坏的事。”

“什么？还有比割断喉咙更坏的事吗？”她问道，带着颇为天真的惊讶。

“划破我们的钱包呀，”他回答，“现在的世道，人的生活能力取决于他的钱包大小。”

“‘偷钱偷钱，偷来的钱不值钱’。”她引用了这句成语。

“偷钱偷钱，偷掉我生活的权利，”海狼拉尔森回答说，“你那句老话把意思说反了。因为他偷走了我的面包、肉和床，就会把我的生命破坏掉了。你要知道，供人排队领粥、领面包的地方并没有那么多。人的钱包如果空了，那么他们就只能悲惨地死去——除非他们能够尽快地把钱包装满。”

“可是我看不出这艘轮船有偷你钱包的打算。”

“那你就等着瞧吧。”他阴沉地说。

我们并没有等太久。在驶过我们小艇的分布线几英里后，“马其顿”号也开始放它的小艇。我们知道它带了十四艘小艇，而我们只有五艘（因为温莱特的逃脱，使我们损失了一艘），它在我们远处最后一艘小艇的背风处开始放小艇，又横插在我们前面继续放，把它们扔到我们处于上风处的小艇的迎风处。我们的狩猎活动遭到了破坏：后边没有海豹了，前边有十四艘小艇，它们呈一字形摆开，像一只巨大的扫帚，把前边的海豹群都扫干净了。[赏析解读：“马其顿”号的行为使“幽灵”号一无所获，说明了两者之间的差距悬殊，为后文的展开埋下了伏笔。]

我们的小艇在它们与“马其顿”号的小艇之间两三英里的海域狩猎了一会儿后就回来了。这时海风已经变得细弱，海面也越来越平静，加上那么多的海豹存在，构成了一个打猎的好日子——整个好运的狩猎季能遇上两三个这样的天气就已经很难得了。一群人从我身边一拥而过：猎手、桨手、舵手。每个人都觉得遭到了抢劫。小艇在诅咒声中被吊了上来。如果诅咒真的灵验的话，死亡拉尔森就会倒霉一辈子了。“不得好死，下地狱，万劫不复。”路易说，他的眼睛对着我闪动着，他刚拉拽完他小艇的绳索，这才停下来休息。

“你听听他们的咒骂，看看能不能轻易地找出来他们灵魂中最重要的东西。”海狼拉尔森说，“那是信仰吗？还是爱情吗？又或是崇高的理念？是善良？是美丽？还是真理？”

“他们与生俱来的权利受到了侵害。”茅德·布露丝特回应着。

她站在十几英尺远的地方，一只手扶着主护桅索，身体随着船体轻微的颠簸，轻轻地摇动着。她说话的声音没有提高，但是我依然被她那银铃一样清脆的声音打动了。啊，她的声音在我耳里是多么甜蜜呀！当时我根本没胆量去看她，生怕真相暴露出来。她的头上戴了一顶男式帽子，浅棕色的头发在太阳下松蓬蓬、毛茸茸的，衬托着她那鸭蛋形的娇柔的脸，映着太阳，就像是一圈灵光。她真的很迷人，即使说不上圣洁，也是温婉甜美。当我看到生命有了这种美妙的体现，往日里对生命的惊叹又重新回到了我的身体里。海狼拉尔森那冷冷地对生命及其意义的解释，看起来真的是无稽之谈，太可笑了。

海狼拉尔森的语气里满是嘲讽之意，“你和范·魏登先生是同一路人。这些人之所以不停地咒骂，是因为他们的欲望遭受到了侵犯。就是这样。什么是欲望呢？欲望就是拿到工资回到岸上大吃大喝，在软床上好好睡觉，玩女人，这是狼吞虎咽、蛮横逞凶的欲望。这些东西是他们最真实的体现，是他们心里最美好的东西，是他们的雄心壮志，或者说这就是他们的理想。他们所展现出来的感情景象并不动人，但是却可以说明他们的内心受到了怎样深刻的触动，他们的钱包受到了怎样深刻的触动。因为触及了他们的钱包，也就是触及了他们的灵魂。”

“你现在的这个样子倒不像是钱包被人偷了。”她莞尔一笑。

“这也正是我和他们不一样的地方，因为我的钱包和灵魂同时被偷掉了。按照对今天下午可能到手的海豹皮的公平估价，由于‘马其顿’号的贪婪使‘幽灵’号损失了大约一千五百块的毛皮。”[赏析解读：从海狼的语言描写中，说明了“马其顿”号的行为给他们带来的重大损失，为下文作铺垫。]

“你看起来倒挺平静的——”她开始说道。

“但是我的内心却不如表面平静，我恨不得杀死那个抢劫的人，”他插嘴说道，

“是的，是的，没有错，我知道，那个人就是我的亲哥哥——这更令人伤感吧！哼！”他的脸色突然变了。说话时不那么凶狠，变得真诚了。

“你们也许很幸福，你们这些多愁善感的人，梦到美好的事物和获得它时的确是幸福的。你们因为发现了一些善良的东西，自己也会善良起来。现在请你们告诉我，你们是不是都觉得我善良呢？”

“你看样子还是善良的——从某个方面来说。”我略有保留地说。

“你身上具有向善的力量。”茅德·布露丝特回答说。

“又来这一套！”他冲她叫道，看起来有些生气，“在我看来你那都是空话。你所表达出来的思想不清楚，不鲜明，不准确。你没有办法拿到手里仔细看明白。事实上，这都不能称为思想。这是一种感觉，一种情绪，是某种以幻觉为基础的东西，根本就不是理智的产物。”[赏析解读：在主人公与茅德提及海狼身上仍然存有善良的潜质时，被其大声斥责，说明海狼认为善良在弱肉强食的现实面前是一无是处的东西。]

他继续说着，声音又变得温和，同时还带了几分推心置腹，“你们知道，有时候我在控制自己，希望也能对生命中的诸多事实不那么在意，只知道种种错觉和幻想。当然，它们是错误的，全都是错误的，是与理智相反的，但是在面对它们的时候，我的理智告诉我，错觉和梦想会让我得到更多的快乐。说到底，快乐是对生活的报酬。没有快乐，生活就是一种毫无价值的行为。为了生活而劳作，却得不到报酬，那比死还要糟糕。谁获得快乐最多，那么他的生活就越有价值。你们的幻觉和梦想对于你们来说要比我的事实对于我来说能够产生更多的快乐和更多的满足。”

他沉思着，慢慢地摇了摇头。

“我经常怀疑理智的价值。梦想一定更为实际，一定更能令人感到满足。感情上的快乐一定比理智上的快乐更加充分，更加持久，而且你还得为你的理智的快乐付出代价——你往往忧郁。随着情感的快乐而来的不过是感官的倦怠，很快就会得到恢复。我羡慕你们，我真的很羡慕你们。”他突然停了下来，随后在他的嘴角泛起了惯有的那种怪异的笑，他接着补充道：

“只不过是我的脑子羡慕你们，请注意，而不是我的心。我的理智起着决定性作用。羡慕是理智的产物。我是一个清醒的人，由于实在不耐烦了，所以恨不得自己也能醉一场。”

“或者说像一个智者在看着傻子，希望自己也变成傻子。”我大笑起来。

“你说得没错，”他说道，“你们是一对破产的傻子。你们的钱包里没有实在的东西。”

“有，我们和你一样花钱如流水。”茅德·布露丝特说出了自己的意见。

“挥霍无度，因为钱对你们来说不值钱。”

“因为我们依靠的是永恒。”她反驳道。

“不管你们是依靠永恒，还是自以为依靠永恒，这都一样。你们花掉的并不是你们赚来的。而且反过来，你们却从来没有用赚来的东西获得更多，比我花掉我赚来的东西获得的要多。而我的东西是我流血流汗赚来的。”[赏析解读：海狼的语言中透露出了他对主人公与茅德的羡慕，说明在不同的生活背景下成长的人之间的差别。]

“那你为什么不从根本上改变你的货币呢？”她用取笑的口气问道。

他立即转身注视着她，眼神中流露出一丝希望，然后又十分懊丧地说：“太晚了。也许我可以尝试一下，但是我做不到了。我的钱包里全都是旧货币，这是一种顽固的东西。我无法让自己承认别的货币是可以通行的。”

他不再说话，他的目光不经意地从她身上扫过，落在了平静的大海上。那种古老的原始的忧伤又重新控制了他，他因为这种情绪萧瑟了许久。有很长一段时间他都在思考，这使他陷入了忧郁中。我们可以预料到，几个小时之内他身上的魔鬼会重新抬头，活跃着。这让我想起了查理·福路瑟特，这个人的悲哀情绪其实是实利主义者为他的实利主义付出的代价。

第二十五章 追逐游戏

[**名师导读**]

“马其顿”号的出现让海狼无法得到他渴望的财富，被抢了的海狼当然不会就这样善罢甘休，即使对方是自己的哥哥。海狼甚至还为此制订了一个复仇计划。这个复仇计划是什么呢？

“你刚去过甲板，天气怎么样？”第二天早上，海狼拉尔森在早餐桌边问我。

“晴朗。”我回答，瞥了一眼从升降梯扶梯射入的阳光。“有微弱的西风，如果路易估计得不错的话，风力可能会加强。”

他高兴地点了点头，“有下雾的迹象吗？”

“北方和西北方都有浓浓的雾墙。”

他又点点头，显得更开心了。

“‘马其顿’号怎么样了？”

“没看到。”我回答。[赏析解读：海狼向主人公询问天气情况以及“马其顿”号的去向，设下了悬念，引起读者的好奇。]

听到这个消息后，他的脸色阴沉了下来。我实在不明白他为什么会失望。

不过我马上就弄清楚了。“嗨，烟！”甲板上发出了一声吼叫，海狼拉尔森马上露出了笑脸。

“好！”他叫道，随即离开了餐桌，上了甲板，进了“下等舱”。猎手们正在那里吃着他们被赶出来后的第一顿早餐。

茅德·布露丝特和我几乎都没有碰面前的食物，只彼此焦虑地默默望着，听着海狼拉尔森从隔壁传来的声音。他说了很久，当最后一句话说完时，隔壁响起了一片狂热的欢呼。板壁太厚，听不清他在说什么，可能是他的话点燃了猎手们强烈的情感，因为狂呼过后还有吼叫和欢呼。

我从甲板上传来的杂乱的脚步声中听出，水手们正在放小艇下海。我和茅德·布露丝特一起来到甲板上，但是我让她留在舵楼甲板的楼梯口处，在那里她能看到发生的一切，却不至于被卷入。无论那是什么计划，水手们肯定都能理解。他们高昂的情绪以及积极的行动都说明了这一切。猎手们拿着猎枪和子弹盒，依次来到了甲板上。最怪异的是他们还带上了步枪。步枪是很少被带上小艇的，因为海豹被步枪远距离射中之后，不等小艇赶到就会沉下水去。我注意到他们一看见“马其顿”号的烟，脸上就会狞笑。那烟随着船从西靠近而越来越高了。

五艘小艇被迅速地放下海，和昨天一样以扇形展开往北驶去。我们紧跟在后面。我好奇地看着他们降帆、开枪、升帆，继续前行，跟我平常看到的完全一样。“马其顿”号故伎重施，横插上来，把它的小艇放在我们小艇的前面。想要让十四艘小艇都能舒舒服服地打猎，那需要很大的洋面。等它把我们的捕猎区域都清扫干净之后，又冒着烟向东北驶去，它边走边放下更多的小艇。

“这是在干什么？”我忍不住问海狼拉尔森。

“你别管在干什么，”他沙哑地说，“不会等多久你就会明白的。现在你就祈祷风刮得更猛烈些吧！”

“不过，我也不介意告诉你。”过了一会儿他说，“我要请我的哥哥尝尝自己的药的味道。简单来说，我也要霸占一回。不是霸占一天，而是霸占整个狩猎季——如果运气好的话。”

“要是运气不好呢？”我问道。

“不考虑。”他笑了，“我们的运气只能好，否则就都玩完了。”

他掌着舵，我便到水手舱的医院去。那里躺着两个病号：尼尔森和玛格利奇。尼尔森被撞断的腿愈合得很快。他很快活，这是可以预计的，但是厨子却悲痛欲绝。我对这个可怜人的同情心油然而生。他还顽强地活着，这简直太不可思议了。残暴的命运把瘦小的他折磨得死去活来，但他体内的生命之火仍然像以前一样明亮地燃烧着。[赏析解读：从两个病人之间的巨大差异，为后文中玛格利奇的改变埋下了伏笔。]

“装上假肢，你照样能在厨房里‘咚咚’地跑到最后，他们做的假肢好极了。”我向他快乐地保证。

但他的回答却显得很郑重——不，是很肃穆。“我不清楚你说的是什么，范·魏登先生，但有一点我很清楚，我没有看到那条地狱的狗死掉是不会快活的。我的命比他长，他没有权利活着。有句话说得好：‘他必死。’我说，‘阿门，愿他快死吧！’”

我回到甲板上时，发现海狼拉尔森正一手掌舵，一手拿着望远镜观望着，研究着小艇的分布。他对“马其顿”号的方位十分在意。我们的船的唯一变化是紧紧贴着风向北偏西几个方位行驶。我仍然不明白他这样布阵的意义是什么，因为空旷的海面上仍然被“马其顿”号迎风行驶的五艘小艇截断了，而它们也在贴风行驶。这时“马其顿”号缓慢地向西转，距离其他小艇越来越远了。我们的小艇又是升帆又是划桨的，甚至连猎手也都成了桨手。三双桨在水里划着，很快就赶上了敌人（我这个词没有用错）。

“马其顿”号的烟缩成了东北海平线上一个模糊的黑点，船身已经看不到了。“幽灵”号一直在观望着，风帆有一半的时间都在摇摆着，刻意把风放走，还短暂地停过两次船。不过现在我们的船不打算再观望了。风帆扯满，海狼拉尔森开始让“幽灵”号全速前进。我们驶过自己的一串小艇，向着对方的那串小艇赶上去。

“收起斜桅帆，范·魏登先生，”海狼拉尔森命令我，“站在旁边，随时准备调帆。”

我急忙跑上前去，把斜桅帆全部收好。我们正从那小艇背风面一百英尺处驶过。

小艇上的三个人警惕地看着我们。他们霸占了海面，也知道海狼拉尔森，最起码他的大名他们还是听说过的。我记得那猎手是个斯堪的那维亚人，他坐在船头，步枪为了拿取方便横放在膝盖上，那原该放在枪架上的。他们跟我们的船尾并列时，海狼拉尔森向他们挥了挥手，叫道：

“上来吹吹吧，怎么样！”[赏析解读：海狼拉尔森针对“马其顿”号的作战方案开始实施了，他首先瞄准的目标是“马其顿”号的一艘小艇。]

“吹吹”在猎海豹船圈里是“玩玩”“聊天”的意思。它表明海上人喜欢交谈，以此来调剂一下那沉闷的生活。

“幽灵”号转身横对着风，我提前完成了我的任务，又跑到船后主帆去帮忙。

“请你留在甲板上，布露丝特小姐，”海狼拉尔森去会见客人时说，“你也一样，范·魏登先生。”

那小艇已经落了帆，跟我们并排行驶着。那猎手一脸的金胡子，活像海王，他翻过栏杆，站到了我们的甲板上，但他魁梧的身躯并不能掩饰他心里的疑惧，尽管他的脸上有金胡子作为遮挡，却仍能看得出明显的怀疑和不信任。可是他看了看海狼拉尔森，又瞟了我一眼，看到只有两个人后，脸上松弛了下来。他又扫了一眼跟着他上来的另外两个人，就更加觉得无所畏惧了。他准有六英尺八九英寸高，像歌利亚（根据《圣经》记载，他是非利士的首席战士，也是传说中著名的巨人之一，十分勇猛，死于牧羊人大卫的石器之下）巨人一样耸立在海狼拉尔森面前。后来我才知道他的体重是二百四十磅。他浑身上下除了骨头就是肌肉。

他来到升降梯边，海狼拉尔森请他下去，这时疑惧再次回到了他身上，但是他瞥了一眼海狼拉尔森后又安心了。海狼拉尔森虽然也很高大，但是在他身边却成了一个矮子，因此一切的迟疑都没有了。两人往舱房走去，这时他的两个同伴也按照水手做客的习惯去拜访水手舱了。

突然，从舱房里传来了一声被掐住的吼叫，随后便是一场激战的轰响声。那是“豹狮”之争，狮子在大声吼叫，而海狼拉尔森则是那只豹。

“你明白我们这份殷勤的意义有多么神圣了吧！”我对茅德•布露丝特犀利地说道。

她一脸厌恶地点点头。我在“幽灵”号上的最初十几天中也受过同样残酷的折磨。

“你离开这里会好些，比如到‘下等舱’去，等他打完了再回来！”我建议。

她摇了摇头，看向我的眼神透着悲悯。她并不是害怕，而是对人的兽性感到震惊。[赏析解读：当主人公为了避免茅德看到暴力的场景受到惊吓，提议让她离开时，茅德拒绝了，体现出了她的勇敢。]

“你会明白的，”我趁机说道，“现在和以后，无论出现什么情况，我在中间充当的角色都是无奈的——如果你和我还想活下去的话。”

“是很难堪的角色，对于我。”我补充道。

“我理解。”她的声音像是从远方传来的，那么细弱，她用眼神向我表达出她对我的理解。

下面很快就安静了。海狼拉尔森一个人回到了甲板上。他除了青铜色的皮肤略微泛红，再没有别的殴打痕迹。

“把那两个人带到后面来，范•魏登先生。”他说。

我照办了。一两分钟后那两个人站到了他的面前。

“把你们自己的小艇拉上来。”他说，“你们的猎手已经决定在船上玩玩了，不愿意让小艇留在旁边被碰到。”

“我说，把小艇拉上来。”看到那两个人犹豫不肯照办，海狼拉尔森重复了一遍，口气听上去有些严厉。

“你们说不定会和我在船上待上一段时间呢，谁知道呢？”看到两个人没有按他说的做，海狼拉尔森的声音突然变得十分柔和，但是话里却暗藏着威胁之意。“我们最好从互相体谅开始。好了，快点吧，在死亡拉尔森下面，你们跳得可快多了，你们知道。”

经过他的一番威胁，那两个人的动作变得快多了。小艇拉上来后，我又被打发去放开斜桅帆。

海狼拉尔森负责掌舵向着“马其顿”号的下一艘小艇驶去。

船在行驶中，我暂时没有什么事要做，便回头观察起小艇来。“马其顿”号的第三艘小艇正受到我们两艘小艇的攻击，第四艘小艇也受到其余三艘小艇的攻击。第五艘小艇掉过头来，想要保护离它最近的伙伴。战斗便在长距离之间打响了，枪声不断传来。海风扬起汹涌的波涛，增加了射击的难度。我们靠得越来越近，不时能看到子弹吱吱地射进浪头里。

我们追逐的那艘小艇挣脱了，顺风而逃，想要甩开我们，它在逃跑时仍不断地反击。

这时我忙着照看索具和帆脚索，没有工夫看热闹，海狼拉尔森在逼迫两个新水手向前走，下到水手舱去。那两个人虽然十分生气，但还是下去了。然后，海狼拉尔森又命令茅德·布露丝特小姐到下面去。因为眼前的危险，她的眼里露出恐惧的神色，海狼拉尔森却因此露出了微笑。

“下面没有什么可怕的，”他说道，“只有一个人被捆牢在螺栓环上，他无法伤害你。子弹可能会打到船上来，我可不想看到你被打死，你知道的。”

他正说着，一颗子弹打在他两手之间的舵轮铜辐上，发出了“吱”的一声，又迎风弹进了空中。[赏析解读：突如其来的子弹强调了海狼兄弟之间争斗的危险性，体现了两个人的凶狠、冷血。]

“你都看到了吧！”他对她说，然后又转身对我说，“范·魏登先生，你来掌舵好吗？”

茅德·布露丝特踏进了升降梯，只把头露在了外面。海狼拉尔森拿起一支步枪，装进一颗子弹。我使眼色让她下去，可是她微笑着说：

“我们或许是软弱的陆上动物，没有腿，但是我们可以向海狼拉尔森船长表明，我们的勇敢并不比他少。”

他瞥了她一眼，眼里满是佩服。

“我对你的喜欢因此增加了一倍。”他说道，“书本、头脑和勇气，你已经全面发展了，好一个女学究，做海盗头子的夫人再好不过了。这个这个，以后再说吧。”

他笑了，一颗子弹牢牢地击中了舱壁。[赏析解读：海狼对于茅德的勇敢十分赞赏，而且毫不掩饰地表达出了自己对她的喜爱之情，体现了他敢爱敢恨的性格特征。]

在他说话时我看到从他的眼里放出金色的光，而她眼里则弥漫着恐惧。

“我们更勇敢，”我急忙说，“最起码，就我而言，比海狼拉尔森船长还要勇敢。”

他很快地瞥了我一眼，那眼神看起来是在猜疑我是不是在耍他。风把“幽灵”号吹离了航道，我倒打了三四把舵，马上扳了回来，然后又稳定了方向。海狼拉尔森还在等着我做出解释。我指了指我的膝盖。

“你看见了吧，”我说，“它们在那里乱抖。我的肉体害怕了，我心里也很害怕，我不想死，但是我的意志掌控了恐慌的肉体和畏缩的心灵。我比勇敢还勇敢，我有胆量。你的肉体并不害怕，你不恐惧。从一方面讲，让你面对危险并不是件难事；从另一方面讲，危险还能使你兴奋，你喜欢危险。或许你不害怕危险，但是海狼拉尔森先生，你必须承认勇敢的是我。”

“说得好。”他说，“我从来没有这么想过，不过，反过来是不是也是对的呢？既然你比我勇敢，我是不是就比你胆小呢？”

这个荒诞的推理使我们发出了大笑。他下到甲板上，用步枪靠着栏杆。刚才打过来的子弹大约飞了一英里，可现在我们已缩短了一半的距离。他瞄准了连打了三枪。第一枪打在了小艇上风五十英尺的位置，第二枪接近了小艇，第三枪打出去，舵手放开了舵，身子向船底栽下去。[赏析解读：从此处海狼对待他哥哥手下的水手的方式，将他的残暴刻画得更加深刻。]

“我想，这一枪把问题解决了。”海狼拉尔森说，“我不能打猎手，桨手很有可能不会掌舵。我这样一打，猎手就不能一边掌舵一边开枪了。”

他说得没错，小艇马上随风乱晃起来，猎手急忙跑到后面去掌舵。枪声消失了，其他小艇上仍然枪声不断。

猎手掌着舵，小艇再次顺风急驶，“幽灵”号向它冲过去，速度至少是它的两倍。我看到距离一百码外的桨手把步枪递给猎手。海狼拉尔森跑到船的中部，从销子上取下了升降索绳圈，然后在栏杆上搁好枪，瞄准了。我看到那猎手两次都松开了舵，想要拿枪，却犹豫不决。现在我们和他们并排在一起了，浪花飞溅地靠了过去。

“喂，你！”海狼拉尔森对那桨手吼道，“转过来！”

说完便把绳圈扔了过去，扔了个正着，差一点就把桨手打到海里了。但是桨手并没有按他说的做，反倒是望着猎手，要听从他命令。猎手迟疑了。他的枪搁在膝盖上，要松开舵去取枪的话，小艇就会转头撞在三桅船上。他也看见海狼拉尔森的枪正瞄准着他。他知道没等他拿起枪，对手就已经开枪了。

“转过去。”他朝桨手低声说道。

桨手按他说的向前方不远处横了过来。绳拉紧了，他又放出一段。小艇冲了出去，转过身来。猎手稳住小艇，让它在二十英尺以外跟“幽灵”号并行着。

“现在收帆，靠过来！”海狼拉尔森命令。

海狼拉尔森从始至终都没有放下枪。即使往下扔绳索时他也只用一只手。等到小艇头、尾都系紧之后，两个没有受伤的人准备上船。猎手拾起了他的步枪，好像打算放在什么可靠的地方。

“把枪放下！”海狼拉尔森大声说道。那个猎手扔掉枪，仿佛手被它烫着了。

两个俘虏上了船，把小艇拉了上来，他们按照海狼拉尔森的指示抬着受伤的舵手下到水手舱去了。

“我们的五艘小艇如果干得都像你和我这么顺利，那我们的人手可就够多了。”海狼拉尔森对我说。

“你打中的那个人，他，我希望……”这时响起了茅德·布露丝特的颤抖声。

“打伤的是肩膀，”他回答，“不会严重的。范·魏登先生会疗伤，三四个星期就能康复了。”

“但是，看样子他怕是治不好那几个人了。”他一边说，一边指着“马其顿”号的第三艘小艇。我们正在向着那艘小艇驶去，现在几乎已经与它并行了。“那是霍纳或黑崽的工作。我告诉过他们要活人不要死人。但是开枪就想打中，而且命中的快感却十分诱人，等你学会打枪就会明白了。你有过这样的体验吗，范•魏登先生？”

我看着他俩造成的后果，摇了摇头，确实太残忍了。他俩又冲出去，参与了另外三艘小艇对最后两艘小艇的进攻中。那艘小艇无人看管，随波起伏，松弛的帆在风中来回摇晃着，“叭叭”直响。猎手和舵手倒在船底。舵手趴在船舷上，他的一半身子在艇里，另一半在艇外，双臂浸泡在水里，脑袋晃来晃去的。

“不要看，茅德• 布露丝特小姐，请不要看。”我请求道。她转过头，这个动作令我感到欣慰。[赏析解读：面对如此血腥残忍的场面，主人公向茅德提议让她不要去看，表达了他对茅德的怜惜之情。]

“向着小艇群开过去，范•魏登先生。”海狼拉尔森命令。

当我们靠近小艇群时，枪声已经停下了，剩下的那两艘小艇已经被我们的五艘小艇压制住了。七艘小艇挤在一起，等着我们拉上船。

“看那边！”我不禁叫道，指着东北方向。

那烟又出现了，这代表着“马其顿”号来了。

“没错，我一直在盯着它。”海狼拉尔森不慌不忙地说道。他估算了一下船与雾墙之间的距离，暂时停留了一会儿，体会了风吹在脸上的力量。“我想我们能赶到，不过你可以相信，我那亲爱的老哥已经发现上当了，正在向我们扑来。啊！瞧！”

烟突然变大了，非常黑。

“我会打败你的，哥哥。”他咯咯一笑，“我会打败你的，我只希望把你那老引擎累成碎片。”

我们的船刚停下，甲板上马上忙乱起来，小艇被从各个方向往上拉。俘虏一翻过栏杆，马上就被我们的猎手押到水手舱去了。然后我们的水手又向上拉小艇，乱成一团。小艇一拉上来就在甲板上找块地一放，也不拴好。最后一艘小艇也离开了水面，在索具上晃荡，这时我们的船已经开动了。所有的帆都升起来了，放松了帆脚索，准备接风行驶。

我们必须要争分夺秒。“马其顿”号正冒着黑烟从东北方向火急火燎地冲过来。

它改变了航向，不管其他的小艇，直接向我们前面插去。它并没有直接追我们，而是往前赶。双方的路线就像一个角的两条边，正在会合；角的顶点就在雾墙边。“马其顿”号只有先赶到那里去才有机会截住我们，否则就再也抓不到了，而“幽灵”号的希望则是在“马其顿”号还没有赶到时冲过那顶点。[赏析解读：此处的叙述说明，点明了两艘船的现状，为后文作铺垫。]

海狼拉尔森负责掌舵。他的眼睛注视着每一个细节，从一个跳向另一个，他的眼中闪着火光。他时而研究迎面而来的风，看是否有减弱或加大的迹象；时而研究着“马其顿”号。他的眼睛又晃过自己的每一张帆，下达着命令，这里的帆脚索放松一点，那里的帆脚索拉紧一些，他把“幽灵”号所具有的每一点速度都发挥出来了。我看着那些长期受他欺凌的人飞快地执行他的命令，他们迅捷果断，新仇旧恨全被抛至脑后，这样的景象令我惊奇不已。“幽灵”号时而仰头、时而颠簸、时而倾侧前行，我忽然想起了不幸的钟森，我很遗憾他没有活到现在。他对“幽灵”号是多么热爱啊，曾经多么自豪它的行驶性能呀！

“各位，最好拿起步枪。”海狼拉尔森对猎手们叫道。五位猎手手拿步枪，在背风面的栏杆边一字排开待命。

“马其顿”号离我们只有一英里了，黑烟从它的烟囱呈直角飘散。它狂奔着，以每小时十七节的速度闯过海面。海狼拉尔森望着它吟诵着一行诗：“对天呜呜呼叫着，穿过海浪。”我们的速度不过每小时九节，但是此时雾墙已经近在眼前了。

“马其顿”号的甲板上吐出了一道烟雾，我们听到了一声炮响，“幽灵”号张紧的主帆上出现了一个圆洞。[赏析解读：当“马其顿”号发现“幽灵”号更有可能先到达雾墙时，选择了开炮攻击它。]曾有传言，说他们的船上带着小炮。现在他们正在用那小炮轰击我们。我们的人集中在船的中部，向他们挥帽欢呼，奚落他们。又是一道烟雾吐出，发出了一声更猛烈的巨响。这一回的炮弹打到了距离船尾的二十英尺处，在海浪里迎风蹿起后又再次落进海中。

但是却没有枪声响起，他们所有的猎手不是在小艇上，就是做了我们的俘虏。在两艘船相距半英里时，第三发炮弹又在我们的主帆上留下了一个洞。然后我们就钻进了雾墙中。浓雾用潮湿浓密的纱幕从四面八方把我们包围住，隐藏了我们的身影。

这突变让人惊讶。刚才我们还在阳光中跳跃，头顶上是晴朗的天空，大海泛着泡沫涌向地平线；还有一艘喷着火、吐着烟和放着炮的船气势汹汹地向我们扑来。但是一转眼，像是猛地一跳，太阳被抹掉了，天空没有了，连我们的桅杆也看不见了。地平线好像是在模糊的泪眼里看到的。灰雾像雨一样飘过。我们的衣服上、头上和脸上都凝聚了珍珠般的水晶粒。护桅索湿了，从我们头顶的滑车上垂下来。帆底横桁的底下，一滴滴水珠连成了一条条晃晃悠悠的水珠线。三桅船每晃一下，水珠就往下洒，犹如模拟的暴雨。这时我产生了一种压抑窒息的感觉。三桅船乘风破浪的声音被雾墙碰回到我们的耳朵中，同样被碰回来的还有人的思想。心缩成了一团，对于包裹着我们的、这个潮湿的纱幕以外的世界不敢去想了。这里面就是世界，就是宇宙的本身，它的边界那么近，好像触手可及就能够推开它。在这雾墙世界之外不可能还有别的世界。其他的东西是梦，那不过是对梦的回忆而已。

十分离奇。我望向茅德·布露丝特，明白她有同样的感觉。我又望向海狼拉尔森，但在他的脸上并没有出现能够反映他意识状况的东西。他专注于现实。[赏析解读：此时主人公和茅德的惊惶与海狼的专注形成了鲜明的对比，表现出了海狼的临危不乱。]依然是他在掌着舵，我觉得他是在校准时间，在用“幽灵”号的每一次向前的颠簸来计算每一分钟的消逝。

“贴着下风前进，不要说话，”他对我低语，“先收好中帆，把人都安排到帆脚索去。别让滑车发出响动，别说话。总之不要出声，明白吗，不要出声。”

一切都准备好了，口令从一个个人口中传向我：“贴着下风。”“幽灵”号左舷抢风倾侧行驶，真正的静寂无声。只有一个声音——帆的噼啪声、滑车里滑轮的叽嘎声——在浓雾中显得十分怪异。那空旷的雾包裹着我们，能够产生回响。

我们好像刚满帆航行不久，雾便突然变得稀薄了，我们再次回到了阳光中。无垠的大海出现在我们面前，但是海上却是空空如也，愤怒的“马其顿”号既没冲破它的海面，也没用它的黑烟污染天空。

海狼拉尔森马上转个直角，沿着雾墙的边缘疾驶着。他的意图很明显：他要抢在“马其顿”号的上风头驶进雾里，等到“马其顿”号盲目钻进雾墙去追他时，他再掉头借着雾墙的掩护从里面钻出来。现在他正急匆匆地向背风面跑过去。显然这个方法成功了，他的哥哥可谓是“干草垛里寻针”，想要找到他的机会太小了。[赏析解读：此处的叙述说明，将海狼的计划清楚明白地呈现在读者的面前，从而体现出了海狼的足智多谋。]

他并没有跑太久。我们让前帆和主帆顺风行驶，而且还拉起了中帆。我们又钻到了浓雾里。在进去时，我可以发誓看见了一个模糊的庞然大物出现在了上风头。我急忙看向海狼拉尔森，我们又钻到了浓雾的深处，他向我点了点头。很明显，他也看见了“马其顿”号，那艘船猜到了他的计谋，却来晚了点儿，正好与我们错过。我们因此躲过一劫。

“他不会一直追下去的，”海狼拉尔森说，“他还要回去收回其他的小艇。范·魏登先生，你去安排一个人来掌舵，就按照现在这个航线行驶，你还可以继续安排人值班。我们今晚不会在这里停留的。”

“不过，我愿出五百美元，”他又说道，“到‘马其顿’号上待上五分钟，听听我的哥哥是怎样咒骂我的。”

“现在，范·魏登先生，”有人来接替他掌舵，他说道，“我们要给这些新人举行一个欢迎仪式。给猎手们多上点威士忌，给水手舱里的人也来上几瓶。我敢打赌，明天他们不论是谁都会心甘情愿地下海去为海狼拉尔森打猎的，就和为死亡拉尔森打猎一样。”

“他们会不会像温莱特那样跑掉呢？”我问道。

他精明地笑了笑，“只要我们的老猎手有利可图，他们就不会跑掉。我答应会给老猎手分红，新猎手每猎到一张毛皮，我都会给老猎手加一美元。老猎手们今天的热情至少有一半是因此而来的。啊，不会跑掉的，只要老猎手有利可图，他们就不会跑掉。现在你最好到前面去做你的医生工作。等着你的伤号恐怕有一病房呢！”[赏析解读：对于猎手们的想法，海狼了然于心，由此可见他是一位有经济头脑的聪明人。]

第二十六章　逃离“幽灵”号

［名师导读］

报复成功的海狼十分高兴，他与“我”和布露丝特小姐相谈甚欢，甚至表明了他对布露丝特的爱意，并企图侵犯她。爱情给了“我”力量，让我鼓起勇气对海狼做出了反抗，并下决心带着布露丝特小姐离开“幽灵”号。

我从海狼拉尔森那里接到了分配酒的任务。当酒瓶出现时，我已经到水手舱给新来的一批伤员治伤去了。我过去见过喝威士忌的场面，比如俱乐部的人喝威士忌加苏打水，但是我却从来没有见过这些水手喝威士忌的样子。他们用小酒杯、大口杯、酒瓶，拿起来就喝。他们喝得很多，倒得很满，每一次都是大口痛饮，绝不是一两杯就会停下来。他们一直喝呀，喝呀，瓶子只要递上来，他们就会不停地喝下去。

每个人都喝。伤员们喝，我的助手武富提·武富提也喝。只有路易不喝，他只用饮料润了润嘴唇，但是他也和大多数人一样，加入到了狂欢中。那可真的称得上是纵情狂欢。他们大声地讲述着那天的战斗，为了一些细节不断地争吵，或者是动了感情，和他们刚刚交战的人成了朋友。俘虏们和战胜者们彼此拍着肩膀打着嗝儿，对天发誓对对方的尊重和佩服。他们为以前所受的苦哭诉着，为今后还要在海狼拉尔森的铁腕统治下煎熬而哭泣。所有的人都在咒骂他，讲他的那些可怕的暴行的故事。[赏析解读：通过此处的描述，表达出了众人对海狼拉尔森的憎恨，同时也为后文中他的失败作铺垫。]

那是一种离奇而可怕的景象：两侧都是上下铺，地板和墙壁在跳跃、摇晃着，昏暗的灯光下那摇曳的影子时长时短，就像魔鬼的黑影一样，污浊的空气里夹杂着浓浓的烟味、体臭味以及三碘甲烷的味道，还有那些赤红的脸——我更应该称他们为野蛮人才对。我看到武富提· 武富提拿着绷带的一端，呆呆地看着这个场景，他那天鹅绒似的明亮的眼睛，在灯光下看起来像是麋鹿的眼睛。我知道在他的胸腔里潜伏着野蛮的魔鬼，但是在他的脸上和身上表现出来的却是女性的温柔和娴雅。我还注意到哈里森那个孩子般的脸——原来他也是个善良的人，现在却像个魔鬼——他的脸因为激动而抽搐着，他此时正在向新来的人们讲述着他们所在的这艘魔鬼船上的情况，尖声咒骂着海狼拉尔森。

他们谈及的都是海狼拉尔森——奴隶主、磨人精、男喀耳刻（是指希腊神话中的巫女，住在艾尤岛上。荷马史诗《奥德赛》中讲奥德修斯在攻克特洛伊城后的回家途中漂流到了艾尤岛，他的随从被她变成了猪猡），然而这些人都是他的猪猡，趴在他面前的畜生，只敢暗地里或喝醉酒后才敢发泄不满。我是否也是他的猪猡呢？我思索着。茅德·布露丝特也是吗？绝不是！我咬紧牙关，下定决心，这时我正在为别人倒酒，看起来那个人被我吓到了，武富提·武富提也好奇地看着我。我突然间觉得身上充满了力量。新发现的爱情让我成了一个什么都不怕的巨人。我要依靠坚韧的意志力做到底。无论是海狼拉尔森也好，还是三十五岁的书呆子也罢，我都不在乎了。一切都会好起来的，我一定会让一切都好起来的。[赏析解读：在主人公发现了他姗姗来迟的爱情后，引发了对于未来的深思，并决定要做出改变。]这样，我立刻得意起来，一种力量顿生的感觉鼓舞着我。我转身离开那大呼小叫的地狱，爬上了甲板。黑夜中海雾像幽灵一样在空气里飘动着，空气中甜甜的，纯洁而平静。

“下等舱”里有两个受伤的猎手，那里简直是水手舱的翻版，唯一不同的是他们没有咒骂海狼拉尔森。我再次回到甲板上往后面的舱房走时，心里有种如释重负的感觉。晚餐已经准备好了，海狼拉尔森和茅德正在等着我吃饭。

虽然船上所有的人都想要快点喝醉，但是海狼拉尔森却滴酒不沾，他仍然十分清醒。目前的这种情况他不敢喝酒，因为他只有路易和我可以依靠，而路易还得掌舵。我们在雾里行驶，没人瞭望，也没有点灯。海狼拉尔森竟然放纵他的水手喝酒，这令我十分吃惊。不过他显然懂得他们的心理，要让从流血开始的人建立起友谊，最好的办法就是喝一场酒。

战胜死亡拉尔森这件事看起来在他的身上产生了惊人的影响。前一天晚上他变得郁郁寡欢，此时我偶然等着他那来自性格的脾气爆发，没想到不但什么事也没有发生，反而使他神清气爽了。或许俘虏了这么多的猎手和小艇使他习惯的反应被抵消了。但是不管怎样，他那低沉的情绪不见了，那个犹豫的魔鬼没有露出狰狞的面孔。这时我是这样想的，但是，啊，天呀，我对他的了解太少了，或许就在那时他正酝酿着一场比我所见过的任何一场更可怕的爆发。

就像我说的那样，当我走进舱房时，我看到他一副意气风发的样子。他有好几个星期没有头疼了，他的眼睛像蓝天一样清澈；他那被晒成青铜色的肤色在极其健康的情况下非常好看。生命像壮丽的江河在他的血管里有力地流动着。在等我期间他已经和茅德聊得很愉快了。他们正在谈论诱惑这个话题，我从听到的几句对话里知道他所认为的诱惑的意思：诱惑只是在人被它打动而堕落时才能称之为诱惑。

“你看，”他解释道，“我认为一个人因为有欲望才想要做事。人有许多的欲望，可能是要逃避痛苦，也可能要享受欢乐，但是不管他做什么，都是因为有欲望才想要去做的。”［赏析解读：海狼认为，人所做的一切都是由其欲望所支配的，为下文作铺垫。］

“可是，假如他想做的两件事正好相反呢，做一件事就不能去做另外一件事，那又该怎么办呢？”茅德插嘴说道。

“我正打算谈这个。”他说。

“两种欲望之间的选择正体现了人的灵魂，”茅德说，“如果一个人的灵魂是善良的，那么他的欲望也是善良的。而邪恶的灵魂则相反。是善是恶，做出决定的是灵魂。”[赏析解读：茅德对于海狼的说法并不赞同，她认为人的行为是受其灵魂支配的，而且灵魂也有善恶之分。]

“一派胡言！”他不耐烦地叫起来，“做出善恶决定的是欲望。例如，有人想喝酒，但是又不想喝醉，那他该怎么办呢？他能做什么呢？他是一个木偶。他是由欲望支配的动物，在这两种欲望中他只能服从比较强的那个，没有其他办法，他的灵魂这时一点儿作用也没有。他怎么能在受到喝酒诱惑的同时又拒绝喝酒呢？如果保持清醒的欲望占了上风，那是因为这种欲望是较强的欲望，这与诱惑无关，除非——”他停顿了一下，一个新的想法出现在了他的脑海里被他抓住，“除非他受到的是保持清醒的诱惑。”

“哈哈！”他大笑起来，“你有什么看法，范·魏登先生？”

“我认为你们是在吹毛求疵，”我说，“人的灵魂就是他的欲望。或者可以说，灵魂是人的欲望的总和。在这点上你们都错了。你强调欲望却脱离了灵魂，而布露丝特小姐强调了灵魂却脱离了欲望，但是实际上灵魂和欲望是同一种东西。”

“然而，”我继续说下去，“布露丝特小姐有一点是正确的：她认定诱惑无论是起到作用还是受到抵制也还是诱惑。火在风的吹拂下会燃烧得更猛烈。所以，欲望就像火；火像被风吹旺一样被眼里看到的欲望对象（或是耳朵听到的对那对象的诱人的新描述或理解）变成大火。诱惑就在那里。欲望被风煽动，最终变成了熊熊大火，那么风就是诱惑；但也有可能因为煽动得不够用力，以至于火不能燃烧起来，不过它毕竟煽动了，能做到这一步也是诱惑，而且就像你说的那样，诱惑可能让人变善良，也有可能让人变邪恶。”[赏析解读：主人公将人的欲望比作是火，而诱惑就是风，在风的作用下火会被无限放大、蔓延。]

当我们在餐桌边落座时我为自己感到自豪。我的话是具有决定性作用的，至少我的话为这场讨论画上了句号。

但是海狼拉尔森一副口若悬河的姿态，这是我过去从未见过的，仿佛他积蓄的能量抑制不住了，在尽力寻找某种方式发泄。他几乎马上开始了对爱情的探讨。

他一如既往地完全站在实利主义的一边，而茅德则站在理想主义的一边。至于我，除了做出一两个字的提示或更正外，没有站到任何一边。

海狼拉尔森很有才华，不过茅德十分智慧，因为我只顾观看茅德说话时的脸了，有时竟然理不出他们谈话的头绪。平日里那张脸很少有颜色，但是那天晚上这张脸却泛出了红晕，而且非常生动。她的机智敏锐表现了出来，而且她和海狼拉尔森一样喜欢争论——海狼拉尔森特别喜欢，出于某种原因（虽然我说不清那是什么原因），在他们争辩时，我却被茅德一绺松开的褐色头发吸引住了。这时候海狼拉尔森引用了伊莎特（英国古代亚瑟王传说中的两个同名的女人。一个伊莎特和亚瑟王的圆桌骑士特瑞斯川结了婚，因为嫉妒用欺诈手段害死了另一个伊莎特）在丁塔格尔堡（位于英格兰的康华县西北的海岸边，传说是亚瑟王的出生地）所说的话：

我的幸福超越了此地的女人，

我的罪过超越了一切的女人，

我的孽障却是毫无瑕疵的。

就像他过去阅读莪默的诗歌时融入了悲观主义一样，现在他又把胜利融入了史文朋（英国诗人，1837—1909年，他的长诗《理昂内司的特瑞斯川》叙述的就是特瑞斯川和伊莎特的故事）的诗里——辛辣的胜利和欢欣。他解读得很好，也很对。他刚念完，路易就从升降梯探头低声说道：

“别紧张，雾散了，现在正有一艘轮船的左舷灯刚从我们的船头前横过。”［赏析解读：此处的叙述说明起到了承上启下的过渡作用，一方面承接前文中三人关于欲望的讨论，另一方面引出后文中“马其顿”号的出现。］

海狼拉尔森一下子跳上了甲板，他的动作很快，等我们随后跟上来时，他已经把“下等舱”的滑门拉上了，把水手们醉酒的喧闹声关在了里面；他又跑上前去把水手舱的天窗关上。雾气虽然还有，但是已经散去了很多，星星还被雾遮着，夜色漆黑一团。

我可以看到一盏明亮的红灯和一盏白灯，还能听到轮船的引擎隆隆作响。毫无疑问那是“马其顿”号。

海狼拉尔森已经回到了舵楼甲板。我们一声不响地站在那里，望见灯光从我们的船头掠过。

“我的运气不错，他没有带探照灯。”海狼拉尔森说。

“我要是大叫会怎样？”我小声问道。

“那就全完蛋了，”他回答，“不过你想到过马上会出什么事吗？”

我还没有来得及表示出追问的意思，他就已经用他那大猩猩一样的手掐住了我的喉咙。他的肌肉轻轻地扭了扭，那仿佛是一种暗示，告诉我只要他扭一下，我的脖子就会断掉。[赏析解读：主人公原来是想为难一下海狼的，没想到反而受到了海狼的威胁。]他很快就放开了我，我们都在注视着“马其顿”号的灯光。

“要是我大叫起来又会怎样呢？”茅德问。

“我太喜欢你了，不想伤害你，”他温和地说——他语气里带着一种温情和怜爱，使我无法忍受，“不过你最好不要那么做，因为我一样会把范·魏登的脖子拧断的。”

“那我允许她叫。”我用挑战的口气说。

“我很难想到你愿意拿美国诗坛的二号祭酒做牺牲。”他嗤笑着她。我们没有再说什么，不过我们已经习惯彼此保持沉默，不会因此感到难堪。等到那红灯和白灯消失之后，我们又回到了舱房，去吃完中断的晚餐。[赏析解读：此处的叙述，起到了承上启下的作用，缓和了下文的突兀感。]

他们又开始引用诗句。茅德引用了道森（欧内斯特·道森，英国诗人，1867—1900年，代表作有《辛娜拉》等）的《终于无悔》，做出了完美的诠释，不过我的注意力没有在她身上，而是放在了海狼拉尔森的身上。他对茅德专注的神情也令我十分着迷，他已经忘乎所以了。我注意到他正无意识地随着茅德匆匆的话语一字一句地跟着念。茅德念出下面的诗句：

太阳在我身后消失时，她的眼睛就是我的光明，

她那如同六弦提琴（旧时的一种体形较小的提琴，有别于现在的四弦提琴）般的话语便是我耳边最后的声响。

“你的话语里就有六弦提琴般的声响。”他插嘴说道，说得毫无顾虑，眼里闪烁着金色的光芒。

茅德泰然处之的样子令我几乎为之叫好。她不动声色地把最后一小节朗读完，然后慢慢地把这场对话引入危险较少的方向。[赏析解读：此处的描述，体现出了茅德自我情绪的控制力，展现出了她的智慧。] 期间我都坐在那里，半睡半醒。“下等舱”里的醉汉们的喧闹声从隔壁传过来，我所畏惧的这个男人和我深爱的那个女人在滔滔不绝地交谈着。餐桌没有清理，接替玛格利奇的厨子显然已经和水手舱里的同伴打成一片了。

假设海狼拉尔森能达到生命的巅峰，那么此时就已经达到了。我时不时地放弃自己的想法紧跟着他，我深感惊讶。我一时竟然被他那因沉溺于激情而发挥出的非凡智慧而倾倒，因为他在宣扬反抗的热情。弥尔顿的路西法（约翰·弥尔顿，1608—1674 年，英国诗人。路西法即撒旦，是弥尔顿的长诗《失乐园》的主角，因向上帝的权威挑战而被打下了地狱）是在所难免要被拿出来当例子的，而海狼拉尔森对路西法性格的描述和剖析的独到之处，充分展现了他被抑制的天分。他的论说让我想起了泰纳（1828—1893 年，法国哲学家、评论家、历史学家，作品有《论智慧》《英国文学史》等），但是我知道这个人并没有听说过那个杰出且危险的思想家。

“他领导着一场失败的事业，可他不惧怕上帝的雷霆，”海狼拉尔森说，“他被打进了地狱，可是他没有被打倒。他带走了上帝三分之一的天使，义无反顾地直接煽动人类反抗上帝，他为自己和地狱赢得了各个时代的大多数人类。他为什么会被逐出天堂？是因为他不如上帝勇敢吗？不如上帝骄傲吗？不如上帝胸有抱负吗？不！一千个不是！上帝更加强大，如同他说的那样，那是因为雷霆让上帝更加强大了。然而路

西法是一个自由的精灵，而屈服就是窒息。他宁愿在自由之中受苦，也不愿意享受舒服的屈服带来的幸福。他不愿意为上帝服务，没有什么能够让他屈服。他不是船头的人像雕塑。他只靠自己的双腿站起来，他是一个独立的个体。”

“是第一个无政府主义者。”茅德大笑着说道，她站起来准备回她的特别间去。

“那么做一个无政府主义者就是好的！”海狼拉尔森叫喊道，他也站起身来，面对着她。她在自己的房间门口停留了片刻，海狼拉尔森接着说道：

至少在这里我们应该自由自在；

全能都设置了地狱不就是为使人羡慕；

这里再不会把我们赶走了，

我倒可以安全统治，我的选择就是：

统治就是值得追求的，即使是在地狱里，

宁愿在地狱里统治，也不愿意在天堂里被奴役。

那是一个无所畏惧的精灵蔑视的呐喊，舱房里回荡着他的声音。那时他站在那里，摇晃着身子，他高昂着威风凛凛的头，他那古铜色的脸散发着光彩，眼睛里闪着金黄色的光，有着一股强烈的男子气概，却又极尽温柔，他就这样面对着站在门边的茅德。[赏析解读：此时海狼激动的情绪以及他看向茅德的目光，都为后文作铺垫。]

茅德的眼里再一次浮现出了那种无以言喻却又明显的恐惧，她几乎像耳语般说道：“你就是路西法。”

门关上了，茅德走了。他站在那里盯了她身后片刻，然后恢复神态，这时他看到了我。

“我去接替路易掌舵，”他简短地说，“半夜里我会叫醒你来接替我。现在你最好回去睡一会儿吧！”

他戴上一双手套，又扣上帽子，走上升降梯。我按照他的意见上床睡觉。但是不知道为什么，我受到一种神秘的提示，没有脱衣就睡下了。我听着“下等舱”里的喧闹，为降临到我头上的爱情感到惊叹，但是我在“幽灵”号上的睡眠已经非常健康，习以为常了，很快那些歌声和喊叫声就都消失了，我的眼睛闭上了，我的意识沉入到了半死不活的昏睡状态。

不知道是什么东西把我惊醒了，我发现自己已经下了床，十分清醒地站在地板上。我的灵魂随着危险的警告颤动着，仿佛听到了号角的召唤惊醒了一样。我猛地把门拉开。舱房的灯光很暗，我看见茅德——我的茅德——正在海狼拉尔森的搂抱中拼命地挣扎着，抗拒着，但是却又被压倒。我看到她疯狂地打着他，扭动着身子，脑袋顶住海狼拉尔森的胸口想要挣脱，但是一切都是徒劳。我在转瞬之间将这一切这一切看得清清楚楚，立即跳起来扑了过去。

我用拳头朝着他的脸打过去，碰巧他把头抬起来了，但是那一拳完全没有力气。他咆哮着，怒气冲冲地像野兽一样，用手推了我一把，只不过是一把——他的手腕只是动了一下——但是力气奇大，我像被弹弓射出去一样，倒退回去撞在了玛格利奇过去一直使用的特别间的门上，把板壁都砸碎了。我没有意识到身上的伤，挣扎着爬了起来，离开了那扇被撞坏的门。我只知道自己怒不可遏。我抽出了腰间的匕首再次扑了上去，与此同时我好像也在大喊大叫。[赏析解读：海狼拉尔森对茅德的侵犯，激起了主人公的愤怒，使他爆发出了令人难以置信的力量。]

但是发生了一些事情。他们俩摇摇晃晃地分开了。我靠近海狼拉尔森，把手里的匕首举了起来，却没有捅下去。我被眼前离奇的景象弄糊涂了。茅德靠在墙上，她用一只手支撑着身体；然而海狼拉尔森却摇摇晃晃的，他的左手按着头，捂着眼睛，右手盲目地摸索着。他终于摸到了墙壁，刚一碰触，他的肌肉和力量如释重负似的变得松弛，就仿佛船舶终于找到了方位，寻获了空间的位置，有了可以依靠的东西。

这时我再次变得怒不可遏——我受过的所有委屈和侮辱，我和别人在他手里遭受过的屈辱，这个人存在的滔天罪行全都以刺眼的光芒一一呈现在我的脑海里。我不顾一切地向他扑过去，把匕首向他的肩部捅下去。当时我就知道那只能戳破他的皮肉——我能感觉到他的肩头挡住了刀刃。我再次举起匕首，想扎向更致命的部位。

但是茅德看见了我捅出去的第一刀，这时叫道："请你不要这样！"

我的胳膊瞬间落了下去，但只是落下了一小会儿，我又举起了匕首，如果不是她站在我和海狼拉尔森中间，他一定会被我杀死的。她用两臂紧紧抱住我，她的头发在我的脸上轻拂着，我的脉搏超乎寻常的快速跳动着，我的怒气也随之越来越强烈。她两眼毫无畏惧地看着我。

"为了我。"她向我祈求着。

"正是为了你，我才要杀了他！"我叫道，试着在不伤害她的情况下挣脱我的手臂。

"嘘！嘘！"她说，把她的手指头轻轻地放在我的嘴唇上。我要是有胆量，真想亲吻它一下——哪怕当时我已是怒火中烧，手指的触摸依然那么美妙极了。"别杀他，请你。"她恳求我，她的话使我放下了武器。她的话永远能够让我解除武装——我以后还会发现的。

我退下来从她身边离开，把匕首放回鞘中。我看着海狼拉尔森。他的左手还放在额头上，右手遮着眼睛。他好像瘫痪了，身子从腰部瘫软了下来，宽阔的肩膀低垂，向前吊着。

"范·魏登！"他的声音沙哑，声音里带着恐惧。"啊，范·魏登！你在哪里？"

我看了看茅德。她没有讲话，但是点了点头。

"我在这里，"我回答着，走到他身边，"怎么了？"

"扶我坐下来。"他说道，嗓子依然沙哑，声音充满了恐惧。

"我病了，病得厉害，骆驼。"他松开我扶着他的手，坐到了椅子上。

他的头向前垂在桌子上，埋进两只手臂里。他好像很痛苦，脑袋每过一段时间就会晃几下。有一回他把头抬起一半时，我看到他前额的发际挂满了大颗大颗的汗珠。[赏析解读：此处的描写，说明了海狼正在忍受着头疼的折磨，这令他十分痛苦。]

"我病了，病得很厉害。"他重复了一句，接着又重复了一句。

"怎么回事？"我问道，把手搭在了他的肩膀上，"我能为你做什么？"

但是他生气地甩开了我的手。我在他身边默默地站了很长时间。[赏析解读：主人公的关怀并没有得到海狼的回应，反而遭到了海狼的拒绝，从侧面体现出了疼痛令海狼情绪暴躁。] 茅德观察着，她的脸上满是惊恐。我们想象不出海狼拉尔森出了什么事。

“骆驼，”他终于开口说，“我必须躺到床上去，扶扶我。过一会儿就会好的。我相信又是那该死的头疼。我害怕头疼。我总是觉得——唉，我不知道自己在说什么，扶我到床上去吧！”

但是在我把他扶到床上后，他又把脸埋进了手臂里，捂住了眼睛，我转身刚要离去，听见他小声地嘀咕：“我生病了，病得很厉害。”

茅德看到我走出来，以询问的眼光看向我。我摇了摇头说：“他出了问题，但是我不知道具体是什么问题。他无可奈何，而且很害怕，我估计这是他生平第一次感到害怕。那一定是在我刺了他一刀以前就发生了，我那一刀只是皮肉伤。你一定看到了。”

她摇了摇头，“我什么也没有看见，我跟你一样觉得莫名其妙。海狼拉尔森突然松开了我，摇摇晃晃地向后退。我们怎么办呢？怎么办呢？”

我回答，“如果你愿意，请等我回来。”

我登上甲板。路易还在掌舵。

“你可以去休息了。”我说，然后从他手里接过舵。

他立即按吩咐回去了。我发现此时“幽灵”号的甲板上只有我一个人。我尽量不发出动静，把几张中帆卷起来，把斜桅帆和桅杆支索三角帆降下来，接着再把斜桅帆转过来，又把主帆放了下来。然后我下去找到茅德。我把食指放在嘴边，示意她不要声张，进了海狼拉尔森的房间。海狼拉尔森还是维持着我离开时的姿势，他的头不断地摇晃着——几乎是痉挛地摇晃着。

“我能为你做点什么吗？”我问道。

一开始他并没有回答，我又问了一遍，他才答道：“不要，不要，我没事。天亮以前不要来打搅我。”

但是当我转身离开的时候，又看到他的脑袋摇晃了起来。茅德在耐心地等我，我注意到了她那女王一样高抬的头和闪亮平静的眼睛，不由得十分欢喜，她的眼睛就像她的灵魂一样，平静且自信。

“你愿意把自己托付给我，跟我一起旅行大约六百英里吗？”我问道。[赏析解读：因为海狼的侵犯，导致主人公想要尽快带茅德离开这里，为后文作铺垫。]

“你是说——？”她问道，我知道她已经猜对了。

“是的，我就是那个意思，”我回答，“除了驾那艘无篷船逃跑，没有别的办法。”

“你是说，为了我？”她说，“你在这里肯定是安全的，就和以前一样。”

“不，对我们来说只有那艘无篷船还有些希望了，”我坚定地重复着，“请你尽快去穿暖和一些，越暖和越好，把你想带的东西打成包。”

“尽快。”我补充了一句，目送她向着她的特别间走去。

储藏室就在舱房的正下方。我点着一支蜡烛，拉开地板上的滑门跳了下去，开始仔细检查船上的库存。我主要挑选了一些罐头食品，选好后，上面已经有手伸下来，接住了我要递上去的东西。

我们一声不响地干活。我还从衣箱里拿了毯子、手套、雨衣、帽子之类的东西。这次冒险并不轻松。我们把自己托付给一艘小艇，在这样寒冷的、风暴不断的海上，我们要做好抵御严寒和潮湿的准备。

我们心急火燎地把拿来的东西搬到甲板上，放在船的中部。我们太过紧张，而茅德本来体力就不好，这时已经干不动了，坐在了舵楼甲板的缺口边。然而，这样并不能让她马上恢复体力，她便躺在了坚硬的甲板上，伸开了双臂，让整个身体都放松下来。这让我想起了我姐姐，那是她的法宝，我知道她很快就会恢复过来。我知道武器绝不能少的，于是便回到海狼拉尔森的舱房，拿走了他的步枪和猎枪。我对他说话，他没有回答，虽然他的脑袋还在摇来摇去，没有睡着。

“再见了，路西法。”我悄悄地对自己说，把门轻轻地关上。

接下来就是弄到一些弹药——这是件轻而易举的事，虽然我不得不进入“下等舱”

的升降梯口去取。猎手们在小艇上携带的弹药箱就放在那里，这距离他们喧闹狂欢的地方只有几英尺。我拿到了两箱弹药。

现在要放下小艇了。一个人干这件事并不简单。我解开捆绑小艇的绳子，先用前边的索具吊起来，然后用后面的索具吊起，把小艇吊在栏杆外面。这边放下两三英尺，那边再放下两三英尺，直到小艇平稳地靠在大船边，贴近水面。我确认过那上面已经有了必需的帆、桨和桨架后，又想到了淡水。我把船上每艘小艇上的水桶都盗走了。因为船上一共有九艘小艇，我们就有了丰富的淡水，而且还可以用来压舱，尽管再加上我带的其他物品，小艇可能会超重。

茅德正在递给我那些储备的物品，由我把它们放到小艇上，这时一名水手从水手舱登上了甲板。他在上风栏杆那边站了一会儿（我们正好在背风栏杆这边），随后又慢悠悠地走了。他又在船的中部停了下来，背对着我们面向海风站了一会儿。我紧张得都能听到心脏的跳动声了，趴在小艇里一动也不敢动。茅德早已倒在了甲板上，而且我知道她一定是一动不动地躺在舷墙后面，但是那个人没有转身，只是把手举过头顶，打了个响亮的呵欠，接着便又回到了水手舱盖处，消失了。

没用几分钟，一切都被安排好了。我把小艇放到水里。我扶着茅德翻过栏杆，感觉到她的身体紧紧依偎着我，这时候我好不容易才没有喊出："我爱你！我爱你！"的话。在她的手指抓着我的手指，让我把她放下小艇时，我想道：亨佛莱·范·魏登终于陷入情网了。我一只手抓住栏杆，另一只手支撑着她的体重，几个月前，在我与查理·福路瑟特道别，坐上倒霉的"马丁尼孜"号前往旧金山时，还是一个手无缚鸡之力的人。

趁着小艇被海浪推起来的机会，她的脚踩住了艇底，我这才松开了她的手。我把索具扔掉，跟着她跳了下去。我这辈子都没有划过船，但是我划动着双桨，费了不少周折，终于让小艇离开了"幽灵"号。然后我尝试着拉帆。我看过小艇舵手和猎手们多次拉起斜杠帆，然而这次却是我第一次亲自尝试去拉它。他们大约只用两分钟就弄好的事我却花了二十分钟，好在我最终还是把帆升起来，收拾好了。我掌好舵，迎风行驶着。

[赏析解读：从主人公的一系列动作说明了他缺乏航海的经验，而且驾驶小艇也没有他想象的那么容易，为后文的展开埋下了伏笔。]

“日本就在那边，”我说，“在我们的正前方。”

“亨佛莱·范·魏登，”她说，“你是个勇敢的人。”

“不，”我回答说，“你才是个勇敢的女人。”

我们不约而同地在某种冲动的驱使下，看了“幽灵”号最后一眼。它那不高的船身随着海浪迎风或起或落，风帆的影子在黑夜中衬出一片黑影；舵盘吱吱地叫着，船舵不停地跳着。然后，“幽灵”号的影像和声音都消失了，我们孤零零地留在了大海上。[赏析解读：主人公与茅德终于离开了“幽灵”号，剧情有了一个新的开始。]

第二十七章　在大海上漂泊

［**名师导读**］

面临着与茅德的逃亡之路并没有像“我”想的那样一帆风顺，掌舵的艰辛、海面上的寒冷，以及随时会到来的风暴，都让人心生恐惧。但是在茅德的陪伴下，“我”觉得这一切都变得没有那么可怕了。

天亮了，天空灰蒙蒙的，十分冷。小艇在清新的微风吹拂下前进着。罗盘上指明我们正在去往日本的航道上。虽然戴着厚厚的手套，但是我的手指还是很冷，抓着舵的手冻得生疼。我的两脚被霜冻得像被针刺一样。我迫切地希望太阳能快点出来。

茅德躺在我面前的艇底。至少她还算是暖和的，因为她垫的、盖的都是厚厚的毯子。为了遮住夜间的寒气，我还把她身上最上面的一条毯子拉过她的脸，因此我除了她身体的轮廓以及她露在外面的浅褐色头发外，什么都看不见。那头发上面结满了露珠。［赏析解读：通过对环境以及一系列的动作描写，说明海上气候的恶劣，以及在海上航行的艰难。］

我看了她很久，特别是那一点头发。只有把那当作是世界上最宝贵的东西的人才会那样看着它。我看得过于专注，她终于在毯子下面动了动。接着上面的毯子被推了下来，她冲我笑着，不过眼睛里还满是睡意。

"早上好，范·魏登先生，"她说，"看到陆地了吗？"

"还没有，"我回答，"不过我们正在以六英里的时速靠近陆地。"

她噘了噘嘴，显得十分失望。

"这意味着我们一天能走上一百四十四英里呢！"我用安慰的口气说道。

她的面孔变得明亮了，"我们还要走多远呢？"

"西伯利亚就在那边，"我指着西边说，"但是往西南方向大约六百英里就是日本了。如果风一直这样吹下去，我们五天就到了。"

"如果有风暴呢？这小艇能撑住吗？"

她有一种看着你眼睛让你忍不住说真话的本领。她提出这个问题时就是那样看着我的。

"那得特别大的风暴才行。"我含糊地说。

"要是刮起特别大的风暴呢？"

我点了点头。"不过我们随时都可能会被一艘猎海豹的三桅船救起的。这片水域上的三桅船有很多。"

"哎呀，你冻坏了吧！"她惊叫起来，"看看！你在发抖。别不承认，你的确是在发抖。可我却躲在这里暖和得就像烤好的吐司一样。"

"如果你坐起来一起挨冻，我看也于事无补。"我大笑着。

"我要是学会了掌舵就能帮你了。我一定要学会。"[赏析解读：从此处的语言描写中，体现出了在艰苦的情形下茅德的坚强与勇敢。]

说完她坐了起来，简单地收拾了一下自己。她把头发披散开来，像褐色的云雾包围着她的脸和肩膀。多么可爱、湿润的褐色头发啊！我多么想去亲亲它，多么想让它从我的指间滑过，把脸埋在里面。我呆呆地望着她，直到船钻进风里。风帆拍打起来，它在警告我不要玩忽职守。我虽然有分析的天性，却向来是个理想主义者和浪漫主义者，直到现在对爱情的物质方面的特性不怎么了解。我一直以为男女之间的爱情是一种与灵魂相互升华了的东西，是一种把两个灵魂吸引、联系在一起的精神纽带。在我的爱情世界里，肉体的纽带没有分量，可我现在正在学着一堂甜蜜的功课：精神通过肉体而发生变化。所爱的人的头发的形象、感觉和触感以及她眼里的亮光、她嘴里说出的话同样都表达了灵魂的呼吸、声音和精髓。纯粹的精神不可知，只能靠感觉和猜测；也不能通过精神自己去体现。耶和华是神人同形同性论者，那是因为他只能用犹太人懂得的语言与他们交谈。因此，犹太人就认为耶和华和他们是同一形象，是云雾，是火柱，是以色列人可以掌握和感觉的物质的东西。

我就这样注视着茅德的褐色头发，对它表现出爱慕之意，从中领悟的东西比所有的诗人和歌手用他们的十四行诗和情歌教给我的还要多。她猛地熟练地把头发往后一甩，露出了她的笑脸。

“为什么女人不总是披着发呢？”我问道，“那可要美多了。”

“如果不是总乱成一团就好了，”她笑了，“可不！我就掉了一个很宝贵的发夹！”

我忘掉了小艇，风一次次地从帆里漏出。我注视着她在毛毯里寻找发夹的每一个动作，那是多么美妙啊！我觉得意外，快乐的意外，而她此时特别有女人味。她所表现出的每一个典型的女人的动作都让我觉得无比快乐。这是由于过去我把她的形象捧得太高了，使她脱离了人的水平，离我那样远。我一直把她当成不敢亲近的女神。现在我欣喜地沉迷于她那些女人的小特点里。比如她把一头秀发甩到身后的动作，寻找发夹之类的动作。她是女人，我们是同类，她跟我在同一水平上，因此可能会出现同类之间和男女之间的那种可爱的亲密接触，正如我会对她产生的尊重和敬畏之情一样。

她找到了她的发夹，发出了一声娇媚的低叫声。我把注意力集中到掌舵上。我开始做实验，把舵拴起来或是用什么东西楔好，然后小艇就自己行驶，不需要我看管了。偶然有兜风过多或过少的变动，它也可以自己调整，总体看来情况不错。[赏析解读：此处的叙述说明，起到了从前文茅德扎头发过渡到主人公找东西卡舵释放双手，为后文的展开埋下了伏笔。]

“我们要吃早餐了，”我说，“但你首先必须要穿得更暖和些。”

我拿出一件刚从衣箱里取来的厚衬衫，那是用毛毯做的。我知道它很厚实，织造很细密，可以挡雨，连续几小时也不会被淋透。她套上这件衣服后，我又用一顶男式小帽换下了她那顶男童帽。这帽子很大，可以扣住她的头发；帽檐翻下来又完全可以遮住她的脖子和耳朵，最终结果很迷人。她的脸是在任何情况下都美丽的那种，无论怎样去做都无法破坏它那精美的椭圆形、古典的线条。她有着纤美的眉毛和棕色的大眼，目光清澈宁静，就像夏夜里璀璨的星空。

这时刮来一阵比平时略强的风，斜在浪尖上的小艇被风吹得突然一倾，舷边与水面齐平了，海水涌进来一桶左右。那时我正在开一个牛舌罐头，看到后急忙跳到帆边调帆，及时排除了危险。风帆拍打着，飘动着，小艇恢复了正常。几分钟的调整足够它回到原来的航线上。我继续准备早餐。

“虽然我不懂航海，却觉得好像一切都还不错。”她点了点头，严肃地表扬了我的掌舵设计。

“可是这方法只能在顺风时管用，”我解释道，“如果想要灵活驾驶，风从船尾、船头或横向吹来，那就必须要自己掌舵。”

“我不明白你说的这些技术原理，”她说，“但我明白你的结论，却不喜欢它。你不能白天晚上一直在掌舵吧？所以我希望吃了早饭后就能接受我的第一课。那时你就要躺下来睡觉。我们要像他们在船上一样换班。”[赏析解读：此处的语言描写，表现出了这个看似柔弱的女人独立自强的一面。]

“我不知道该怎么教你，”我不赞成，“我自己还在学习中。你把自己托付给我的时候，是不是没有想到我一点儿小艇驾驶的经验都没有？我还是第一次坐上小艇呢！”

“那我们就一起学习，先生。既然你已经先学了一个晚上了，那就该把你已经学到的东西教给我。现在让我们吃早餐。天呐！这种空气真让人食欲大开！”

“没有咖啡。”我略有些遗憾，递给她抹好了牛油的海上饼干和一罐牛舌罐头，“在我们没登陆前，是不会有茶、汤之类的热东西吃的。”

我们简单地吃完早餐，又喝了一杯冷水，茅德开始学习掌舵。在教她的过程中，我自己也学到了许多东西，虽然我也在使用驾驶“幽灵”号的经验和从研究小艇舵手驾驶得来的经验。她是一个聪明的学生，很快就学会了保持航线、抢风行驶以及遇到紧急情况时把帆脚索解开。

看得出来，她好像学得很累，把舵交给了我。然后又打开了我已经叠起来的毯子，把毯子铺在小艇底上，一切都收拾好后，她说：

“现在，先生，请上床睡觉吧。你一定要睡到用午餐，不，是睡到吃午饭的时候。”她想起了“幽灵”号上的作息时间，纠正了自己的用词。

我能怎么办呢？她一步也不肯退让，并且说着：“请，请。”我只好把舵交给她，照她说的做。我爬进她亲手铺好的被窝时感受到了一种强烈的感官快乐。在她身上的那与生俱来的平静和自控力好像传到了那些毯子里。我感觉到了一种柔和而朦胧的满足，那张椭圆形的脸隐藏在一顶渔夫小帽里，在那里颠簸着，背景一会儿是灰色的云，一会儿是灰色的海，然后我觉得自己睡着了。

我看了看手表。下午一点了。我竟然睡了七个小时了！而她也已经驾驶小艇有七个小时了！我接过舵时要先给她扳僵硬的手指头。她拼尽了最后的一点力气，坐在那里不能动弹。我不得已放开帆脚索，扶她躺进了被窝里，帮她按摩着手和胳膊。[赏析解读：在主人公睡觉期间，茅德坚持自己驾驶小艇，体现出了她坚强的意志力，以及对他人的体谅之情。]

“我太累了。”她说，迅速地吸了一口气，叹息了一声，疲惫地垂下了头。

但是她马上又抬起头。“你现在可不能骂人，不准你骂。”她大声说道，假装做出一副挑战的样子。

“我希望我的脸上没有露出怒气，”我严肃地回答，“因为我向你保证我一点儿也没有生气。”

“啊——不，”她想了想，“看样子你是在责备我。”

“那么，我这是张诚实的脸，因为我现在的感觉就是这样的。你对自己不公平，对我也不公平。我以后还怎么相信你呢？”[赏析解读：此处的描述，一方面表达出了主人公对茅德的心意，另一方面表达出了自责。]

她看上去十分后悔，“我以后会听话，”她说道，就像一个淘气的儿童那样，“我保证——”

“保证像水手服从他的船长那样吗？”

“是的，”她回答，“我做了蠢事，我知道。”

“那你还得保证另外一件事。”我冒险说道。

“我保证。”

“你要保证不要总是说‘请’‘请’，因为你那样做，就是对我的权威的蹂躏。”

她快乐地笑着，看得出她欣赏我说的话，而且她也早就注意到“请”“请”个没完的力量。

“那是一个好字眼——”我开始说。

“不过我不能让它太累了。”她打断我的话。

不过她笑得有气无力的，头又垂了下来。我放下舵好大一会儿，去帮她把头、脚的毯子塞好，又把毯子盖在她的脸上。哎！她的身体不太好。我忧心忡忡地向西南方向望去，想到前面那六百英里的艰难航程——哎，但愿只是艰苦。在这个海域，随时都会刮起把我们摧毁的风暴。不过我依然不害怕。我对未来十分怀疑，也没有信心，但是我的内心并不因此感到畏惧。一定会好起来的，一定会好起来的，我反复和自己这样说，一遍又一遍。

到了下午，风刮得更猛烈了，海浪也更加汹涌了，严重地考验着小艇和我。但是食物和九大桶淡水镇住了小艇，让它顶住了猛烈的海浪和大风，我鼓起勇气继续前进。随后我放下斜杠帆，紧紧地把帆顶拉住，使用水手们所谓的“羊腿帆”快速前进。

下午晚些时候，我在背风面的地平线上看到了一艘冒着烟的轮船。我知道那要不是俄国的巡洋舰就是“马其顿”号，后者的可能性更大一些，它还在寻找“幽灵”号。

太阳整天都没有露面，天气实在是太冷了。夜幕渐浓，云团越来越暗，风力也越来越强。我和茅德在吃晚饭时都戴上了手套。我只能一边掌舵一边趁着风力减弱时吃饭。

黄昏时的风力和海浪十分凶猛，小艇几乎要顶不住了，我不得不把帆收了起来，开始做一个锚，或者叫它“漂锚”。我是从猎手们的谈话中学会的，做起来倒是不难。我卷起帆，用绳子把帆牢牢地和桅杆、横桁、斜杠以及剩下的两把桨捆绑在一起，再把它扔到小艇外。[赏析解读：从此处的叙述说明里，可以看出主人公在“幽灵”号上学到了许多航海经验，同时恶劣的天气使他们的逃亡之路困难重重，而风势的强烈意味着他们将面临更大的危险。]用一条绳子和小艇头连接起来，因为它沉在水下，并不受风力的影响，比小艇漂流得慢一些。这样一来，它在海水和风的面前拖住了小艇的头——这在海浪打来时能够以最佳的态势免于被淹没的危险。

“现在呢？”茅德看我做完了这项工作，戴上了手套，然后兴致勃勃地问道。

“现在我们就不再是向日本行驶了，”我回答，“我们的海流是向西南方向，或是向南南东，时速最少两英里。”

“如果通夜都刮这样大的风，”她问道，“那就能走二十四英里了。”

“是的，即使连续刮三天三夜，也不过一百四十英里。”

“不过不会总刮大风的，”她满怀信心地说道，“会转成好风的。”

“大海是最不可靠的。”

“但是风不是！”她反驳道，“我曾听你滔滔不绝地谈过贸易风。”

“我真希望曾想起把海狼拉尔森的天文钟和六分仪带上了，”我仍然有些郁郁不乐，“航行是一个方向，海流是一个方向，再加上某些潮水是第三个方向，无论拥有如何高明的计算能力也很难计算出航向。过不了多久我们就会迷失，误差可能达到五六百英里。”

随后我请求她的原谅，保证不会再灰心丧气了。那时是晚上九点，在她的一再请求下，我答应让她值班到深夜，但是在我躺下前我先用毛毯把她裹了起来，还给她披上了一件雨衣。[赏析解读：随着时间的推进，剧情也变得跌宕起伏，吸引着读者的注意力。]

我只能像小猫打盹一样睡一会儿。小艇从浪头上漂过，时而上跃，时而下冲，发出“砰砰”的响声。我能听到海流从身边流过，浪花不断地打到小艇里。不过我觉得那天晚上的天气并不坏，我想比起我在“幽灵”号上度过的夜晚，这样的夜晚算不了什么；或许比起我们即将在这一叶扁舟上度过的夜晚也算不了什么。这艘小艇的木板只有四分之三英寸厚，而我们和海底之间只隔了不到一英寸的木板。

但是我敢断言——我再次断言——我并不觉得害怕。对海狼拉尔森（甚至玛格利奇）要让我害怕的死亡，我现在不再害怕了。茅德·布露丝特进入了我的生活，改变了我。既然爱能让生命中的某些东西变得无比珍贵，那么为这种东西去死就变得无所畏惧，我认为爱说到底就是比被爱更加美好。我爱上了另一个生命，忘掉了自己的生命，于是形成了一种诡论：现在是我把自己的生命看得最不值钱的时候，同时也是这辈子最想活下去的时候。我从来没有这么多的理由想要活下去。在我即将入睡前，我只满足于试图穿透黑暗，望向艇尾——我知道茅德此时正弓着身子坐在那里，警惕地注视着翻腾的大海，准备一有情况就叫醒我。[赏析解读：从此处主人公的心理活动中可以看出，他内心中的改变，而使他勇敢的根源就是茅德的陪伴。]

第二十八章　登上苦干岛

［**名师导读**］

在风暴的作用下，“我”和茅德离日本越来越远，偏离了航道的小艇随时都会被淹没在大海中。还好，在这危险之际，他们发现了一个有海豹栖息地的海岬……

在以后的几天里，我们被海风刮着、洋流卷着，无奈地在海上漂来漂去，其间的艰难困苦无须多说。东北风猛烈地刮了二十四小时，渐渐减弱，晚上又改为西南风，这正好是我们需要的风。我捞起漂锚，利用西南风扬起帆向着南南东方向航行——如果我选择了西北西的方向，风也能行；但是温暖的西南风煽起了我向比较温暖的海洋靠近的欲望，影响了我的决定。

三个小时后已经半夜，那是我在海上度过的最黑暗的夜，至今难忘。仍然不断吹来的西南风变得猛烈了，我只好又放下了漂锚。

拂晓时我已经眼圈发青，这时海里白浪滔天，小艇被锚拖着几乎倒立起来，随时都有进水的危险。水花和波浪不断地往艇上猛泼，我不断向外戽水。毛毯几乎湿透了。一切都湿透了，除了茅德——因为她披着雨衣，穿着雨鞋，戴着风雨帽，身上都是干的，只有脸、手和露出的头发湿了。她不时地接替我戽水的工作，面对着风雨勇敢地戽着。

事物都是相对而言的，那只是一场较大的风雨，但对在这脆弱的小艇上为生存而奋斗的我们而言，已经能算得上是风暴了。[赏析解读：主人公和茅德还是不可避免地受到了风暴的影响，让读者不禁为他们接下来的命运担心起来。]

我们又冷又凄凉，风拍打着我们的脸，海浪在我们身边翻滚着。我们奋战了一整天，夜晚降临了，我们都没有睡。天亮了，风仍然拍打着我们的脸，白浪依旧在我们身边咆哮着。第二天晚上，茅德已经筋疲力尽，累得快要睡着了。我用雨衣和防雨布把她盖住，她的身体还算比较干的，却已经冻僵了。我非常担心她会在夜里死去。天亮了，又冷又凄惨，我们面对的仍然是密布的乌云、猛烈的风和咆哮的大海。

我已经四十八个小时没合眼了。我全身湿透了，早已冻僵了，寒气侵入骨髓，让我产生了一种九死一生的感觉。我的身体变得麻木，动一动就痛得难以忍受，可是我仍然动个不停。我们不断地被风吹向东北方，离开日本，向荒凉的白令海驶去。

好在我们还活着，小艇也完好无损。风势没有减弱的迹象，事实上，到了第三天傍晚风力略微变大了些。小艇的艇头钻进一个浪里，出来时已经有四分之一进了水。我疯狂地戽着水。因为一进水小艇的浮力就会减小，进水的可能性便大大增加了。如果再这样进一次水，就意味着我们要葬身海底了。我再次戽光了水后，无奈地取下了茅德身上的防雨布，把它横系在船头上。我做得很好，小艇的三分之一都被防雨布遮住了。在以后的几个小时里，它三次在小艇入水时挡住了要灌进来的大部分海水。

茅德的情况可怜极了。她弯腰坐在艇底，嘴唇发乌，脸色惨白，她所遭受到的苦难很明显地表现了出来，但是她的眼睛总是很勇敢地看着我，嘴里也总是说着勇敢的话。[赏析解读：茅德现在的状况虽然很差，但是她仍然在安慰着主人公，体现出了她的坚强与温柔。]

那个晚上的风暴可能是我们遇到的最凶猛的了，但是我没有太在意，因为我已经放弃了我的职责，坐在舵位上睡着了。到了第四天早上，风变得温柔了许多，海平如镜，阳光照在了我们的身上。啊！受到祝福的太阳啊！我们可怜的身体像是风雨过后苏醒的、蠕动的昆虫与生灵，沐浴在它那温柔的暖意中。我们都笑了，又变得爱说笑了，对当时的情况感到乐观。可是，如果有情况的话，那真的是糟糕透了。我们距离日本比离开“幽灵”号时更远了，而且我对我们所处的经纬度也只能够有个大概的猜测。按时速两英里来计算，在这七十多个小时的暴风雨里，我们已经往东北方最少漂流了一百五十英里了，但是这样估计的漂流量是不是可靠呢？在我看来，还有可能是时速四英里而不是两英里。如果真是那样的话，就更糟了，我们又多漂流了一百五十英里。

我们不知道自己现在身在何方，“幽灵”号很可能就在附近，因为周围出现了海豹。我们随时可能会碰到一艘猎海豹的三桅船。到了下午，东北风又猛烈地吹了起来，那时我们还真的碰到了一艘三桅船。但是那艘奇怪的三桅船随后便消失在天边，我们又成了这片海域的霸主。

遇上有雾的日子，就连茅德也显得十分沮丧，她的嘴里吐不出快活的话了；遇上风平浪静的日子，我们在孤寂的广阔无垠的大海里漂流着，被它的浩瀚宏伟所慑服，同时也惊讶于渺小的生命的奇迹，因为我们还活着，还在为生存挣扎。遇上冰雹、大风和暴风雨来临的日子，我们无法取暖；遇上蒙蒙细雨的日子，我们从潮湿的帆上接滴下来的雨水，装进水罐。

但是我对茅德的爱却越来越深了。她有那么多面，有那么多种心情——我叫她“多愁善感”，但我把一个又一个的爱称都放在心里。虽然我迫不及待地想宣布我的爱情，它已经在我的舌尖上颤抖了千百遍了，但是我却清楚地知道眼下并不是宣布爱情的时候。即使不是为了别的，当你在竭尽全力去救护一个女人时，却向她求爱，这也太不像话了。由于情况微妙——在许多方面都很微妙，我还以能微妙地处理这个问题而洋洋得意。我还有一点儿得意，并没有从眼神或是以任何形式表达出我对她的爱。我们就好像志同道合的人一样，情感也越来越深厚。[赏析解读：茅德的坚强和温柔，加深了主人公对她的喜欢，进一步俘获了主人公的心。]

她有一点令我感到惊讶：不畏怯，不恐慌。可怕的海浪、脆弱的小艇、身心的煎熬、孤寂的环境，这里的一切都足以让一个健壮的妇女崩溃，但是面对这一切时，她却若无其事，而她一向生活在设计得最完美的安稳环境中。她具有女人应有的温和、柔弱和依附性，然而她自己却可以是火、露和雾，是升华了的精神。不过，我错了。她确实会怯懦、害怕，只不过她有勇气。她也是个普通人，也会有来自肉体的恐惧，但是对肉体起到巨大作用的只能是肉体，而她是精神，她首先是精神，一向是精神，她是灵化了的生命的精神，宁静得正如她宁静的眼睛，在宇宙万汇流转变化的秩序中确信着永恒。

暴风雨的日子来临了。海洋整天不停地咆哮着，白浪不停地翻腾着，想要以此来威胁我们，海风以泰坦（希腊神话中的原始生灵，身材巨大且拥有强大的力量，生性狂暴，是天空之神乌拉诺斯和大地之神盖娅的后代，称为泰坦族）式的拳头打在我们这奋争的小艇上。我们被抛向东北方向，越抛越远。就是在这样的一次我们遇到的最猛烈的风暴中，我抬起疲惫的眼睛向着背风处看了一下，并不是想寻求什么，只是由于跟大自然斗得厌倦了，几乎是默默祈祷着自然平息它的雷霆之怒，放我们一条生路。我简直难以相信我所看见的东西了。日日夜夜的无眠和焦虑让我变得恍惚。我转过头看了看茅德，仿佛想要确认我是否还活着。我看到了她那潮湿而可爱的脸颊、飘荡的头发和勇敢的褐色眼睛，这使我深信我的眼睛仍然正常。我再次向背风处望去，再次看到了那黝黑、高大、赤裸的海岬向外延伸着，怒涛拍击着它的岩壁，卷起层层的浪花，黑色的海岸线凌厉地对着我，围着一条白浪编成的围巾。[赏析解读：在主人公与茅德快要被淹没的时候，曙光出现了，突然出现的海岬成了他们的救命稻草，同时也成了后文的主要场景。]

“茅德，”我说，“茅德。”

她转过头时看到了那番景象。

“那不会是阿拉斯加吧！”她叫道。

“唉，不是！”我回答，又问，“你会游泳吗？”

她摇摇头。

“我也不会，”我说，“我们只能从岩石间的缺口里把船开进去，自己爬出来，不游泳爬上岸，但我们必须尽快，必须要快——而且不能出错。”

我说话时带着一种她明知道我其实是心里没底的语气，因为她以她那宁静的目光注视着我说：

“你为我做了这么多，我还没有向你表示感谢呢，不过……”

她迟疑了一下，仿佛是在思考要怎样表达她的谢意才好。

“怎么？”我粗鲁地说，因为我并不打算领情。

“你可能帮助我。”她微笑着说。

“帮助你在去天堂前略表谢意吗？不用了。我们不会死的。我们要在那座小岛登陆，天黑前就能遮风避雨，舒舒服服的了。”[赏析解读：面对茅德沮丧的言语，主人公选择安慰并给以鼓励。]

我说得斩钉截铁，但其实自己一个字也不信。我没必要因为害怕而去撒谎，也没必要因此而感到害怕，尽管我认为我们一定会死在那岩石之间的巨浪中，然而我们却正在快速地向它靠拢。要升帆驶近海岸是不可能的，小艇会马上被风吹翻，而小艇一旦落入波谷，就会被淹没，更不要说船帆还和无用的船桨绑在了一起，坠在船头的海水中，就在我们的前面。

我说过，我并不害怕去迎接死亡，因为死亡就在那里，就在背风处几百码之外，但是一想到茅德也必然要死，我就觉得害怕。我在脑海中那倒霉的想象里看到她在崖壁上被撞得血肉模糊、惨不忍睹。我迫使自己设想我们安全登陆的场景，于是便说了出来。我说的不是信念，而是希望。

死亡的恐惧影响了我，使我变得惶恐不安，甚至产生了要抱着茅德跳下水去的荒谬念头。但是我还是决定等到最后一刻，在我们进入最后阶段时，我再抱着她向她表明我的心意，然后在挣扎中死去。

我俩在艇底本能地挤在一起，我觉得她戴着手套的手伸向了我。我们无声地等待着。我们距离海风从海岬西边吹出的浪花线并不太远。我仔细地观察着，希望在我们到达浪花线之前能出现一道海流带着我们进岛。

“我们会闯过去的。”我说着，语气中带着一种明知我俩都不信的信心。

“上帝作证，我们真能闯过去呢！”五分钟以后我叫了起来。

那声上帝是我在激动时喊出来的——我坚信那是我平生第一次。[赏析解读：基督徒反对随意使用“上帝”二字，尤其是在妇女面前。]除非我少年时期的口头禅“去它的”也算赌咒。

“请原谅。”我说。

“我相信你的真诚，”她浅浅地一笑，“我现在确实相信我们能闯过去。”

我看见远处有一块陆地在海岬的末端露出了头。我们也看到插在海岬前的海岸线越来越清晰，那里显而易见是个小些的幽谷。与此同时，在我们的耳边响起了一片巨大的怒吼声，与远处的雷鸣声颇为相似。那声音从背风处直接传到我们这里，压过了海浪的冲击声，直接迎着风暴传了过来。我们绕过了陆地的顶点，整个海湾豁然出现在我们的视野中，一个白色的新半月形的海滩被一大排海浪冲击着，海滩上有数不清的海豹，那巨大的吼叫声就是这些海豹发出来的。

“这是海豹的栖息地！”我惊叫着，“我们真的得救了，这里一定有人保护，有巡逻舰，保护它们免受猎手的侵害。岸上说不定就有巡逻站。”[赏析解读：在发现海岬后，情况似乎在向好的方向发展着。]

但是通过观察冲击海滩的海浪，我又说道:“情况没有那么乐观，但是还不算太糟糕。现在，如果神灵真的是仁慈的，那么我们就会漂过下面那片陆地的尽头，漂到一个被保护得很好的海滩，在那里我们的脚不用沾到海水就能登陆了。”

神灵确实是仁慈的。第一个和第二个陆嘴都直面着西南风，不过在我们经历了一些危险绕过第二个陆嘴后便决定从第三个陆嘴登陆。那里也顺风，与另外两个陆嘴并列。那是一个夹在两道陆地中间的小海湾，它深深地插在陆地中。潮水涨起时把我们从陆嘴庇荫的水面上送了进去。这里的海水除了浩大而平稳的余潮，总是风平浪静的。我收起漂锚，开始划船。海岸从那里呈圆弧形向着西边和南边延伸出来，最终露出一个海湾中的海湾和一个被陆地包围的小海港，海水平静得就像水池，只是偶尔会有些从风暴中遗漏的风丝气片掀起些小小的水花——猛烈的风是从海滩背后一百英尺处的岩壁后刮过来的。

这里完全没有海豹的影子，小艇的艇头碰到了坚硬的沙砾。我跳出小艇，把手伸向茅德。她很快就来到了我的身边。我放开了她的手，她却随即抓住了我的胳膊。就在这时，我摇晃了一下，好像就要倒在沙滩上了。这是在海上长期活动后突然停止时产生的令人吃惊的结果。我们在颠簸起伏的大海上待了太长时间，稳定的陆地反倒让我们感到吃惊，岩石的峭壁像船体两侧一样摇晃着。在我们自动调整自己去适应各种不同的晃动时，晃动并没有发生，于是便打破了我们的平衡。

“我必须要坐下来。”茅德紧张地笑了笑，做出了一个头晕的动作，随即坐在了沙滩上。

我把小艇固定好后回到她的身边。我们就这样登上了苦干岛。由于在海上生活的时间太久了，一登陆我们反而有了“晕陆”反应。[赏析解读：主人公与茅德上岸后竟然“晕陆”了，从侧面说明了他们在海上漂流的时间已经很久了。]

第二十九章　在苦干岛上的生活

[**名师导读**]

在苦干岛上求生其实并不是件简单的事，他们将要面临着许多问题，比如说住处、生火和环境的问题。他们会怎么解决这些问题呢?

“笨蛋！”我气得大叫。

小艇上的东西已经被取下来搬到了海滩上，我开始在那里搭帐篷。海滩上有漂木，虽然数量有限。我看到了从“幽灵”号上拿到的咖啡罐头，才想起了火。

“我真笨！”我还在气恼。

但茅德温和地指责说，“啧啧！”接着又问我为什么是个笨蛋。

“没有火柴，”我呻吟道，“一根火柴都没有带。我们没有热咖啡、热汤和任何热的东西吃了！”

“不能钻木取火吗? ——啊——当鲁滨孙（指鲁滨孙·克鲁索，是丹尼尔·笛福创作的长篇小说《鲁滨孙漂流记》中的主人公）啊！”她拖长音调说道。

“但是我读过几十个遭遇海难的人的叙述，说他们钻过，根本没用。”我回答，“我记得文特斯——一个以报道阿拉斯加和西伯利亚而著名的记者——我跟他在碧蓓洛俱乐部见过。那时他正在讲他是怎样尝试着用两根木柴取火的。他说得十分有趣，无法模仿，但那却是个失败的故事。他说话时黑眼睛放着光，‘先生们，南海诸岛的居民可能会钻木取火，马来人可能会钻木取火，但请相信我，白种人是学不会的。’”

“啊，算了吧，我们不是照样活得好好的吗？”她快乐地说，“也没理由说我们就活不下去了。”[赏析解读：主人公因为无法生火而感到自责，在他埋怨自己的时候，茅德不断地给予他安慰，从而体现了她的温柔体贴。]

“但是，你想一想咖啡呀！”我叫道，“而且是上等的咖啡，是从海狼拉尔森的私人仓库里拿来的。你再看看那些好柴火。”

我承认自己非常想喝咖啡，不久以后我发现茅德对那些小豆豆也十分偏爱，再加上我们吃冷食都吃够了，全身冰凉，只要是热东西都会受到我们的欢迎，但是我不再抱怨了，开始用帆布给茅德搭帐篷。

因为有桨、桅杆、横桁和斜桁，还有许多绳索，我不认为那工作有多难，但是我没有经验，每个细节对我来说都是一次实验，每个成功的细节都是一次发明，她的帐篷还没搭好，这一天就几乎过去了，然而那天夜晚下起了雨，她被雨水赶出了帐篷，只好又回到了小艇上。

第二天，我在帐篷四周挖了一道浅沟，一个小时后一阵大风突然从背后的岩壁顶上刮了过来，把帐篷连根拔起，送到了三十英尺外的沙滩上。

茅德看到我沮丧的样子时，忍不住哈哈大笑。[赏析解读：两人的神态在这时形成了鲜明的对比，说明了茅德乐观积极的性格特征。] 我说，“等暴风停了以后，我要驾着小艇去探索一下这座小岛。在某个地方肯定有个保护站，而且会有人，也会有船来探望这个保护站的，总会有政府来保护海豹的，但我希望在出发之前，能把你舒服地安顿好。”

“可我想和你一起去。”她只说了这一句。

“你最好留下来。你吃了太多的苦了，能够活下来已经是万幸了，而且小艇里也不舒服，在这样的雨天里使帆和划船都不轻松。你需要休息，我希望你能留下来休息。”

她那美丽的眼睛蒙眬了，冒出了一种好像湿润的东西，她没有等它落下便转过了身子。

“我想和你一起去。”她低声说，带点请求的语气。

“我可能对你……啊……”她的嗓子都嘶哑了，“会有帮助的，如果发生什么事，我一个人被扔在这儿该怎么办呢？”[赏析解读：一向坚强勇敢的茅德，在主人公要离开时显露出了软弱的一面，说明了两个人在这段时间所建立了深厚情谊。]

“啊，我一定会很小心的，”我回答，“我不会走远的，黄昏前就能赶回来。还有，我说到做到。我觉得你留下来会比较好，什么事都不用做，只要睡一觉，好好休息休息。”

她转过身望着我的眼睛，眼神里没有丝毫的犹豫，却充满温情。

“求你了，求你了。”她说，啊，多么温和！

不过我还是狠下心来拒绝了，摇了摇头，可是她的眼睛仍然凝望着我，眼里满是期待。我想找出适当的借口去拒绝她，却张不开嘴。我看到从她的眼睛里跳出了喜悦的光芒，我知道自己失败了，在那以后已经不可能再拒绝她了。

下午风停了。我们做好明天早上出发的准备。从我们这个海湾是没有办法进岛的，因为悬崖峭壁是从海滩两边开始的，下面的海水又很深。

拂晓的天空灰蒙蒙的，沉闷却很宁静。我醒得很早，准备好了船。

“傻子！白痴！乡巴佬！”我在觉得该叫茅德起来时叫了起来，但是这一回我叫得快活极了，我光着头在沙滩上跳着舞，装出一副悲痛欲绝的样子。

她从帐篷里探出头来。

“又发生了什么？”她睡眼惺忪，眼睛里带着好奇。

“咖啡！”我叫道，“如果现在有一杯咖啡喝，你觉得怎么样？热咖啡？热乎乎的咖啡？”

“哇！”她喃喃地说，“你吓着我了，你太残酷了，我在这里休养，坚持不喝咖啡过日子，可你却拿那些虚幻的东西来折磨我。”

“看我的。”我说。

我从岩石缝隙里搜集了一些干树枝和木块，削成碎片或折断用来当引火柴；从我的记事本上撕下了一张纸，再从子弹箱中取出了一颗猎枪子弹，用刀抠掉弹塞后把火药倒在一块平整的岩石上。然后从子弹上取下子弹帽，把它放在岩石上散开的火药正中间。等一切都准备好时，茅德还在帐篷里望着我。我的左手拿着一张纸，用右手捡起一块石头向子弹帽上砸去，只见一阵白烟升起，火光爆出，纸被引燃了。

茅德拼命地鼓掌：“好一个普罗米修斯（古希腊神话中的泰坦一族的神明之一。他从天上把火偷到人间，从而遭到了宙斯的惩罚，被绑在同加索山上让鹰啄食他的肝，最后被赫拉克勒斯释放，因此被称为“取火者”）！”[赏析解读：在点燃火后，茅德一系列的动作及语言描写，表明了她此时高兴的心情，同时也表达出了她对主人公的崇拜之情。]

可我却太忙了，顾不上去看她快乐的样子。那微弱的火苗要积蓄力量才能活下去，所以我必须要悉心照料它。我把燃料一片片、一根根地喂给它，直到小一些的木片和柴棍终于噼啪地燃了起来。我没想到会漂流到荒岛上，所以并没有准备水壶之类的烧水容器。于是我就用戽水的听子当水壶，而我们吃了罐头之后就积累了一堆烹饪器皿了。

我烧开了水，煮咖啡的却是茅德。多么美妙的咖啡啊！我把罐头牛肉冲水熬海饼干。这顿早餐很成功。我们在火边坐了很久，喝着暖乎乎的黑咖啡，谈论我们的处境，比积极的探险家应该停留的时间长多了。

我确信能够在某个海湾里找到保护站，因为我知道白令海的海豹栖息地都是这样保护的，但是茅德提出了进一步的理论——先让我做出失望的准备，我相信如果会失望的话。她说我们发现的是一个无人知晓的海豹栖息地，不过她一直精神奕奕，装出高兴的样子，好接受那难堪的现实。

“如果你说的是对的话，”我说，“那么我们就必须要准备在这里过冬了。我们的食物维持不了多久，不过，好在这里有海豹，它们在秋天就会迁徙了。因此，我要马上做好储藏肉类的准备。除此之外，我们还要建造小屋，收集漂木。另外，我们还要实验用海豹油点灯。如果我们发现这是座荒岛，我们就会有很多事情要做，不过我知道这岛上不可能没有人的。”

很不幸她说对了。我们迎着横吹的风驾船沿着海岸航行，用望远镜寻找着海湾，偶尔还会登陆去检查，却找不到人迹，不过我们发现自己并不是第一批登上苦干岛的人。因为在从我们所在位置过去的第二个海湾的海滩高坡上，我们发现了一艘破烂的小艇残骸，那是猎海豹的小艇，因为桨栓都是用辫绳捆绑的，一个枪架设在艇头的右舷上，依稀能根据模模糊糊的白色字母辨认出小艇名叫“嘎泽尔二世”。小艇在沙滩上已经待了太久了，沙子都快把它掩埋了，而破碎的木头也是一副长期遭受风吹雨淋的模样。我在艇尾找到了一支生了锈的十毫米口径的猎枪和一把带鞘的水手刀。刀是横着被折断的，上面锈迹斑斑，几乎辨认不出来了。

“他们离开这里了，”我高兴地说，但是心却在下沉，好像猜到了沙滩某处掩埋着的森森白骨。

我不希望茅德的情绪因为这种发现而沮丧，于是又驶出海去，绕过海岛的东北端去探索。南海岸没有沙滩，午后不久我们便绕过黑色的海岬，完成了环岛航行。我估计海岛的周长约有二十五英里，宽约两到五英里。据我最保守的估计，海滩上生活着二十万只海豹。海岛制高点在它的最南边，海岬和山脊从那里有规则地向着东北方向逐渐下降，到了尾端时距海面就只有几英尺高了。除了我们所在的这个小海湾，其他的海滩都是缓坡，长度大约有半英里，然后和我称为岩石草地的地方相连。那里东一块西一块地长着青苔和苔原草。海豹在这里居住，老的雄性海豹守卫着它们的雌性海豹，而那些年轻的海豹则独立去建立家庭。[赏析解读：此处的环境描写，使读者对主人公和茅德所在的苦干岛的情况有了大致的了解，为后文作铺垫。]

这样简短的介绍就是苦干岛的全部了。岛上不是山石嶙峋就是润泽潮湿，常常受到风暴的摧残和大海的冲击，岛上二十万只两栖动物的吼叫声，令空气都不停地颤抖，这里作为旅居之地实在是令人痛苦不堪。让我做好了失望准备的茅德，精神抖擞、心情愉悦的茅德，在我们回到小海湾上岸后就垮掉了。她勇敢地强撑着，对我掩饰着，但是在我砸出另一把火时，她在帆布帐篷的被窝里偷偷地哭了。

这回轮到我演戏了。我用尽自己最大的能耐，扮演得很成功，终于让她那可爱的眼里有了笑意，嘴里也有了歌声，因为她在早早上床之前给我唱了首歌。那是我第一次听到她唱歌，我躺在火堆旁听得着了迷。因为她无论做什么都是个艺术家。她的声音虽然不那么高昂，但是却十分甜美，很动人。

我仍然睡在小艇里。那天夜里我躺在船上久久不能入睡，凝视着无数个夜晚都没有见过的星星，思考着我们面临的情形。这种责任对我来说是一种全新的感受。海狼拉尔森过去对我的看法是对的。我以前是靠我父亲的腿站着的，我的律师和代理人帮我管理着我的钱财，我什么责任也不承担。后来我登上了“幽灵”号，学会了为自己负责。现在，我生平第一次发现自己要为另一个人负责了。[赏析解读：这里主人公将以前的生活状态与当下进行对比，表现出了主人公的改变以及进步。]我还应当知道，这是最重大的责任，因为她是这世界上唯一的女人——唯一的小女人，我想她时就喜欢这样称呼她。

第三十章　猎捕海豹

[名师导读]

为了能够在苦干岛上生存，“我”和茅德修建了一间小屋，但是却没有屋顶。为了让屋顶能够遮风挡雨，他们决定去猎杀海豹，用海豹皮做成屋顶。岛上的生活十分艰难，但是随着两人的相处，他们之间的感情也逐渐加深了。

难怪我们把它称为苦干岛。我们苦干了两个星期才修建了一间小屋。茅德坚持要帮忙，她那青肿流着血的手几乎让我流泪，却又因此为她感到自豪。这个女子出身尊贵，用她那仅有的力气做起了农村妇女的活，经受了那么多的苦难折磨，多少体现出了英雄气概。她搬来了许多石头，我用它们砌起了小屋的墙壁。我请求她停下来，她却充耳不闻，不过她也做出了退步，承担了做饭、捡漂木和青苔之类的比较轻松的活，为我们过冬做准备。[赏析解读：原来养尊处优的小姐，在艰苦的环境下从无怨言，表现出了茅德吃苦耐劳的精神，同时也让她变得更可爱了。]

小屋的墙壁修起来并不算困难，一切都很顺利，可是屋顶的建造却让我头疼。没有屋顶，那四堵墙又有什么用呢？用什么东西来充当屋顶呢？没错，多余的桨我们有，可以用它们来做檩子（是古代建筑抬梁式房顶用来支撑的一种木头），可是它们上边盖什么呢？青苔根本不能用，苔原草也不能用。帆还得留给小艇用，而防雨布已经开始漏水了。

“文特斯是用海象皮做屋顶的。”我说。

“正好我们有海豹呀！”她提议。

于是第二天我便开始打猎了。我不会射击，但是开始学习。在我花了大约三十颗子弹打中了三只海豹后，我有了结论：等我把弹药耗光了，我也未必能学会射击的本领。在我发明用湿青苔保存火种之前，我已经用了八颗子弹点火，箱子里剩下的子弹已经不足一百颗了。

“我们必须用棍棒打海豹，”我说，这时候我已经相信自己的枪法根本拿不上台面，“我听到猎手们说过用棍棒打。”

“海豹太美了，”茅德反对，“一想到用棍棒打死它们我就受不了。那样做太野蛮了，你知道的；和射杀根本就不是一回事。”

“可是我们必须要有屋顶啊，”我严肃地说道，“冬天就要来了。这是用它们的生命换我们的生命。不幸的是，我们没有足够的弹药，不过说到底，用棍棒打总比用枪乱打死它们要好过些吧。再说，由我用棍棒打它们就好了。”

“那也一样。”她急切地说道，突然慌乱地闭上了嘴。

“当然，”我说，“如果你宁可——”

“可是我干什么呢？”她打断我的话说，口气很温和，我知道那代表着她的坚持。

“你捡柴火做饭。”我轻松地答道。

她摇了摇头，“你一个人去太危险了。”

“我知道，我知道，”她不允许我反驳她，“我知道我只是一个柔弱的女人，可是我小小的帮助也许能让你躲开灾难呢。”

“但是抡棍棒？”我暗示她。

“那当然得靠你。或许我会发出尖叫，但是我可以把头转向别处，等你……”[赏析解读：茅德无法面对用棍棒打死海豹的血腥场面，表现出了她的善良。]

“那里非常危险。”我笑了。

“什么时候看，什么时候不看，我会自己决定的。”她一副满不在乎的神色。

结果第二天早上她陪我一起去了。我划船进入相邻的一个海湾，向着岸边靠拢。水里到处都是海豹，海岸上成千上万只海豹在吼叫着，我们只能大喊大叫才能听到对方说什么。

“我知道别人用棍棒打海豹，”我努力让自己镇定下来，同时忐忑地看着一只大雄海豹。那只海豹在距离我们三十英尺开外的地方，用前鳍脚站着，目不转睛地看着我，“可问题是，该怎么打它们呢？”

“我们还是收集苔原草做屋顶吧！”茅德说。

一想到即将发生的一幕，茅德和我一样害怕，看着那近在眼前的闪亮的牙齿和狗一样的嘴，让人无法不害怕。

“我原来一直以为它们是怕人的。”我说。

“我怎么知道它们怕不怕人呢？”我沿着海岸划了几桨，片刻后才问道，“说不定我一鼓劲上了岸，它们就会被我吓走，而我又追不上。”[赏析解读：此处的语言描写，表达出了主人公内心的恐惧。]

我还是有些犹豫。

“我听说有个人钻进了大雁的孵卵区，”茅德说，“然后被大雁啄死了。”

“大雁？”

“是的，大雁。我还是个小姑娘时我哥哥告诉我的。”

“不过我知道有人用棍棒打海豹。”我坚持。

“我认为用苔原草也能搭出一个屋顶。”她说。

与她的本意大相径庭，她的话使我很生气，逼着我去做这件事。我不想在她面前表现出害怕。

“就在这里吧！”我说，一只手倒划了几桨，然后让艇头驶向岸边。

我下艇后雄赳赳地向着一只长着长鬃的雄海豹走去，它身边妻妾成群。我手里拿着一根专用的木棒来武装自己，那木棒是桨手用来打死被猎手送到船上的受伤海豹的，只有一英尺半长。

我太愚蠢了，做梦也没想到会在海岸上的海豹栖息地袭击海豹，而我需要的木棒则必须有四五英尺长。雌海豹慢悠悠地爬走了，我距离那只雄海豹越来越近。它用鳍脚撑起身体，做出一个愤怒的动作，此时我们之间的距离只有十来英尺了。我依然坚定地向前走去，随时等着它调转尾巴逃走。

相距六英尺了，我心里突然乱糟糟的，如果它不逃走怎么办？那么我只能去打它了。心里的恐惧让我早已忘记我是来打海豹的，而不是去赶走它。就在这时，那只海豹一边龇着牙，一边喷着鼻子向我扑过来，它的眼里冒着火焰，嘴巴张得很大，牙齿闪着森森的白光。我必须要承认，落荒而逃的是我。真是太丢脸了。雄海豹摇晃着跑来，但是速度却很快。就在它离我只有两步远时，我连滚带爬地上了小艇。我拿起桨划开小艇，然而它的牙齿却吭哧一声咬断了桨片，结实的木桨像蛋壳一样碎掉了。茅德和我被吓得目瞪口呆。不一会儿的工夫，那只雄海豹就已经钻到了水里，用嘴咬住小艇的龙骨，猛烈地摇晃着。[赏析解读：主人公对海豹发起的第一波进攻以失败而告终，反而受到了海豹的攻击，由此可以看出主人公对于猎海豹是没有任何经验的。]

“我的天啊！”茅德说，“我们赶快回去吧！”

我摇了摇头，“别人能做的事我也能做，而且我知道别人就是用木棒打死海豹的。不过我可以把雄海豹放到下一次再打。”

“下一次就请你别再打了。”她说。

“现在可别再说‘请你，请你’的。”我叫了起来，我感觉自己有些生气了。

她没有回答，我知道一定是我的语气伤害到了她。

“请你原谅我，”我说——或者说我是在喊叫，那样做是为了压住海豹们的嚎叫声，“如果你要这么说，我马上就打回去；不过说实话，我还是不去的好。”

“可别说是因为你带了女人来的缘故，”她说道，忽然冲我露出了微笑。我知道她并不需要我的道歉。

SEAI BOAT

我沿着沙滩划了两三百英尺，努力让自己镇定下来，又走上岸去。

“千万要小心。”她在我身后叮嘱着。

我点点头，开始侧面攻击最近的一群雌海豹。一切都很顺利，我对着躺在外面的一只雌海豹的头上打去，没想到打空了。它一喷鼻子试图逃跑，我追上去又打了一下，没有打到它的头上，却打到了肩膀。

“小心！”我听见茅德尖叫起来。

处在激动中的我没有注意到周围的情况，我抬头一看，只见妻妾们的老爷正在向我扑过来。我再次跑回到了小艇上，那位老爷紧紧地追着我。但是这次茅德没有再建议我回去。

“我猜，你还是不要去招惹那些妻妾们了，把注意力放在看起来没有攻击力的单身海豹身上，”她说，“我好像读过一些关于它们的记载。我相信是约旦博士（1851—1931年，美国斯坦福大学第一任校长，该校在他期间被办成第一流的大学，他除了鱼类学专著外，还出版有《人类的收获》《战争的后果》等书）的书，说年轻的雄海豹，还不到拥有自己妻妾群的年龄的海豹，约旦博士把它们叫作“跑腿子”之类的。我觉得如果能发现它们的居住点……”[赏析解读：在主人公多次失败后，茅德给出了自己的建议，从而体现出了她的聪明。]

“我觉得你那好斗的天性被唤醒了。”我大笑着。

她脸红了，十分妩媚，“我得承认我并不喜欢失败，虽然也不愿意杀死这样美丽而无害的动物。”

“美丽！”我不以为然地说，“我怎么看不出来，这些满嘴泡沫的畜生有什么好看的？”

“那是你的看法，”她哈哈大笑，“你缺乏透视。如果你不走上去靠近目标——”

“你说得对！”我高声叫喊着，“我缺少的是一根长木棒，我手边那把破了的桨正合适。”

“我也是刚想到这一点，”她说，“拉尔森船长跟我说过别人是怎么袭击海豹栖息地的。他们把海豹分成小群体，往陆地内部赶一赶，缩短距离，然后再打死它们。”

“我可不愿意去赶着那么一群妻妾走路。”我反对。

“但是还有那些跑腿子，”她说，“跑腿子通常是单独生活的。约旦博士说妻妾们走过时会留下一条通道，跑腿子们只要规规矩矩地走过那条通道，就不会惹怒妻妾们的老爷的。”

“现在那里就有一只，”我一边说，一边指着水里那只年轻的海豹说，“我们观察它一会儿，如果它爬上岸来，我们就跟上去。”

它直接游到了沙滩边上，蹒跚地来到岸上，进入到两群妻妾之间的小缝隙里。两方的老爷都向它发出了警告的声音，却没有攻击它。我们看着它慢悠悠地在一群群妻妾中缓缓走过，向着陆地内部走去。想必它走的就是通道了。

“动手吧！”我说完便走下小艇。不过我得承认，一想到要从那群可怕的海豹中间穿过去，我的心就跳到了嗓子眼里。

“聪明的办法是拴好小艇。”茅德说。

她已经走下小艇站到了我的身边，我惊讶地看着她。

她坚定地点了点头，“没错，我要和你一起去，所以你最好还是拴紧小艇，也给我一根木棒吧！”

“我们回去吧，”我沮丧地说，“我觉得苔原草也是可以用来搭屋顶的。”

“你知道它不行的，”她回答，“我走前面怎么样？”

我耸耸肩，但心底升起了对这个女人最热烈的崇拜和骄傲。我把那把被咬破的木桨递给她，让她武装起来，自己拿着另一把。最初的几步，我们紧张到手足乱抖。有一回一只雌海豹好奇地把鼻子伸向茅德的脚，茅德吓得尖叫起来。我也有好几次因为类似的情况加快了步子。但是通道两边除了传来了老爷的警告声之外，却没有其他含有敌意的行动。那是个从没受到过猎手袭击的海豹栖息地，因此海豹群的性情仍然温和，也不怕人。

[赏析解读：主人公和茅德在海豹群中行走是件极具危险性的事情，但是好在海豹比较温顺，从而使他们的危险性大大降低了，他们慢慢地战胜了内心的恐惧感。]

海豹群中心的喧闹声大得惊人，那里的效果令人头昏脑涨。我站住脚对着茅德微笑，让她安心，因为我恢复镇定要比她快。我看出来她仍然紧张得要命。她来到我的身边叫道：

“我要被吓死了！”

但是我不害怕了。虽然新鲜感还没有完全消失，但是海豹驯善的举止让我的紧张得到了缓解。茅德在发抖。

“我怕，也不怕，”她颤抖着，嘴里喳喳地说，“害怕的是这可怜的身子，不是我自己。”

“不要紧，不要紧。”我安慰她，手臂本能地搂住了她的腰，保护她。

我永远都不会忘记那一刻，我突然察觉到了自己男子汉的身份。一阵颤动来自我天性的深处。我感觉到了自己男子汉的身份，我是弱者的保护者，我是战斗的男人，而且最重要的是，我是所爱的人的庇护者。她靠着我，那么轻盈，像一朵娇弱的百合花。直到她不再颤抖了，我似乎觉得平添了惊人的力气，即使和海豹里最凶猛的雄海豹较量也不会害怕了。我知道，如果真的有那样一只海豹向我扑过来，我会稳如泰山地迎战，而且我知道我一定会把它杀死的。

“现在我没事了，”她感激地望着我说，“咱们继续走吧！”

我的力量让她安静了下来，给了她信心，这令我感到欣喜。人类青年的感觉仿佛再次在我的心中萌动，我虽然是个过分文明的人，却又再次过起了已经被我遗忘了的远古祖先的原始的生活——白天狩猎、晚上蹲林子的生活。我们沿着那条通道在海豹群里穿行时，我想起了海狼拉尔森，我要因此而向他致谢。

在进入陆地四分之一的地方，我们找到了那群跑腿子——年轻的、光滑的雄海豹，它们过着单身、孤寂的生活，积攒着力量，准备有一大战斗着进入新郎的行列中去。

现在一切都很顺利。我好像知道应该干什么了，该怎么做了。我大叫着，挥动棍棒做出威胁的姿态，甚至戳了戳那些懒家伙，很快我就从海豹群里分出了二十来只单身汉。但凡有海豹想要逃回水里，我就把它往前赶。茅德赶得也很积极，她叫喊着，挥舞着破木桨，起到了很大的助攻作用，不过我也注意到，只要有一只海豹表现出疲倦的神态，落到了后面，她就会让它溜掉。我还注意到，要是有一只海豹想凭借着武力逃走，她的眼睛便闪出亮光，用破木桨潇洒地敲打。[赏析解读：为了生存下去，茅德不得不去猎捕海豹，同时茅德的行为表现出了她对于弱者的怜悯。]

“天啊！太刺激了！”她完全因为疲倦才停了步说，“我看我得坐坐了。”

我赶着那群海豹(因为她放走了一些，现在只有十二只了)往前又走了一百码。等到她跟上来的时候，我已经完成了大屠杀，开始剥皮了。一小时后，我们沿着海豹群里的通道满载而归。我们沿着这条通道又往返了两次，直到我觉得建造屋顶的材料已经足够了。我拉起帆，抢风行船回到了海湾，再一次抢风行船，就回到了我们那个小海湾。

“就像回家一样。”我把小艇靠到岸边，茅德说。

她的话让我的心里涌上一阵狂喜。多么自然，多么亲热，多么可人。

我说：“我好像一直就在这里生活，已经不太记得书本的世界和书呆子或以前的生活了，不像现实而像是在梦里的回忆。我这一辈子肯定是在狩猎、战斗和掳掠里度过的。而你也好像是我的生活的一部分，你真是……”

“我的女人，我的伴侣，”我差一点儿就要脱口而出了，但是最终还是将它油滑地变成了“饱经锻炼”。

但她的耳朵已经听出了我话里的意思，也明白了我中途改变了说辞。她飞快地看了我一眼。

“言不由衷。你想说的是……”[赏析解读：面对主人公的停顿，茅德马上就发现了，随后她便说出了疑问，从侧面表现了两人之间的默契。]

“是美国的美耐尔夫人成了野蛮人，而且转变得很成功。”我云淡风轻地说道。

她回答我的是“哦”，但是我可以发誓她的话语里分明带着失望。

那句“我的女人，我的伴侣”在后半天和以后的好多天都在我的耳朵里回荡着，但是最厉害的是当天晚上，那时我看着她从火炭上扒开了青苔，吹着火，做了晚饭。潜伏的野性在我心里蠢蠢欲动，因为那句跟种族的根紧密联系的古老的话抓住了我，它令我震颤。它们就那样抓着我，使我心惊胆战，直到我一次次默念着它进入梦乡。

第三十一章　茅德的不安

[**名师导读**]

在苦干岛上的生活逐渐步入了正轨，新家的建成让他们不再畏惧风暴的侵袭。但是就在暴风雨来袭之际，茅德却感到了一丝丝的不安……

“就是会有点儿臭味，”我说，“但是可以保暖，可以遮风挡雨。”

我们打量着已经完工的海豹皮屋顶。

“笨拙却实用，再说实用是最主要的。”我继续说，渴望得到她的赞美。

她鼓掌宣布她高兴极了。

“可惜里面很黑。”她过了一会儿说道，肩头往后一缩，不知不觉地微颤了一下。

“修墙时你就该提议修扇窗户，”我说，“屋子是给你造的，你应该想到要扇窗户。”

“可是你知道，越显眼的东西我越看不到，”她微笑着，“而且你随时都可以打一个洞。”

“你说得没错，我怎么没想到，”我摇着脑袋正经地回答，“不过你想到过通知店家送窗玻璃来没有？只需要给公司打个电话就行了，Red 4451，我估计是这个电话，告诉他们你需要的玻璃的规格尺寸。”

“这意思就是……”她说道。

“没有窗。”

小屋阴暗丑陋，在文明世界里没有比猪高等的东西会住在这里；但是对饱受无篷船折磨的我们来说，这是个舒适的小窝。我们用塞缝棉做芯子点燃海豹油，举行了新居的落成典礼，然后又开始打海豹，储备过冬用的肉，再修第二间房。[赏析解读：虽然在苦干岛上的生活异常艰苦，但是主人公和茅德还是在努力着。] 现在已经很容易了，我们早上出发，等到中午就满载而归了，而且在我修房子时，茅德就试着用海豹脂肪熬油，用它保持微火状态烤着架子上的肉。我听说过大草原（这里指的是美国落基山脉以东的大草原）的肉干，这被我们切成薄片的海豹肉在那烟上也被熏得十分可口。

修第二间房时就轻松多了，因为我把它挨着第一间房，只需要三面墙就可以了。但那仍是很累的活。茅德和我从早忙到晚，直到筋疲力尽，晚上我们全身僵硬地钻进被窝，就像嗜睡的野兽那样马上就能睡着，但是茅德却宣称在她的一生中，她从未感觉到更好或更强。我知道我也是这样的。然而她娇弱得像是一朵百合花，我担心她会累垮。很多次我看到她在榨尽了身上的最后一丝力气后平躺在沙地上，用她那独特的休息方法恢复体力。然后她会重新站起来，像以前一样努力工作。我不知道她的力量是从哪里来的。

“想想冬天休息的时候吧，”在我提出抗议时，她是这样回答我的，“嗨，那时我们可能还恨不得有点活干呢！”

我们在我的小屋盖屋顶的那天晚上庆祝了乔迁之喜。那是猛烈的暴风雨后的第三天黄昏。风改变了方向，从东南风变为了西北风，正对着我们吹。外海湾的沙滩上掀起了雷鸣般的波浪，就连在我们这个陆地围起来的海湾里，海浪也相当凶猛。这里没有海岛高峻的山脊遮蔽，大风便一直在小屋的四周狂吼着，刮得我总是担心墙壁会倒掉。我原本以为屋顶会绷得像鼓皮一样紧，但是在风力的推动下，它时而凹下，时而鼓起；墙壁上有许多用青苔塞住的缝隙，实际上我并没有按照茅德说的那样塞得很结实，以至于现在开始漏风了，但是海豹油却烧得亮堂堂的，我们感到温暖而且很舒服。[赏析解读：不用在海上漂泊的主人公和茅德，终于不再畏惧风暴了，这种有了庇护所的感觉令主人公觉得十分美好、幸福。]

那确实是一个令人愉快的夜晚，我们一致认为那是苦干岛上最好的庆祝仪式。它的光辉至今都没有灭掉。我们什么都不用担心，不但坦然地接受了寒冬这个事实，而且还为它做好了准备。我们现在所关心的就是海豹们会随时开始它们的秘密旅行，向南迁徙。风暴对于我们来说没有什么好怕的了。我们不但可以住得干燥和温暖，不用再受风吹雨打，而且还有用青苔铺成的最柔软、最奢侈的床垫。那是茅德想到的，所有的青苔也都是她用一片热心收集起来的。那是我在床垫上睡的第一个晚上。因为那是她做的，我知道我会睡得更香甜。

在她站起来准备离去时，她向我转过身来一副神秘兮兮的样子说：

"即将有事情要发生了——正在发生，我能感觉到。有某种东西正在向这里来，现在正在向我们走来。我不知道那是什么，但是它来了。"[赏析解读：此处的语言描写，说明了茅德内心中的不安，为下文作铺垫。]

"好事还是坏事？"我问道。

她摇了摇头，"我不知道，但是它在那里，在某个地方。"

她用手指向了大海和风的方向。

"那是个背风的海岸，"我笑着，"在这样风雨的夜里我肯定愿意待在这里而不是在来这里的路上。"

"你不害怕吗？"我前去为她开门时问道。

她的双眼勇敢地看着我的眼睛。

"你的身体好了吗？彻底好了吗？"

"再好没有了。"她回答。

她离开之前我们又说了一会儿话。然后我说：

"晚安，茅德。"

"晚安，亨佛莱。"她说。

我们彼此直呼其名，这并非事先想好的，完全是自然发展的结果，是不知不觉中形成的。[赏析解读：直呼其名是美国人的习惯，是一种亲密的表示，由此可以看出，经历过种种之后主人公和茅德的感情已经十分深厚了。] 在这样的时刻，我本可以伸出两臂把她揽到我身边的。如果是在我们所属的那个世界里，我当然会那么做，但是在这样的环境中就只能做到这种程度。我只身留在我的小屋里。在我的眼里，一种愉快的满足感温暖地发着光。我知道我们之间已经出现了一条以前从来没有出现过的纽带，或者是一种默契。

第三十二章　海狼拉尔森来了

［名师导读］

茅德的不安得到了验证。在风暴结束后，“我”醒来走出门后却看到了令人惊恐的一幕——“幽灵”号出现在了眼前。“我”悄悄走上船却发现这艘船上只有海狼一人，而我眼前的海狼与“我”印象中的海狼有着天壤之别……

我感到一种神秘的压迫感，于是很早便醒了过来。周围好像少了点什么，不过醒来后的那几秒钟，那种奇怪的感觉便消失了，这时我意识到原来缺少的是风。我入睡时神经紧张，在这种状态下，人们会不断地承受声音或动作的侵袭，我醒来后仍然很紧张。

那是我好几个月来第一次在屋顶下睡觉。我在毛毯下（这一次毛毯没被雾气或浪花弄潮）奢侈地躺了几分钟，感受着，首先感受到的是大风停息后带给我的影响；其次是享受着躺在茅德亲手铺好的床垫上的幸福。我穿上衣服，打开门，依旧能听到海浪拍打着海滩的声音，唠叨地证实着昨夜的狂风骤雨。天气晴朗，阳光明媚，我醒得太晚了。我精神抖擞地踏出屋门，打算把浪费的时间抢回来——苦干岛岛民就应该这样。

来到门外后，我突然站住了。我相信我的眼睛绝对没有问题，但是我眼前的景象却令我目瞪口呆。在不到五十英尺远的海滩上有艘船，船体是黑色的，船头正对着陆地。桅杆、横桁跟护桅索、帆脚索和撕破的帆布缠成一团，在船边的水中微微地起伏着。这样的景象令我几乎想要揉一揉眼睛。那里是我们匆匆搭建的厨房；那里是我们熟悉的舵楼甲板缺口，还有比栏杆高不了多少的小艇舱。是“幽灵”号！［赏析解读：刚刚醒来的主人公在看到破损的“幽灵”号时感到不可思议。］

是命运的捉弄把它送到了我们这里吗？为什么偏偏是这里？我看了眼身后那荒凉、陡峭的峭壁后，被绝望深深地淹没了。逃是不可能的了，我无法思考。这时我想到了茅德，她还在我们新修的小屋里睡觉。我还记得昨天夜里她说的“晚安，亨佛莱”，我的脑海中还回荡着“我的女人，我的伴侣”。但是现在，上帝啊，这些话此刻像极了响起的丧钟，然后我两眼一黑就失去了知觉。

我不知道在我醒来之前过了多长时间，也许是一秒钟的若干分之一吧，但是“幽灵”号仍然停在那里，船头对着海滩，断了的第一斜桅倒在沙滩上，桅杆之类的东西乱糟糟地随着波浪上下起伏着，摩擦着船舷。我一定要采取行动，必须采取行动。

我觉得很奇怪，船上怎么没有人走动呢？难道是遇到海难经过一夜忙碌后都睡着了吗？我这么想着，于是我马上又想到茅德和我有时间逃走。只要能抢在人们醒来之前登上小艇，绕过地角就行了。我要叫醒她赶快走。正当我举手准备敲门叫醒她时，却又想起来：海岛太小，很难藏身，除了苍茫的大海外无路可走。我想到了我们那舒适的小屋、我们储备的肉、油、青苔和柴火。我很清楚，我们在海上无论如何也逃不过严冬和即将到来的暴风雨。

我在她的门前徘徊很久，手无法敲下去。不行，不行。我的心里跳出一个疯狂的念头：冲进去，在她睡着时把她打死。但是一个更好的解决办法闪过我的脑海。既然所有的人都睡熟了，为什么不溜上“幽灵”号趁海狼拉尔森还在睡梦中杀死他呢？

我很熟悉到他床位去的路，杀死他以后就——好了，走着瞧吧！他死后我就有时间和空间去准备其他事情了，而且不管怎样，也不会比眼前更糟糕了。［赏析解读：此处的心理描写，表现出了主人公在看到“幽灵”号后内心的恐惧，以及强烈的求生欲。］

我的刀子就在腰上。我转身回到小屋拿上了猎枪，装好子弹，下了坡，来到船边。

我上船时不太轻松，甚至水都淹到了我的腰部。水手舱的天窗盖开着，我停下来仔细倾听着水手们的呼吸声，但什么声音都没有。我几乎倒吸了一口凉气，心想：“幽灵”号是被遗弃了吗？我更加仔细地听，依然没有任何声音。我小心地下了扶梯。那里散发着一种无人住的居室的空虚和霉臭味，满地的垃圾和破衣、旧鞋、破油布——那里是长期出海的水手舱里的废物。

我爬上甲板，得出结论：匆匆弃船。我的心里又燃起了希望。我冷静地环顾着四周，注意到小艇全都不见了。“下等舱”和水手舱的情况相同，猎手们也同样急促地收拾起了他们的行李撤走了。“幽灵”号被遗弃了。它是茅德和我的了。我想起了船上的储藏物和舱房下的食品库，心里出现了一个念头：拿些好东西当早餐，给茅德一个惊喜。

我恐惧的反应和我打算做的事情不用做了的认识，使我像个孩子一样急切。我两步并成一步爬上了“下等舱”的扶梯，心里除了快活之外什么都没有，只希望茅德还在睡觉，等到她醒来就能看到令她惊喜的早餐已经做好了。我绕过厨房时想起了里面精美的厨具，新的满足感油然而生。我跳上舵楼甲板缺口，就看到了——啊！是海狼拉尔森。由于冲力，再加上震惊的意外，我在甲板上摇摇晃晃走了三四步后才站稳了身子。海狼拉尔森站在通往水手舱的扶梯里，只露出脑袋和肩膀，双臂靠在半开的活动门上，直愣愣地看着我。他没有任何动作——只是站在那里盯着我看。[赏析解读：突然出现的海狼令主人公原本喜悦的心情突然变得紧张起来，从侧面说明了他从心底对海狼的畏惧。]

我发起抖来，平常的胃疼这时又出现了。我扶着屋子的墙壁稳住自己，突然觉得口干舌燥起来，我舔了舔嘴唇准备说话，同时眼睛死死地盯着他。我们谁也没有说话。我能感觉到他的沉默和静止里带着一种不祥的东西，往日里我对他的畏惧仿佛都重新回来了，而且又添了新的恐惧，还添了一百倍。我们依然静静地站在那里，彼此对望着。

我意识到行动的必要性，然而往日里的怯懦还是很强烈，我等着他先采取行动。随着时间的推移，我想起眼前的形势和我当初靠近那只长鬃的雄海豹的情形十分相似。

我用木棒打杀它的意图由于恐惧而倒下了，变成了想要赶走它。最终我明白了，我上船来并不是为了让海狼拉尔森先下手的，我应该先下手。

我把两支枪筒的扳机拉上，对准他。如果他敢动一下，或是想往扶梯下跑，我就会朝着他开枪。但是他还是站在那里一动也不动，像刚才一样盯着我。在我这样瑟瑟发抖平端着枪对着他时，我趁机注意到他那憔悴消瘦的脸。他好像受到了某种严重的折磨，两颊深陷，眉头紧锁，带着一种厌倦的神情。我好像觉得他的眼睛有点怪，不仅仅是表情奇怪，而且身体也怪怪的，仿佛是视神经和眼肌遭到了拉伸，眼球轻微地扭曲了。[赏析解读：此处对于海狼的外貌细节描写，体现出了他最近生活的不如意。]

我目睹了这一切。现在我的脑子正在快速地运转，心里思绪万千。但是我一直无法把扳机扣响。我放下枪，往舱房的角落跨出两步，想要放松一下紧绷的神经，准备重新开始，同时也想离他更近些。我再次举起枪，我们之间只有一臂远的距离了，再也没有希望了。我的决心已定。无论我的枪法有多么糟糕，也不会打不中他，不过我的内心还在挣扎，这让我无法扣下扳机。

“怎么了？”他不耐烦地问道。

我尽力逼迫我的手指把扳机扣下去，一切都是徒劳。我想要说什么，也说不出口。

“你为什么不开枪？”他问。

我觉得喉咙沙哑，说不出话来，我清了清嗓子。

“骆驼，”他慢慢地说，“你做不到。事实上，你并不是害怕，而是没能力。你那传统道德观念比你更强大。你是某类舆论的奴隶，那种舆论在你认识的人和你读到的书里很流行。他们的信条从你牙牙学语时就被灌输到了你的脑了里。它不在乎你的哲学和我教给你的道理，那种道德是不允许你射杀一个没有武器、不进行抵抗的人的。”

“我知道。”我嗓子沙哑地说。

“而我却可以杀死一个没有武器的人，就像抽一根雪茄那样，极其容易，这个你很清楚，”他接着说，“你知道我是什么样的人——知道按照你的标准去看我在这世界上的价值。你曾说过我是毒蛇、魔鬼和凯列班，但是你这个小木偶人、小应声虫，你没有办法像杀死毒蛇或鲨鱼那般杀死我，因为我有手、有脚还有身体，大体上和你一样。呸！我曾经希望你能做出一番事业，骆驼。”[赏析解读：再次面对主人公时，海狼坦白地说出了自己的想法，这些语言直击主人公的内心。]

他从升降梯走上来，一直走到了我的面前。

“把枪放下吧！我想问你一些问题。我还没有机会去周围看看呢！这是什么地方？‘幽灵’号落到了什么地方？你的身上为什么湿了？茅德在哪里？请原谅，或许应该称呼她为布露丝特小姐，或者我应该称呼她为范・魏登太太？”

我退开了几步，因为我不能朝他开枪，这令我几乎要哭出来了，不过，我还没有愚蠢到放下枪的地步。我急切地希望他做出一些敌对的行动，试图袭击或者掐死我，因为只有这样我才会被迫产生向他开枪的念头。

“这是苦干岛。”我说。

“从来没有听说过。”他插嘴。

“至少我们是这么叫它的。”我补充解释道。

“我们？”他发问说，“谁是我们？”

“布露丝特小姐和我。‘幽灵’号的船头靠在了海滩上，你自己可以看一看。”

“这里有海豹，”他说，“它们的嚎叫声把我吵醒了，否则我还在睡觉呢！昨天夜里我冲进来的时候就听到了。是它们向我发出了第一个通知，告诉我在背风面的海岸边上。这是个海豹栖息地，是我寻找多年都没有找到的海豹栖息地。我要感谢我的哥哥死亡拉尔森，我撞上了一大笔财富。这简直就是个造币厂！它位于什么方位？”

“完全不知道，”我说，“不过你应该明确地知道。你最后一次观察方位时是在什么地方？”

他神秘地笑了笑，没有回答我。

“哦，水手们都到哪里去了？”我问道，“怎么就只剩下你一个人了？”

我猜想他会再次回避我的问题，但是出乎我意料的是他马上回答了。

“我的哥哥在四十八小时里抓住了我，不过那不是我的错。晚上只有一个人瞭望的时候他们登上了我的船。猎手们都抛弃我走了，因为他答应会给他们更多的红利——我亲耳听到他向他们说的。水手们理所当然地抛弃了我，这是意料中的事情。所有人都背叛了我，于是我被放在自己的船里流放了。死亡拉尔森赢了。说来说去，反正是一家人。”［赏析解读：海狼向主人公讲述了自己来到这里的原因是他的哥哥收买了那些水手，从侧面说明了“幽灵”号上的水手们和海狼的积怨已深，同时也体现出了人性中的贪婪。］

“可是你的桅杆怎么没有了？”我问道。

“你去看看那些短绳。”他说，然后向放后桅索具的地方指了指。

“它们是被用刀割断的！”我叫喊着。

“不全是，这活做得非常好，你再好好看看。”

我又仔细看了看。那些短绳只被割断了一部分，却还能拉住护桅索，只有受到更大的张力时才会折断。［赏析解读：要知道在强烈的风暴面前，只要护桅索断了，那么桅杆就会断掉。由此可以看出厨子富有心计，而且做得极为隐秘，破坏性也非常大，从侧面说明了他对海狼拉尔森的恨意有多么强烈。］

“我知道是厨子干的，”他又笑了，“虽然我没有现场抓住他。多少算是和我扯平了吧！”

“玛格利奇好样的！”我大叫起来。

“是的，事情发生之后，我也是这样想的。但是，是用对方的嘴这么说的。”

“可是，这一切发生的时候，你在干什么？”我问道。

“你可以相信，我尽了自己最大的努力，不过在那种情况下并没有什么用。”

我转身又去观察了一下托马斯·玛格利奇干的好事儿。

“我想我还是坐下来晒晒太阳吧！”我听见海狼拉尔森说。

他的声音里传达出了一点点（只有一点点）体力不支的暗示，他的声音很奇怪，我马上打量着他。他的手神经质地抹过脸，好像在抹掉脸上的蜘蛛网。这令我感到迷惑。整个情况与我过去熟悉的海狼拉尔森完全不一样了。

“你的头疾怎么样了？”我问道。

“还是很疼，”他回答说，“我现在就觉得疼。”

他从坐姿改为睡姿，躺在了甲板上。然后他翻过身子，把头枕到下面胳膊的二头肌上，用另一只手挡住阳光。我莫名其妙地望着他。

“现在是你的机会，骆驼。”他说。

“我不明白你在说什么。”我撒谎了，因为我完全明白他在指什么。[赏析解读：主人公特意假装没有听懂海狼的言外之意，表明了他的善良。]

“啊，没有什么，”他温和地接着说下去，仿佛在打瞌睡，“我是想告诉你，我落到了你希望的地方了。”

“不，我并没有希望你到这里来，”我反驳，“因为我希望你离开这里几千英里远。”

他冷笑了一声，不再说话了。我从他身边经过，往舱房走去，他纹丝不动。我揭开地板上的活门，望着黑洞洞的储藏室，心里满是疑惧，不敢下去。如果他的躺下是个阴谋怎么办？如果像被耗子一样被关到里面那就完蛋了。我悄悄地爬上升降梯，偷偷地看了他一眼。他还像我离开时那样睡着。我又下了楼，在跳入储藏室前，我采取了一个预防措施。我把活门先扔了进去。最起码捕老鼠时没有盖子了，不过那是完全不需要的。我尽量多拿了许多果酱、海饼干、罐头肉之类的，然后爬上来，把活门重新盖上。

我偷偷地看了海狼拉尔森一眼，他仍然没有动。我有了个绝妙的主意了。我溜进他的特别间，偷走了他的两把连发手枪，又彻底地搜查了其他三个特别间，直到再也没有发现武器为止。为了弄得彻底，我又回头走完了“下等舱”和水手舱，从厨房里取走了所有锋利的东西——切肉刀和切菜刀。然后我又想起他总带在身边的快艇刀。我走到他的面前，跟他说话，一开始是温和的，之后便大声叫了起来，他还是没有动。我躬下身子，从他的口袋里取出了刀子。我大大地舒了一口气。从此他再也没有能从远距离攻击到我的武器了，但是我有，即使他打算用他那猩猩般可怕的胳膊跟我打架，我也能摆平他。

我把拿来的一部分东西塞进了一个咖啡壶和煎锅中，又从船舱的储藏室中拿了一些瓷器，自己上了岸，把海狼拉尔森留在了阳光里。[赏析解读：主人公将船上的东西拿走时，海狼并没有阻拦，作者在这里设下了悬疑。]

茅德还在睡觉。我吹燃了火苗(我们还没有修冬季用的炉子)，匆匆煮好了早餐。在我快要完成时，我听到茅德的小屋里有了动静，她在梳洗。待一切弄好后，咖啡斟好，她的门打开了，她从屋里走了出来了。

“你这样做是不公平的，”她招呼我说，“你这是侵犯了我的特权。你知道你说过，烹饪是我的事，可你……”

“就这一次。”我解释。

“你要保证下不为例，”她微笑着，“要不然就是你厌恶了我那一点可怜的努力，当然。”

令我开心的是，她从来不往海滩上看，而我的俏皮话也很成功，于是她毫不在意地拿起瓷杯喝起了咖啡，拿起瓷盘吃起了煎薯干，还在饼干上抹上了橘子酱，但是很快，我就看出了她的惊讶，因为她发现自己吃东西竟然用的是瓷盘子，她又看了看早餐，注意到了那些细节。然后她看着我，脸开始慢慢地转向了海滩。[赏析解读：茅德在最初并没有发现有什么异常，当她看到手里的瓷器与食物后突然反应了过来，此处一系列的动作及神情描写，表现出了她内心的恐惧。]

“亨佛莱！”她说。

往日里那莫名的恐惧又从她的眼里升了起来。

“那是他……”她声音都颤抖起来。

我点头。

第三十三章　海狼拉尔森瞎了

[**名师导读**]

海狼拉尔森的到来使茅德和“我”感到十分不安，但是他们发现海狼连续数日都没有上岸，这让他们觉得很奇怪。于是“我”决定到“幽灵”号上去看看到底是怎么回事，但是结果却让“我”十分惊奇——海狼竟然瞎了。

我们一整天都在等着海狼拉尔森到岸上来。这期间的焦急感是难以忍受的。每过一段时间，我们中总会有一个人用期待的目光望向“幽灵”号。然而海狼拉尔森却没有上岸来，他甚至都没有在甲板上出现。

“或许是他的头疾又发作了，”我说，“我看他躺在舵楼的甲板上便离开了。或许他在那里躺了一整夜。我想我应该去看看。”

茅德用恳求的目光看着我。

“没关系，”我向她保证道，“我会把两支手枪都带上的。你知道我把船上的武器都拿走了。”

“但是他还有胳膊和手，那可怕、极其可怕的手！”她反对道，接着她大声叫喊起来：“啊，亨佛莱，我害怕他！不要去——请不要去！”[赏析解读：当主人公表示要去看望海狼时，茅德进行了阻止，从而体现出了她对主人公的爱意，以及对海狼的恐惧。]

她乞求地把她的手放在我的手上，我的脉搏克制不住剧烈地跳动着。我的心意肯定从眼里流露出来了。亲亲的、可爱的女人！多么娇媚！小鸟依人、惹人爱怜，如雨露阳光般地滋养着我的男子汉气概，使它根深叶茂，输送给它营养，给予它新的力量。我很想用手搂住她，像在海豹栖息地时一样，但我还是克制住了。

“我决不冒险，”我说，“只偷偷到船头上去看一眼。”

她恳切地抚摸着我的手，让我走了，但是我离开时他所躺的甲板上却空无一人。他显然是下楼去了。

那天夜里我们分头值班，轮流睡觉，因为谁也不知道海狼拉尔森会做出什么事情来。毫无疑问，没有什么是他不敢做的。

第二天我们等着，第三天我们还在等着，但是他却仍然没有动静。

“他那样的头痛，那样发作，”到了第四天下午，茅德说，“或许他是病了，而且病得很厉害，也许他已经死了。”

在等我回答的空当里，她又生出了新的想法，“或许他快要死了。”

“那更好。”我回答。

“可你想想，我们的一个同类正在孤独地死去。”

“也许吧。”我说。

“没错，即使是也许，”她附和道，“可是，我们并不知道。如果真是那样的话就太可怕了。我一辈子都不会原谅我自己的。我们一定要做些什么才好。”

“也许。”我又说。

我等着，心里对她那女人的天性感到好笑。它竟然迫使她关心起海狼拉尔森这样的人来了。那么，她对我的关心在哪里呢？我想——对我，她开始不是还不让我去船上看一眼吗？

她非常敏感，不可能没有注意到我没有说出来的意思，而她的坦诚与她的敏感很像。

“你一定得上船去弄清楚，亨佛莱，”她说，“如果你想嘲笑我，我可以同意，也原谅你。”[赏析解读：与之前不同，茅德建议主人公去船上探望海狼，她之所以会这样做，完全来自她对弱者的怜悯之心。]

我乖乖地站了起来，向沙滩走去。

“一定要小心。”她在身后嘱咐我。

我在水手舱顶上挥了挥手，走下甲板。我往船后走去，来到了舱房扶梯处，站在那里向下面叫了几声。海狼拉尔森做出了回应。他开始上楼，我也拉上了手枪扳机，也公然让他看见，但是他视若无睹。他看上去和我上次见到时一样，不过却更加沉郁、阴冷了。事实上，我们说的都称不上对话。我不问他为什么不上岸，他也不问我为什么不上船，他只是说他的头疾好了。[赏析解读：在主人公探望海狼时，戒备地举着枪，但是海狼对此却毫不在意，为后文作铺垫。]我什么也没说便下船去了。

当茅德听到了这一切后，终于放心了。随后，船上冒起了炊烟，她的心情更好了。第二天、第三天我们都看到有炊烟冒起，偶然还能看到他在舵楼甲板上活动。但是也不过如此，他并没有上岸的打算——我们很清楚，不过我们晚上还是坚持轮流值班。我们等着他行动，或者说摊牌，然而他却一动不动，这让我们感到十分迷茫、焦虑。

很快一周就这样过去了。海狼拉尔森成了我们生活的核心。他的存在压迫着我们，让我们变得紧张，原来计划要做的事都不做了。

但是到了周末，厨房就再也没有炊烟冒出来了，他也不再到舵楼甲板上活动。茅德越来越担心，尽管她出于畏怯——我看甚至是出于自尊——没有重新提出要求。说到底她有什么可指责的呢？她已经无私到了圣洁的地步，再加上又是女人，而我想到曾经想要杀死的人快要孤独地死去了，而且他又有同胞就在跟前，不免心生内疚。我的群体的信条比我自己更强大。他有跟我一样的手、脚和身体，这就对我形成了一种无法忽视的要求。[赏析解读：此处的叙述说明，体现出了主人公与海狼之间的情谊，他不能眼睁睁地看着海狼孤独地死去，体现了主人公的怜悯之心。]

没有等茅德再次提出要求，我就提出没有炼乳和橘子酱了，借机再上船去了一趟。她稍有迟疑，甚至低语那些东西不是我们的必需品，我到那里也不是很方便。她觉察到了我没有说出的思绪，也明白我的真正意图都是为了她和她的担心。她知道她没能掩饰住自己的忧虑。

我上到水手舱顶就把鞋脱掉了，穿着袜子悄无声息地向船后走去。这次我没有在升降梯处大声喊叫，而是小心谨慎地下到船舱，我发现舱房里没有人。他房舱的门是关着的。最初我想要敲门，但是转而想起了此行的目的，决定还是先把任务完成比较好。我小心翼翼地避免弄出声响，把地板上的活动板门拿开放到一旁。储藏品和供给品都放在储藏室里，我又利用这次机会拿了许多贴身衣服。

从储藏室出来后，我听到海狼拉尔森的舱房里有动静。我蹲下身子听着。门把手"嗒"的一声响，我凭着本能向桌子后面悄悄躲去，同时掏出手枪，上了扳机。门猛地被打开了，他走了出来。我从来没有在他脸上看到过如此深沉的绝望。海狼拉尔森——斗士、强人、不屈服的汉子——竟然会像个绞着自己手的女人一样，举起紧握的拳头痛苦地呻吟着。他的一只拳头松开了，手掌胡乱地抹过双眼，仿佛在扯掉蜘蛛网。

"上帝啊！上帝啊！"他痛苦地呻吟着，紧握的拳头又一次举起来，喉咙里发出无限的绝望之声。

那样的情景太可怕了。我全身发抖，感觉到我的脊椎在上下打颤，冷汗从我的额头上冒出来。毫无疑问，一个强人瞬间彻底垮掉了，如此的颓废沮丧，世界上再也没有比这更可怕的景象了。

但是，海狼拉尔森却凭借着惊人的意志力重新控制住了自己。那是一种真正的毅力。他的身体在不断地挣扎，浑身直发抖，像个急病快要发作的人一样。他竭力想让自己的脸变得平静如常，却扭曲、痉挛着，直到再次崩溃。他再一次攥紧拳头，向上举起，开始痛苦呻吟。他一次又一次地屏住呼吸，却抽噎着，然后他成功了。我几乎又看到以前的那个海狼拉尔森了，不过他的行动还是能够让人看出他依然软弱、迟缓。[赏析解读：在病痛面前，海狼受尽折磨，但是他还是凭借着顽强的意志力挺了过来。]他开始向升降梯走去，就像我一向看到他的样子，但是从他的步态中又似乎透露着某种软弱和迟疑。

现在我要为自己的安危担忧了。那揭开盖的陷阱就在他面前，他只要发现了陷阱马上就会发现我。我对自己很生气，竟然会落到如此怯懦的地步——蹲在地板上，可是还来得及，我急忙站起来，我知道，我本能地做出了战斗的架势。他没注意到我，也没注意到那揭开盖的陷阱。在我还没来得及看清形势采取行动时，他已笔直向着陷阱踩去。甚至他的一条腿已掉进了缺口中，另一条腿也快要离地了，但是那快要落下的脚却在没有踩在坚实的地板上时感到了下面的空虚，昔日那个果断敏捷的海狼拉尔森又重现了！他凭借着那猛虎般的肌肉，双臂一伸，胸口和腹部扑向对面的地板。随即他的双腿一缩，身子一滚，离开了缺口，但是他的身子已经滚到了橘子酱和内衣边，又撞到了活门上。[赏析解读：通过对动作细节的描写，说明了海狼对于危险有着敏锐的感知，而一系列的动作则说明了他的身手依然敏捷。]

他的脸上一副恍然大悟的神色。还没等我猜到他悟到了什么时，他已经把活门放回了原处，盖住了储藏室。直到这时我才知道，他已瞎了，瞎得像只蝙蝠，他以为把我关在了里面。我屏住呼吸观察着他。他又匆匆跑向特别间。我看到他的手错过了门把手，差了一英寸，急忙摸索后才抓住了它。这是我的机会。我踮起脚尖走过舱房，上到扶梯顶上。他回来了，拖着一口海上用的箱子，把它压在了活门上。好像这样还不够，他又搬来了另一口箱子，压在下面的箱子上。然后他又收拾起橘子酱和内衣放在桌上。他从升降梯向下爬的时候，我悄悄地从舱房顶上走了。[赏析解读：海狼的一系列动作，都证实了那位曾经的海上霸主真的失明了。]

他推开一部分滑板，双臂放在上面，身子却还留在扶梯里。那个姿态像是在巡视着眼前的三桅船，或者更像是在呆望着，因为他的眼神呆滞，而且并没有眨动。我就站在他眼前五英尺的地方，但是他却看不到。我觉得自己成了幽灵，这太不可思议了。我向他挥了挥手，当然没什么用；但是当那活动的阴影落到他的脸上时，他马上就会有所觉察。他努力确认和分析着那阴影，紧张了起来，好像在期待着什么。他知道自己在对外界的某种东西做出反应，了解他的知觉受到了环境中某种运动的东西的刺激；但他无法得知具体是什么东西。我的手停止了晃动，影子也静止了下来。他让他的脑袋在影子中缓慢地左右摆动，让它时而在阳光里，时而在阴影里，体会着影子，好像在以此测试自己的知觉。

我也想要尽快弄清楚他是怎么感觉到阴影这种触碰不到的东西的。如果只是会对眼球产生刺激，视神经还没有完全坏掉，这样解释就简单多了；否则我能得出的唯一结论就是：敏感的皮肤感受到的阳光和阴影的温度不一样。或者就是那传说中的第六感告诉他有个物体在他旁边。有谁知道?

他放弃了对那阴影的测试，然后以令我惊讶的速度和自信走上了甲板，但是他走起来仍然带有一些盲人的软弱。现在我是真的弄清楚了。

令我好笑且烦恼的是，他在水手舱顶发现了我的鞋，然后他把鞋拿到厨房去了。我看见他开始生火，动手给自己做饭。我偷偷地回到舱房，拿上橘子酱和内衣，悄悄地走过厨房，下到海滩，光着脚去传达我看到的情形了。

第三十四章　修补“幽灵”号

[**名师导读**]

“幽灵”号的到来为“我”和茅德带来了希望，他们计划修补好“幽灵”号并乘坐它离开苦干岛，但是他们的计划遭到了海狼的拒绝。他们的命运最终会怎么样呢？

“太糟糕了，‘幽灵’号失去了桅杆，要不然我们就能够驾着它离开了。你难道不这么觉得吗，亨佛莱？”

我激动得一跃而起。

“不好说，不好说。”我重复说，走来走去。

茅德的眼睛盯着走来走去的我，闪着亮光，眼睛里满含着期望。她对我竟然如此信任！一想到这点，我浑身都是力量。我记起了米什莱（1789—1874年，法国历史学家，主要作品有《法兰西史》）的话：“女人对于男人来说，就像是大地对她传说中的儿子；他只要躺下来亲吻一下母亲的乳房，就会重新获得力量。”这是我第一次认识到了他话中的真实性。为什么？因为我用生命体会到了。茅德就是我的一切，是力量和勇气的无穷无尽的源泉。只要我看到她，或是想到她，就会重新变得有力量。

“能行，能行，”我一边思考着一边大声说：“别人能做到的我也能做到；就连别人没能做到过的，我也能做到。”[赏析解读：茅德的鼓励带给了主人公无限的动力，使他对自己充满了信心。]

“做什么，天啊！”茅德问道，“仁慈些吧，你能做什么呢？”

“我们可以的，”我做出改正，“把桅杆在‘幽灵’号上竖起来，不就是这个吗？”

“亨佛莱！”她惊声叫起来。

我为我的设想感到自豪，好像这个想法已经被付诸现实了。

“可是，怎么才能办到呢？”她问道。

“我不知道，”我回答说，“我只知道现在我什么事情都能办到。”

我对她得意扬扬地笑了笑——太得意了，因为她垂下了眼帘，好一会儿都没有说话。

“可是还有个海狼拉尔森船长。”她反对说。

“他瞎了，无能为力了。”我马上回答，把海狼拉尔森像枯草一样扔到一边。

“但他那双恐怖的手！你知道他是怎样跳过储藏室的门的吗？”[赏析解读：此处的语言描写，体现出了茅德对海狼的恐惧，由此可见海狼的残暴已深入人心。]

“但是你也知道我是怎样躲开了他的。”我快活地反驳。

“不过，鞋子倒是弄丢了。”

“鞋子不让我的脚在里面，就很难有希望躲过海狼拉尔森的。”

我们哈哈大笑，然后便严肃地制定方案。我们要把“幽灵”号的桅杆竖起来，载着我们重返文明社会。我对在学校中学的物理学还有模糊的记忆，这几个月我又有了使用滑车的实战经验，可是当我们站在“幽灵”号前仔细地审视眼前的任务时，我不得不承认，那些躺在水中的巨大桅杆让我觉得很沮丧。我们要从哪里入手呢？哪怕还有一根桅杆竖着，也还有在高处固定滑车和索具的地方！但是根本没有！这让我想起揪住自己的鞋带把自己提到空中这个问题。我知道杠杆原理，但支点在哪儿呢？

主桅就在那里，现在的桅底直径是十五英寸；折断后剩下的部分长六十五英尺，我粗略地计算了一下，最起码有三千磅重。然后是前桅，它的直径更大，重量一定不会少于三千五百磅。我要从哪里入手呢？茅德站在我身边一声不吭，我心里正酝酿着被水手们称为“人字吊”的工程。但是尽管水手们都知道“人字吊”，我的“人字吊”却是我在苦干岛上设计出来的。把两根木杆交叉扎紧，竖起来，形成一个倒立的“V”，这样我就可以在甲板上方得到一个可以固定起吊滑车的支点。必要时还可在这个起吊滑车上固定第二个起吊滑车。然后使用绞盘！［赏析解读：此处的叙述说明，点明了主人公想要修补“幽灵”号桅杆的打算，同时也体现出了这项工作无比艰难。］

茅德听到我的计划，出于怜悯，她红了眼眶。

“你怎么做呢？”她问。

“清扫现场。”我回答，指着水里那堆凌乱的残骸。

啊，我听着自己那镇定的声音十分决绝。“清扫现场！”想想看，这个充满水手气息的句子几个月前能从亨佛莱·范·魏登的嘴里说出来吗?

我的姿态和声音肯定带着情节剧的夸张成分，因为茅德笑了。她对可笑的事情非常敏感。凡是略带矫情、夸张和双关语之类的东西都难逃她的慧眼，一抓一个准，也因此使她的作品犀利深刻，让她获得了世界性的价值；具有幽默感和表现力的严肃的评论家也必须能抓住世人的耳朵，而她正是如此。她的幽默感就是艺术家对比均衡的直觉。

“这话我以前肯定在什么地方听到过，在书本里吧！”她快乐地呢喃。

我也是有分寸感的，这回却冒失了，胸有成竹的大师一下子陷入了狼狈不堪中。这样的场面很让人尴尬。

她马上抓住了我的手。

“对不起。”她说。

“不用，”我认输，“这对我有好处。我身上的学童气息太重了，可是它并没有表现在我身上，也没有表现在我的用词上。我们要做的事无非就是：清扫现场。如果你愿意和我一起上小艇去，我们就干起来，先清理出个头绪再说。”

“‘桅楼人员口含着折刀，在清扫现场。’”她对我调侃道。那天下午的时光里，我们总是拿我们的劳动打趣。

她的任务是稳住小艇，由我来清扫现场。场面极其混乱——升降索、帆脚索、支索、拉索、护桅索、桅支索，全部被海水冲得乱成一团，有的绞成了股，有的打成了结。我尽量不割断它们，时而把一根根长绳在帆底横桁下面拉过，在桅杆旁边绕过；时而把升降索、帆脚索的疙瘩解开；时而把绳在小艇里盘好；时而抽出盘好的绳穿进绳扣的另一个绳圈。没过多久我就满头大汗了。[赏析解读：此处对于主人公与茅德修补“幽灵”号场景的描述，看似一切顺利，但是事情真的会如他们所期待的那样发展吗？]

有的帆必须要用刀拉开。帆布被水泡过后会变得很重，这严重地考验着我的力量。不过，我还是在天黑之前把所有的东西整理好了，将它们都摊在海滩上晒着。收工回去吃晚饭时，我们累坏了，但是工作却很有成效，虽然看上去并没有多了不起。

第二天早上，我在茅德的帮助下进入“幽灵”号的船舱，从桅座里清理桅杆的断头。我们刚开始干活，敲打声便惊动了海狼拉尔森。

“喂，下边的人！”他在敞开的舱盖口上喊道。

他的声音吓得茅德赶快靠近了我，仿佛在寻求保护。我们谈话的时候她总是用一只手抓着我的手臂。

“喂，甲板上的人，”我回答，“早上好啊！”

“你在下面干什么？”海狼拉尔森问，“打算帮我把船凿沉吗？”

“恰恰相反，我在修理它。”我回答说。

“可你到底在修理什么玩意儿？”他的声音里流露出一丝不解。

“我准备把桅杆重新装进桅座里立起来。”我不假思索地回答着，好像这是能想象出的再简单不过的项目。

“你好像终于靠自己的腿站起来了，骆驼。”我听到他说，接下来的一段时间里他都沉默无语。

“可是我说，骆驼，”他向下喊道，“你不能修。”[赏析解读：当主人公向海狼说明自己正在修补“幽灵”号时，却遭到了海狼的拒绝，此处设下了悬念，引起读者的好奇。]

“我能修，”我反对，“我现在就在修。”

“可是这是我的船，是我的私人财产。如果我不同意呢？”

“你忘了，”我回答说，“你不再是最大的一块酵母了。虽然你过去是，就像你特别喜欢说的那样，能够把我吃掉；但是现在你变小了，现在我能把你吃掉了。你这块酵母已经腐败了。”

他笑了起来，笑声短促而刺耳，“我看出来了，你把我的哲学全都运用到我的头上了。可是你别犯错误，也别小看我。我是为了你好才警告你。”

“你什么时候变成慈善家了？”我问道，“在你为了我好而警告我的时候，你必须要承认，你的话前后矛盾得很厉害。”

他对我的讽刺充耳不闻，接着说：“如果我现在就把舱口盖盖上，你会怎么办呢？你这次可没法子像在储藏室那样骗过我了。”

“海狼拉尔森，”我厉声说道，这是我第一次用他最熟悉的名字喊他，“我不能射杀一个孤独且没有抵抗能力的人。你已经见证了，你因此感到满意，我也是。但是现在我警告你，倒不是为了你好，而是为了我自己。只要你准备采取任何敌对行动，我就会立刻开枪打死你。我现在可以站在这里开枪打死你；如果你有那种想法的话，那就不妨试着盖上舱口盖吧！”

“但是我依然禁止你，我明确禁止你乱动我的船。”

“可是，伙计！”我忠告他说，“你强调这是你的船，认定这是事实，好像那是一个道德权利。可你在和别人打交道时从来就没有考虑过道德权利。你一定不会梦想我在与你交往时会想到道德权利吧？”[赏析解读：主人公在面对海狼时毫不畏惧，并勇敢地发出了抗议之声，由此可见主人公的改变。]

我走到了敞开的舱口底下，这样就可以看见他了。他的脸上没有表情，和我那次偷偷看着他的时候截然不同，由于瞪着眼睛，眼皮一眨也不眨，使他看起来更没有表情了。此时那张脸看起来并不怎么高兴。

“就连骆驼这样的可怜虫都对我毫无敬意了。”他轻蔑地说道。

那轻蔑完全表现在他声音里，脸上却没有表情，和任何时候都一样。

“你好，布露丝特小姐。”他停顿了一会儿，突然说道。

我被吓了一跳。她一直没有出声，纹丝不动。难道他还残留着一点视力吗？又或是他的视力在恢复吗？[赏析解读：此处主人公的心理活动，说明了他的惊讶之情，他不明白为什么失明的海狼会突然和茅德打招呼，为后文埋下伏笔。]

“你好，拉尔森船长，”她回答说，“请问，你怎么会知道我在这里呢？”

“我听到你的呼吸了。我说骆驼很有长进，你这样想吗？”

“我不知道，”她答道，冲我微微一笑，“我没有见过他以前的样子。”

“那你应该看看他以前的样子。”

“吃一服叫海狼拉尔森的药，要大剂量的，”我嘟哝说，“前后对比。”

“我要再次警告你，骆驼，”他用威胁的口气说，“你最好别乱动我的东西。”

“难道你不想和我们一起逃离这里？”我不相信地问。

“不，”他回答，“我想死在这儿。”[赏析解读：此处的语言描写，说明了海狼消极的生活态度，这与之前那个狂妄自大的海狼形成了鲜明的对比。]

“但我们不想。”我轻蔑地下了结论，继续敲打起来。

第三十五章　我们成功了

[**名师导读**]

“我”和茅德没有将海狼的拒绝放在心上，还是尽心尽力去修补“幽灵”号。可是当他们完成一天的辛苦劳作后，再次登船时却发现他们的劳动成果都被海狼毁坏了。虽然海狼的做法令“我”十分气愤，但是只要和茅德在一起，“我”什么都不在意。

第二天桅座清理好了，一切准备就绪。我们开始把两根中桅往船上吊。主中桅有三十多英尺长，前中桅大约有三十英尺，我想用这两根桅杆做“人字吊”。那是件难事。我把一套大复式滑车接在绞盘上，将另一头拴在前中桅的底部，开始起吊。茅德负责绞盘的转向，并把收上来的绳子盘好。[赏析解读：此处的叙述，向读者大概地介绍了当天主人公和茅德的工作内容，为后文作铺垫。]

那桅杆起吊是如此轻松，这令我们感到吃惊。那是一个经过改良的曲柄绞盘，威力巨大。当然，扩大的力量要用距离来弥补，力量增加了多少倍，我绞起的绳子就要长出多少倍。复式滑车沉重地吊过了栏杆。等桅杆一离水，它的重量也会随之增加，而我在绞盘上也越来越费劲。

但当中桅底部与栏杆齐平时却停住了。

“我早该想到的，”我烦躁地说，“只能从头做起了。”

“为什么不把复式滑车固定在离桅杆底部远一点的地方呢？”茅德建议。

“我从一开始就该这么做。”我回答，对自己很恼火。

我松掉了绞盘，把桅杆放回水里。在离桅杆底部三分之一的地方固定了复式滑车。一小时后（包含了起吊中途的休息），我把桅杆吊到了再也不能往上吊的地方。桅杆头高出了栏杆八英尺，可是这次还是和上次一样，距离把它吊上船来还很远。我坐下来仔细地想了想，片刻后就高兴得跳起来。

“有办法了！”我叫道，“我应该在平衡点固定复式滑车。从这里得到的教训可以用来进行以后船上的任何起吊工作。”

我又一次进行返工，把桅杆放回水里，但是我计算的平衡点不精准，起吊时翘起的是桅杆头，而不是桅杆底。茅德露出失望的神色，但是我却笑着对她说那样也可以。

我叮嘱她绞盘该如何旋转，又让她一听见命令就放松。然后我就用手抓住桅杆，平衡好了，拉过栏杆，再叫她放松。在我认为合适时，叫她放松，然而桅杆没那么听话，又荡了回去。我再次把它提到原来的高度，因为我现在又有了一个新的想法，想起了一个单、双滑轮的小装置，把它取了来。

我把那装置的一头固定在桅杆顶上，另一头连在对面的栏杆上，这时海狼拉尔森来到了这里。我们除了和他打了个招呼外，再也没有说其他的。他虽然看不到，却还是坐在栏杆不碍事的地方，无论我干什么活他都听着。[赏析解读：此处的叙述说明，起到了承下启下的作用，交代了海狼的出场。]

我再次叮嘱茅德一听到我的命令就马上放松绞车的绳索，而我则开始拉动单、双滑轮。桅杆慢慢地向船里移进来，越过栏杆形成直角被拉了进来，随后我非常吃惊地发现茅德没有必要再放松绳索了。事实上，拉紧绳索才是她要做的。我固定好了单、双滑轮，再用绞盘把桅杆一英寸一英寸地拉进来。直到桅杆顶端向着甲板坠下去，最终全都落在了甲板上。

我看了看手表——刚好十二点。我的背部太痛了，异常疲惫和饥饿，而甲板上却只躺了一根木头，这代表着我们整个上午的工作成果。这时我才第一次充分意识到我们面前的任务有多么繁重，但是我在学习。下午的成果一定会好很多，而事实也确实如此。我们好好地享用了一顿午餐，得到了休息，也恢复了体力，在下午一点钟的时候又回来了。

我用了不到一个小时就把主中桅吊到了甲板上，开始做“人字吊”。我把两根中桅捆绑在一起（两根不一样长的，要扣除一部分），我把主喉头升降绳的双滑轮固定在交叉点上。有了它，再加上单滑轮和喉头升降绳本身，一个重复式滑车就做好了。为了不让桅杆底部在甲板上滑动，我钉进了粗大的楔子。一切就绪时，我在“人字吊”的顶端拴了一根绳子，拴紧后直接拉到了绞盘上。我渐渐对那绞盘越来越有信心了，因为它给我的力量大大超乎我的想象。一如往常，茅德掌握着绞盘，我负责起吊。“人字吊”就竖起来了。[赏析解读：此处的叙述，写出了主人公与茅德修补“幽灵”号的过程，详细的描写凸显出了这项工作的艰难。]

这时我才发现忘了挂导引索了。因此，我被迫两次爬上了“人字吊”，才把连接船前船后和两边的导引索拴好。这项工作做完已是夜色降临了。海狼拉尔森坐在一边听了一下午，却始终没有开口说话，这时候他到厨房里做晚饭去了。我觉得后腰僵硬，好不容易站直了身，还是觉得很疼。我自豪地审视我的工作。它马上就要派上用场了。我变得急切，就像小孩子得了新玩具一样，疯狂地想用我的“人字吊”吊东西。

“我希望时间还没有这么晚，”我说，“那样我就能看看它怎么工作了。”

“别那么贪心，亨佛莱，”茅德指责我，“记住，明天总会来的，你现在累坏了，连站起来的力气都没有了。”

“你不累吗？”我有点担心她，“你一定非常累了，你干活既辛苦又高贵。我为你骄傲，茅德。”

她与我对望着，过了好一会儿她才回答，“赶不上我为你骄傲的一半，理由也没有你的一半多。”她的眼神意味深长，里面有一种我从来没有见过的表情，其中还颤动着一种愉悦的光芒，那个眼神马上就让我快活不已——不知道为什么我不懂。然后她垂下眼帘，当她再抬起头时，脸上带着微笑。

“如果我们的朋友现在看到我们，会怎么想呢？”她说，“瞧瞧我们自己吧，你曾有想过我们现在的模样吗？”

“想过，想过你的样子，经常想。”我被她眼里的光芒迷住了，也因为她突然改变了话题而迷惑。

“天呀！”她叫道，“那么，我像个什么样子？请问。”

“像个稻草人，我担心。”我回答，“例如，只要看看你那拖脏了的裙子，你裙子上那三角形的破洞，还有这样的腰！不需要福尔摩斯就可推出结论：你一直围着灶台做饭，更不要说拿海豹脂肪熬油了。特别是你那顶帽子，这真的是写出《任他亲吻》的女诗人吗？”

她向我庄严地行了一个花哨的礼，说，“至于你嘛，先生……”

在接下来的五分钟里，我们之间的相互戏谑闹腾中带着一种严肃的东西。我只能把它跟她眼中一闪即逝的奇怪表情联系起来。那是什么？难道是我俩的眼睛在无言地述说吗？我知道我的眼睛曾说过话，后来我知道了其中的缘由，便把它们禁言了。这事发生过几次，可是她看到我眼里的呐喊了吗？她看懂了吗？她的眼睛对我说过话吗？我那样的表情还有其他意思吗？——那颤动着的、欢乐的光，还有那无言的意味。可是，那是不可能的，而且我也不会眉目传情。我只不过是范·魏登，一个堕入情网的书呆子，而爱、等待、获得爱，对我来说已经很辉煌了。在我们彼此嘲笑着对方的外表时，我这样想着，直到我们上了岸，要考虑别的事情为止。

“真可惜，辛苦了一天，还不能睡个安稳觉。”晚饭后我抱怨道。

“可是，现在不会再有危险了吧？一个盲人能干什么？”她问。[赏析解读：在茅德的认知里，失明的海狼已经不具备危险性了，这为后文埋下了伏笔。]

“我永远都不能相信他，”我肯定地说，“现在他瞎了就更不能相信他了。他现在的孤寂无助很可能使他比以前更恶毒。我知道我明天该怎么做。第一件事就是抛出一个轻锚，让大船离开海滩停下来。我们每天晚上都划着小艇上岸，而海狼拉尔森先生就成了船上的囚徒了。这样看来，今天晚上就是我们必须要守夜的最后一次了。这会让我们好过一些。”

我们早早醒来，天亮时已经快吃完了早饭。

“啊，亨佛莱！”我听见茅德沮丧地叫起来，然后突然停了下来。[**赏析解读：就在一切都看起来进入了正轨时，意外就这样悄无声息地发生了，此处的语言描写为引出下文作铺垫。**]

我看了看她。此时她在望向“幽灵”号。我顺着她的目光看过去，却没有看见什么异常的东西。她看了看我，我用疑问的目光向她看去。

“‘人字吊’。”她说，她的声音在颤抖。

我早已忘记“人字吊”的存在了。我又看过去，可是什么也看不见了。

“如果他把它——”我凶狠地嘟哝说。

她把手放在我的手上以示同情，并且说：“你还是另外做一个吧！”

“相信我，我的怒气不算什么，我连一只苍蝇都伤害不了，”我回身对她苦笑，“而最糟糕的是，他知道我们不会伤害他。你说得对，如果他毁掉了‘人字吊’，那我除了重新开始，也没有别的办法。”

“不过，今后我只好去船上守夜了，”过了一会儿我脱口说道，“如果他干扰的话……”

“但是夜里我可不敢一个人待在岸上，”茅德说，这时我也冷静了下来，“如果他能和我们友好相处，并帮助我们那该多好啊！我们大家都可以舒舒服服地生活在船上了。”

“会的，”我也保证，但仍然恶狠狠的，因为我那可爱的“人字吊”被毁掉了，这让我万分难受，“也就是说，你和我就要搬到船上去生活了，不管能不能和海狼拉尔森友好相处。”

“真是太孩子气，”过了一会儿我大笑起来，“他竟然做出这样的事来，我为这种事跟他生气也是孩子气。”

但是当我们爬上船看到他破坏的场景时简直深恶痛绝。“人字吊”完全没有了，导引索被割断了，扔得到处都是。我建造的喉头升降索的每一部分都被砍断了，而且他知道我没有拴接技术。我突然有了一个想法，向绞盘跑去，发现绞盘也被他破坏了。我们大惊失色，她看看我，我看看她。随后我又跑到了船侧。桅杆、下桁以及我清理出来的桅桁全都不见了。他摸到了我用来捆绑它们的绳子，把它们扔到海里，漂走了。[赏析解读：海狼用行动表达出了自己的不满，他根本就不想离开这里。]

茅德的眼里涌起了泪花，我相信那是为了我。我几乎也要痛哭流涕了。我们的计划怎么办？他做得很彻底。我在舱口盖上坐下来，两手撑着下巴，陷入深深的绝望中。

“这家伙该杀，”我叫道，“上帝宽恕我，我不够男子汉，不能做他的刽子手。”

然而，茅德站到了我的身边。她用她的手抚摩着我的头发以示安慰，仿佛我是个孩子。她说，“好了好了，一切都会好起来的。我们是正义的，会好起来的。”

这让我想起了米什莱的话，我把头靠在了她的身上，真的，力量又在我体内出现了。那受到祝福的女人是我永远不会干枯的力量源泉。这算得了什么？一点挫折，耽误了一点时间而已。潮水不会把桅杆、横桁冲得太远的，而且没有风，不会被冲到海里去的，不过要多花点工夫去找一找，再拖回来。再说那也是一个教训。我明白他会干什么了。如果他等到我们成果更显著的时候再破坏，那问题就更大了。

“他来了。”她低声说。

我抬头一看。他在舵楼甲板的左舷边散步。

“别管他。”我悄悄说，“他是来看我们的反应的。别让他知道我们已经发现了。我们可以拒绝给他那样的满足。把鞋脱掉——对——拿在手里。”

我们就跟他捉起了迷藏。他到左舷，我们就溜到右舷；我们在舵楼甲板上观察着他转身向船后走，追踪我们去了。

不知是怎么回事，他肯定知道我们已经上了船，因为他自信地说，“早上好。”等着我们回应他。然后他又往船后逛去，而我们又重新溜到了前面。

“啊，我知道你在船上。”他叫道。我看到他在说完话后做出专注地侧耳倾听的姿势。

这让我想到呜呜叫的猫头鹰，叫过之后等着吓傻了的猎物动弹。可是我们并没有动弹。他动我们就动。我们就像这样手牵手地在甲板上躲来躲去，像是被一个邪恶的妖魔追赶着的两个孩子。直到海狼拉尔森表现出厌烦，离开甲板回舱房去了。我们穿上鞋子，爬过船边，进入小艇，眼里闪出了亮光，我们忍住了窃笑。我望着茅德清澈、褐色的眼睛，忘记了海狼拉尔森做的坏事，我只知道我爱她；因为有了她我就有力量找出回到我们世界的路。[赏析解读：主人公和茅德用捉弄海狼的方式对他进行了报复，这种孩子气的行为表现出了他们的善良和纯真。]

第三十六章 海狼拉尔森旧病复发

[**名师导读**]

“我”和茅德并没有放弃离开这里，但是海狼却接二连三地搞破坏，这让“我”无法忍受，他甚至还妄想用装病的办法攻击“我”。而此时迫切想要回去的茅德对海狼发起了攻击。

我和茅德在海里转了两天，到各个海滩寻找丢失的桅杆，一直到第三天才找到。桅杆、横桁、斜桁，包括“人字吊”在内全都找到了。没有在其他危险的地方，而是在西南部那个险恶的海岬的大浪中。我们费了很大精力！黄昏时，我们才拖着主桅筋疲力尽地回到小海湾。

又一天过去了，很伤心，也很危险，我们终于把两根中桅带回了营地。第二天我孤注一掷，把前桅、前横桁、主横桁、前斜桁和主斜桁都绑到了一起。那一天风向有利，我原以为可以依靠帆力把它们全都拖回去；但是风不随人意，没过多久就停了，我们只好用桨划水，慢得就像蜗牛一样，真让人泄气。后面拖着沉重的东西，即使把全身的力气和重量都放在桨上，小艇仍然寸步难行。真的令人不快。

夜幕开始降临，雪上加霜的是迎面吹起了风。不仅向前行走受到阻碍，连我们自己都被拖向外海。我拼命划着桨，直到筋疲力尽。可怜的茅德也一直在拼命干活，我怎么也无法阻止她，她也累得躺在了艇尾座上。我划不动了，磨破的手又肿又胀，根本无法握住桨把，手腕和手臂疼痛难忍。虽然我在十二点美美地吃了一顿，却因为干活太苦，这时饿得快晕过去了。[赏析解读：主人公和茅德在回去的路上遇到了新的困难，接下来他们会怎么做呢？]

我把桨收回来，向拽着筏子的绳弯下身去。但是茅德突然向我伸出手阻止了我。

“你要干什么？”她吃力地问，声音听起来很紧张。

“把它扔掉。”我回答。

但是她的指头捏住了我的指头。

“请不要扔。”她请求道。

“不行了，”我答道，“已经是晚上了，风又在把我们往海里刮。”

“但是，你想想，亨佛莱，我们要是不能驾驶‘幽灵’号离开，可能就要在这座岛上待上好多年了——甚至是一生。既然它这么多年都没有被人发现，那么以后也很可能永远不会被人发现了。”

“你忘了我们在海滩上发现的小艇了。”我提醒她。

“那是一艘猎海豹的小艇，”她回答，“你也十分清楚，如果那上面的人逃了出去，他们一定会回来找到这个海豹栖息地，发大财的。你很清楚他们根本没逃出去。”[赏析解读：虽然茅德早已看出停留在岛上的那艘小艇并没有人生还，但是却一直没有说出来，说明了她的聪慧与温柔。]

我没有说话，仍然在犹豫。

“而且，”她迟疑地说，“这本来是你的意思，我希望能看见你取得胜利。”

此刻我只得硬起心肠。她从我的角度夸奖我，出于大度我只好否定了。

“就是在岛上过上多年，也比今晚、明天或后天死在小艇上好。我们没有在海上冒险的准备，没有食物，没有水，没有毛毯，什么都没有。你的身体情况我很清楚，你现在还打着寒战呢！”

“只不过是紧张罢了，”她回答，“我怕你会不理睬我的意见把桅杆扔掉。”

没过多久，她爆发了，不停地喊叫着：“啊！求你啦，求你了，亨佛莱，不要扔！”[赏析解读：茅德的尖叫声，体现出了她想要回去的迫切心情。]

就这样一锤定音了。她十分清楚她的恳求对我有着至高的力量。我们整夜被冻得抖个不停，十分难受。我偶然打会儿瞌睡，就会被冻得生疼，醒了过来。我不能想象茅德是怎么熬过去的。我疲倦得连挥手取暖这个简单的动作都做不到了，但是仍然拼命地为茅德反复搓手搓脚，让她恢复血液循环。不过她仍然请求我不要扔掉桅杆。凌晨三点钟左右，她冷得抽起筋来，我又给她搓揉，后来她虽然不抽筋了，却几乎冻僵了。我害怕了，也顾不上她现在衰弱至极，拿出桨逼着让她划，每划一桨我都会担心她是否会昏过去。[赏析解读：此处对于细节的描写，一方面再次强调了茅德的勇敢，另一方面说明了海上天气的恶劣。]

天亮了，我们在逐渐明亮的晨曦里寻找着我们的小岛，找了很长时间，终于看到在十五英里外的海平线上有一个小黑点，那就是我们的小岛。我用望远镜看向大海，却发现在西南方向遥远的水面出现了一条黑线，而且正在快速地扩展。

“好风来了！”我的声音嘶哑，连我自己都不敢相信那样的声音是从我的嘴里发出来的。

茅德想回答，但已经说不出声了。她的嘴唇冻得乌青，眼睛凹了进去——但是，啊，那双褐色的眼睛仍旧无畏地望着我！勇敢得让人心疼！

我又急忙给她搓手，帮她上下前后地活动胳臂，直到她自己能够挥动为止。然后我又强迫她站起来，尽管没有我的搀扶她几乎就会跌倒，但是我仍然逼着她在艇头和艇尾之间来回走动，最后还让她跳了几下。

“啊，你这个勇敢的女人，”我看见生命的光彩又回到了她脸上，说，“你知道自己勇敢吗？”[赏析解读：此处的语言描写，表达出了主人公对茅德的钦佩，以及茅德的坚强。]

“我从来都不是勇敢的人。”她回答，“在我认识你以前我从来就不勇敢，是你让我勇敢起来的。”

“我也一样，在我见到你之前也不勇敢。”我回答。

她飞快地望了我一眼，我再一次看到那双眼睛里那颤动着的快乐的光，还有一点什么别的东西一闪而过。然后，她笑了。

“都是环境逼的。”她说，不过我知道她言不由衷，而且我怀疑她心里也知道是怎么回事。

很快风来了，新鲜而适当，小艇很快便乘风破浪地向着小岛驶去。到了下午三点半，我们就已经绕过了西南方向的海角。这个时候我们不但饿了，而且还很渴，嘴唇又干又裂，还不能用舌头去舔。然后风慢慢小了，到了夜里索性一丝也没有了。我只好再次用桨划——不过没有力气，一点儿力气都没有了。凌晨两点钟，小艇在我们的海湾的滩头靠了岸，我摇摇晃晃地下了船，然后拴紧了缆绳。茅德已经站不起来了，我扶着她，却连着她一起跌倒在了沙滩上。等我爬起来后，只好抓着她的腋下把她拉上了沙滩，送进了她的小屋。

第二天我们没有干活。实际上我们一直睡到了下午三点钟——或者我是这样的。因为醒来后我看见茅德在做饭。她的恢复能力令我吃惊。她那像百合花一样娇弱的身子里有着一种坚韧的东西，一种对生命的执着，这与她表面显示出的柔弱极不一致。[赏析解读：此处的叙述说明起到了承上启下的过渡作用，引出下文中两人的对话。]

“你知道我是为了健康才到日本来的，”我们吃过饭后流连在篝火旁，感受到了无所事事的惬意，她说，“我身体不好，一直都是这样。医生们建议我进行海上旅行，于是我挑选了最远的航线。”

“你那时可没有想到自己挑选了什么。”我大笑起来。

“但是这次的经历会使我变了一个人，身体也会结实起来。”她回答说，“而且我希望能成为更好的女人。至少会对生命有更多的了解。”[赏析解读：虽然这次航行使茅德吃尽了苦头，但是这个曾经弱不禁风的娇小姐却因为磨炼而变得不同了，从侧面也体现出了她在面对艰难困苦时的乐观心态。]

短暂的一天就这样过去了，我们开始讨论起海狼拉尔森失明的问题。这事让人觉得无法理解，但是却很严重。我引用了海狼拉尔森自己的话，说他打算待在苦干岛，死在这里。像他那样一个热爱生命的强人，却突然接受了死亡，很明显，他遭遇了比失明更痛苦的折磨。他的头疾十分严重，我们一致认为那是脑子的一种病变，而当头疾发作时，他承受的痛苦则是我们无法想象的。

我注意到，当我们谈论海狼拉尔森时，茅德对他产生了越来越强烈的同情，可是我却因此更爱她。她的同情是那么富有女人的妩媚，感情里也丝毫没有虚假的成分。她同意，如果我们准备逃走就一定要采取最严厉的措施。但是在想到我为了拯救我的生命（用她的说法是“我们的生命”）有可能在某个时候被迫要杀死他时，她又不自觉地退缩了。

早上吃完饭，天一亮就开始干活了。我在前舱找到了一只小锚（那里存放着这些东西），费了不少劲才把它弄到甲板上，然后放进了小艇。我从“幽灵”号的船尾接了一大盘绳子，把小艇划入我们的海湾，在那里把锚扔进水里。没有风，海浪很大，三桅船晃动着。我主要都靠自己的力气（因为绞盘坏了）放绳和下锚，直到小艇在锚的牵制下几乎只是上下摇摆。那个锚太小了，连轻微的风力都承受不了，因此我又把左舷的锚放了下去，给它留出了足够的绳索。

下午我便开始修理绞盘。

我修了三天绞盘。我最不适合的职位就是机械师了。我三天完成的工作普通机械师只需要三个小时就能做完。我不得不从工具学起，机械师那背得滚瓜烂熟的基本原则我也得学。第三天过去了，我拥有了一个运转得不够灵活的绞盘。它从来没有像原来的绞盘那样令人满意过，但好歹还能用，我又可以继续工作了。[赏析解读：此处将机械师修理所需的时间与主人公花的时间对比，凸显出了主人公为了修理绞盘所付出的辛劳和努力。]

我用了半天时间把两根中桅拉到了船上，扎成了“人字吊”，安装好导引索。那天晚上我躺在三桅船甲板上，在我的作品旁睡觉。茅德不愿意一个人待在岸上，便睡在水手舱里。海狼拉尔森那天坐在那儿听着我修理绞盘，还与茅德和我说了些不相干的话。我们双方都没有说到破坏“人字吊”的事，他也没有再阻止我去修补他的船，不过即使这样，我还是很怕他：他的眼瞎了，残疾了，却总是听着。我工作时尽量让自己和他那强壮的胳臂保持一段安全距离。

那天夜里我在我心爱的“人字吊”下面睡觉时被他的脚步声惊醒。夜空中有星星，我模糊地看到他那魁梧的身影在移动。我从毛毯里滚出来，穿着袜子悄悄地尾随着他。我看到他从工具箱里找来了一把两端有柄的刮刀。他打算用那把刀割断我再次固定在“人字吊”上的喉头升降索。他用手摸到了升降索，却发现我并没有绷紧绳子。于是他便抓着松弛的那部分，拉紧使其固定，然后就想用刮刀割断它。

“如果我是你，就不那么干。”我冷冷地说道。

他听到了子弹的上膛声，笑了。

“喂，骆驼，”他说，“我一直都知道你在这里，你别想骗过我的耳朵。”

“你撒谎，海狼拉尔森，”我说，声音依然冰冷，“不过我倒巴不得有机会杀掉你，你割吧。”

“你一直都有机会。”他轻蔑地说道。

“割吧。”我阴郁地威胁着他。

“我倒是让你大失所望了。”他笑着，转身向船后走去。

“总得想出个办法，亨佛莱，”第二天早上我把夜里发生的事情告诉了茅德，她说，“他只要有自由，任何事情都会做出来的。或许他还会凿沉船，或许会放火烧掉它。没有人知道他究竟会做什么。我们得把他关起来。”[赏析解读：在面对海狼的威胁时，茅德有着自己的想法，她的想法为后文作铺垫。]

“可是怎么关呢？”我无可奈何地耸耸肩，“我不敢靠近他的胳膊，而且他很清楚这一点，只要他的反抗是消极的，我就无法对他开枪。”

“总会有办法的，”她争辩说，“让我想一想。”

“有一个办法。”我冷峻地说。

她等着我说下去。

我拿起了一根打海豹的木棒。

“不至于把他打死，”我说，“不过在他醒来之前，我就可以把他捆结实了。”

她摇了摇头，打了个寒战，“不行，不能这么做。一定还有不那么残忍的办法的。我们等等再说吧！”[赏析解读：此处的语言描写，表现出了茅德的善良和她对海狼的怜悯。]

然而我们并没有等太久，问题就自己解决了。早上，经过几次尝试之后，我找到了中桅的平衡点，我把起吊滑车固定在了那上面几英尺的地方。我负责起吊，而茅德则负责抓着绞盘手柄绕绳。如果绞盘好用的话，工作起来会比较轻松的，但是事实上，每向上吊起一英寸，我都要使出全身的力气，我不得不频繁地休息——实际上，我休息的时间比工作的时间要长。有时在我使出浑身的力气也绞不动的时候，茅德就会一只手抓着绞盘的把柄，另一只手把她那娇弱的身体的全部重量加上来协助我。

一个小时过去了，单滑车和双滑车在“人字吊”顶上相遇了，我再也吊不动了，但是桅杆还没有完全弄进船里，大头还靠在左舷栏杆的外面，小头已伸到右舷外很远的水面上了。我的“人字吊”太矮了，所有的工作都白费了，不过我再也不像以前那样沮丧了。我对我自己、绞盘、“人字吊”和起吊滑车的能力都有了更大的信心。总会有办法的，只是需要时间让我把它想出来而已。

正在我沉思的时候，海狼拉尔森登上了甲板。我们马上就注意到了他有些异样。他的行动更显蹒跚和虚弱了。他从舱房左舷走来时，很明显有些颤巍巍的。他在舵楼甲板缺口处晃了一下，一只手擦着眼睛，那个动作我很熟悉，不料却从楼梯上摔了下来——还是站着，摔在了主甲板上。他向对面打了个趔趄，几乎就要摔倒了，急忙伸出双臂想要抓住什么。终于他在“下等舱”的升降梯上稳住了脚，晕乎乎地站了一会儿，突然两腿一软，身子一蜷，倒在了甲板上。[赏析解读：就在主人公与茅德为对付海狼而苦恼时，海狼的头疾又发作了，这次发作为后文的展开作铺垫。]

“又发作了。”我对着茅德低声说道。

她点点头，我看到同情使她的眼圈红了。

我们走到他的面前，然而他仿佛没有感觉到，只是痉挛般地喘息着。茅德去照顾他，抬起他的头，让血液往下流，又打发我到舱房去取枕头，我还加上了毛毯。我们让他躺得尽量舒服些。我摸了摸他的脉搏，发现跳动得稳定有力、正常。我感到十分疑惑。

“如果他是假装的会怎么样？”我仍然把着他的脉搏，问道。

茅德摇摇头，眼神带着责备的神色，但是此时我把住的那只手腕突然从我的手下跳了起来，像钢夹子似的一下就抓住了我的手腕。我受到了极大的惊吓，大叫了一声，那是一种疯狂的含义不明的尖叫。[赏析解读：此处一连串的动作描写，表现出了主人公对海狼那种发自内心深处的恐惧。] 我一眼瞥见了他的那张脸，恶毒、得意，这时他的另一只手也搂住了我的身子，那可怕的钳子把我向他的身上拽去。

他松开我的手腕，另一只手从我的背后控制了我的两条胳臂，让我无法动弹。同时空出的那只手向我的脖子伸过来。那一刻，我尝到了临死之前最痛苦的滋味，都是我的愚蠢自找的。我怎么会相信他，让自己进入了那可怕的胳膊的势力范围呢？我感到还有另外一只手也来到了我的喉咙上。那是茅德的手，她想要掰开那只准备掐死我的手，但是却没有用。她松开手，发出了一声凄厉的尖叫，那是一个女人恐怖的、绝望得心碎的呐喊声。我曾经听到过这种声音，就在“马丁尼孜”号沉没的时候。

我的脸贴近海狼拉尔森的胸口，什么也看不到，但我能听到茅德转身沿着甲板飞奔而去。事情发生得很突然，我丝毫没有眩晕的感觉，却好像度过了无穷的岁月。然后我又听到茅德飞奔回来。就在这时我猛然觉得身子下的那个人一下子就垮了。他的肺部直向外出气，胸膛在我身子的压力下塌了下去。[赏析解读：为了救出被海狼控制的主人公，茅德向海狼发起了攻击，这样的行为已经打破了她原本的道德底线，从侧面说明了在爱情面前她的勇敢和无畏。] 不知道是因为出了气，还是他意识到自己越来越无能为力，他的喉咙里颤抖着发出深沉的呻吟声。捏在我脖子上的手松开了，我又能呼吸了，那只手颤抖着又捏紧了，不过他那顽强的毅力也无法抵挡崩溃的力量。他那毅力被冲垮了，他快要昏过去了。

海狼拉尔森的手最后颤抖了一次，松开了我的脖子，这时茅德的脚步声已经非常近了。我顺势一滚，到了甲板上。我大口地喘着气，眼睛在阳光下眨着。茅德脸色惨白但是却很镇定——我的目光立即落到了她的脸上，她的表情里惊讶和安心交织着。吸引我目光的是她的手上拿着的一根海上用的木棒，这时候她也随着我的目光望向它，好像被蜇了一下，木棒从她的手里落下；与此同时，我的心里猛然涌起了无比强烈的喜悦。她的确是我的女人，我的伴侣，像穴居人的配偶那样，与我并肩作战，为我战斗。她心中所有的野性被激发了出来，她忘记了她的教养，在令人软弱的文明之下站了起来——而那原本是唯一的生活。

“亲爱的女人！”我翻身爬起，叫道。

她一下子扑到了我的怀中，在我的肩头抽泣起来，我紧紧地抱着她。我低头看见了她那灿烂的褐色长发，那是在阳光下闪烁的宝石，比国王宝箱里的珠宝还要珍奇。[赏析解读：此处的描写，凸显出了茅德褐色长发的美，同时从侧面说明了主人公强烈的爱意。] 我低头吻了吻她的秀发，轻柔得连她都没有觉察到。

然后我的思想清醒了。她毕竟是个女人，在危险过去后，在她的保护者或濒危者的怀里哭着松了一口气。如果我是她的父亲或是兄弟，相信情况也不会有多大差别。更何况时间地点都不合适，而我又希望在获得更好的权利时，再宣布我的爱情。所以，我感到她从我的拥抱里退开时，我再一次吻了吻她的秀发。

“这一回是真的发作了，”我说，“和让他失明了的那次一样。他一开始是假装的，但是那样做反而把病引发了。”这时，茅德已经在重新安排他的枕头了。

“不行，”我说，“还不是时候。我既然在他无力时抓到了他，就要继续让他无力下去。我们从今天起就住在舱房里了。海狼拉尔森得到‘下等舱’去住。”

我搂着他的腋下，并把他拖到了升降梯。茅德按我的意思找来了一根绳子。我把绳子从他两腋下穿过，在门槛外稳住了，再把他从扶梯口放到了楼梯上，让他落到地板上。我没有办法直接把他拖上床，但是在茅德的帮助下，我先抬起他的肩膀和头，搁在下铺床位边上，再让他滚了进去。

这还不够。我想起在他的特别间里有副手铐。他喜欢用那个东西去铐他的水手，以此来代替船上老式的笨重的铁镣。就这样，在我们离开时，海狼拉尔森已经被戴上了脚镣手铐，躺在那里了。多少天以来我第一次自由地呼吸了。我来到甲板上，感觉一种奇怪的轻松，我肩膀上的重担被卸下去了，同时和茅德更加亲密了。当我们沿着甲板并排向起吊中途被悬在“人字吊”上的那根前桅走去时，我不知道茅德是否也有同感。[赏析解读：在经历了这次事件后，主人公与茅德的心靠得更近了。]

第三十七章　立起来的桅杆

[**名师导读**]

“我”和茅德还在为修补“幽灵”号努力着，而病情加重的海狼也放弃了抵抗被关了起来。就在所有的事情都向好的状态发展时，那个瘫痪的人却想要放火烧了这艘船，幸好被“我”及时发现并且制止了。

我们马上搬到了“幽灵”号上，还住进了我们以前的舱房，并在厨房做饭。海狼拉尔森被囚禁了起来，这事发生得正是时候，因为这种高纬度地区的小阳春（在美国深秋霜冻后所出现的温暖、和煦天气，通常在十月上旬）天气已经过去了，猛烈的暴风气候已经到来。我们感觉很舒服，而那不堪大用的“人字吊”和悬挂在那里的前桅，使这艘船看上去十分忙碌，预告着即将要起航了。

我们把海狼拉尔森铐了起来，却也没有什么必要了！与他第一次发病时一样，他的第二次发病也给他带来了严重的残疾。那天下午，茅德准备给他吃些东西时，发现他出现了有知觉的迹象，但是和他说话却没有回应。当时他的身体向左侧躺着，一副很痛苦的样子。他不停地把头转来转去，直到他把贴在枕头上的左耳朵露出来时，才听到并回答了她的问题。于是她马上来找我了。[赏析解读：在再一次发病后，海狼的身体状况越来越不好，这为后文埋下了伏笔。]

我把枕头压住他的左耳，问他能不能听到我说话，他没有反应；我拿开枕头再问，他马上说听到了。

“你知道你的右耳聋了吗？”我说

“是的，”他回答的声音很低而且很有力，“还有更糟糕的，我的整个右边都受到了影响，就像睡着了一样，这边的胳膊和腿都不能动了。”

“又在假装吧？”我生气地责问他。

他摇了摇头，凌厉的嘴巴露出一个奇怪、扭曲的笑容。那确实是扭曲的，因为他的脸只有左边在笑，而右边的面部肌肉纹丝不动。

“这是海狼拉尔森最后的表演了，”他说，“我瘫痪了，再也不能行动了。啊，只有一半身子能动。”他补充说，仿佛猜到了我瞅他左腿的意思——那条腿的膝盖刚才还弯曲着，拱起了毛毯。

“很遗憾，”他继续说，“我很想先把你杀了，骆驼。我原以为我有时间呢！”

“为什么？”我问道，一半出于恐惧，一半出于好奇。

他那凌厉的嘴又露出那种扭曲的笑，说：

“啊，只是为了活着。活着就要做，就要吃掉你，即使是死也要做最大的那个酵母。但是就这样死去……”[赏析解读：即使在这样的情况下，海狼还能说出这样的话来，表现出了他好强、好胜的性格特征。]

他耸了耸肩，更准确地说是试图耸肩，因为他只有左肩动了动。耸肩和笑一样，都让人觉得很别扭。

“但是你怎么解释？”我问道，“你的病灶在什么地方？”

“脑袋，”他马上说，“都是那该死的头疼造成的。”

“那只是症状吧。”我说。

他点点头。“无法解释。我一辈子没有病过，可是脑袋却出了问题。从疼痛看，是癌或瘤又或是这种性质的东西在吞噬、破坏着我的脑子；在攻击着我的神经中心，在吃掉它，一点一点地吃，一个细胞一个细胞地吃。”

“也攻击着运动神经中枢。”我提醒他。

“好像是这样的。可恶的是我必须清醒地躺在这里，明白我的神经系统在崩溃；我和世界的联系正在一点点中断。我看不见了，听觉和触觉也正在消失，照这样下去，我很快就要说不出话了，但是我必须一直待在这里，没死，还活跃，却没有了力气。”[赏析解读：对于自己的病症，海狼尝试着进行了推测，并且他了解自己的身体是哪里出了问题，另外他还说明了此时自己的痛苦，虽然活着但是却没有力量。]

“在你说你在这里时，我却想起了那个你倒是像极了你的灵魂。”我说。

“废话！”他反驳，“这只不过意味着我的头脑在受到攻击时，高级神经中心还没有被触及。我还能够回忆、思考、推理，如果连这个也不行了，那我也就死了，不存在了。这就是灵魂吗？”

他爆发出嘲讽的笑声，然后把左耳贴在枕头上，示意不想再说了。

我和茅德各尽其责，但主宰他的那恐怖的命运却盘踞在我们的心头，有多么恐怖？我们以后才能慢慢体会到，其中有着因果报应的恐怖。我们的思绪沉重又肃穆，连说话也都是静悄悄的。

“你可以把镣铐取掉了，”那天晚上我们站在他床头讨论他的问题时，海狼拉尔森说，“绝对安全了，我已经瘫痪了，以后要留意的只有褥疮了。”[赏析解读：此处的叙述说明，表达出了海狼对自己的自嘲，曾经的海上霸主被病痛折磨成这个样子，不禁令人感慨万分。]

他扭曲地笑了，吓得茅德瞪大了双眼，只能转过头去。

“你知道你的笑是扭曲的吗？”我问他。我知道茅德要照顾他，想尽量减少她的不快。

“我以后再也不笑了。”他平静地说，“我知道有点不正常，右边的面颊整天麻痹。对了，这三天来我都有预感。我的右边一阵阵地好像要睡着了一样，有时是手臂或手，有时是腿或脚。”

“我的笑是扭曲的吗？”过了一会儿，他说，“好了，以后你就认为我是在肚子里笑好了，要是高兴，说是在灵魂里笑也可以。你也可以认为我现在就在笑。”

他躺在床上，好几分钟都不说一句话，沉浸在他那怪诞的幻想中。

他那男子汉的气概还在，那个狂妄、恐怖的海狼拉尔森，被囚禁在了曾经是那么战无不胜、超绝的肉体里。现在，麻痹的桎梏将他的肉体锁了起来，把他的灵魂囚禁在黑暗和寂静里，与世隔绝。那世界对他而言曾是五彩缤纷的，他再也不能够把动词“行动”用种种时态去表现出来了，留给他的只有“活着”。引用他的定义来说，就是活着却无法行动，有愿望却无法执行，这就是死亡；就他的精神而言，思考和推理跟以前一样活跃，但是肉体却枯萎了，痛苦地死去了。[赏析解读：此处的叙述，说明了海狼当前的身体状况，为后文作铺垫。]

虽然我们为他除去了镣铐，但是心里还是有抵触情绪，难以适应他这种新的状态。对我们来说，他仍然充满潜能，不知道他会怎么样。无法想象他可能突破肉体做出什么可怕的事来。我们的经验使我们多了一个心眼，干活时这类焦虑总是压在我们心头。

我已经解决了“人字吊”不够长的问题。我利用复式滑车（我重新做了一个新的）把前桅吊过栏杆，然后放到了甲板上。接着又利用“人字吊”把主横桁吊上船。主横桁有四十英尺长，可以提供吊桅杆所需要的高度。我又利用“人字吊”上的第二个复式滑车把主横杵提升到近乎垂直的位置，然后把末端放到甲板上。为了防滑，我在那里钉了一圈巨大的楔子。我把原来的“人字吊”复式滑车上的单骨车固定在了横桁上，这样一来，再把滑车牵到绞盘上，我就可以随意拉起或者放下了。我可以让桅杆尾部始终保持稳定，利用导引索把主横杵随意向两边转动。我在横桁的尾部又同样装了一个起吊复式滑车。整个装置完成后，我对它为我提供的力量和高度感到吃惊。

当然，完成这部分工作花掉了我两天的时间，一直到了第三大早上，我才把前桅吊离了甲板，接着把桅底往桅座里装。在这个问题上我显得十分蠢笨。我对那根饱经风雨的木头，又是锯又是砍又是凿的，折腾到最后的样子就像是被一只硕鼠啃过一样难看。但是它能装进桅座里了。

“能行的，能行的，我相信。”我大声地喊着。

“你知道约旦博士是怎样对真相进行最后检验的吗？”茅德问道。

我摇了摇头，把飞溅到我领口里的木屑抖落出来。

“检验的标准是‘能不能管用？能不能把自己的生命托付给它？’”

“你很喜欢他。”我说。

“当我拆掉我古老的万神庙，扔掉了拿破仑和恺撒以及其追随者后，我很快就修建了一座新的万神庙，”她庄重地回答，“我建立的第一座万神庙就是约旦博士。”

“一个当代英雄。”

“更伟大的英雄，因为是当代的。”她补充说，“古代世界的英雄怎么能和我们的英雄相提并论呢？”

我摇了摇头。我们辩论的许多事情的观点都很接近。

“作为两个评论家，我们相当一致。”我哈哈大笑。

“作为造船工和高级助手也是一样的。”她也哈哈大笑。

但是在那些日子，由于繁重的工作，也由于半死不活的海狼拉尔森，我们的笑声并不多见。[赏析解读：此处的叙述说明体现出了他们的艰辛，同时也表现出了他们想要离开这里活下去的渴望。]

海狼拉尔森的病情再次恶化，他又中了一次风，声音哑了，或者是快要哑了，他只能间歇地使用嗓子。用他的话说就是：线路跟股票市场一样时起时落。有时线路通了，他能像以前那样说话，虽然会慢一些或低一些，然后突然就丧失了语言能力，也许是在话刚说到一半时。有时候我们要连续等很多个小时后，线路才会重新接通。他抱怨头很疼。这时他创造了一种交流方法，准备在说不出话时使用——手捏一下表示“是”，捏两下表示“不是”。幸好提前做好了准备，因为临近黄昏时他就哑了，只好用捏手来回答问题了。想说话时便用左手在一张纸上潦草地涂写，倒也能沟通。

严冬降临了海岛。飓风一次接着一次，同时还夹杂着雨、雪和冰雹。海豹开始了它们的南迁之旅，海豹栖息地其实已经空了。我不顾严寒忘我地工作着——风给我带来的麻烦最大。我从早到晚都在甲板上干活，正在向预定的目标挺进。

我从竖立“人字吊”和爬到“人字吊”上安装导引索所得到的教训对我很有好处。

我把那根前桅从甲板上吊到合适的高度，在上面安装好了绳索、支索、喉头升降索和桅顶升降索。我犯了一个以前犯过的错误，那就是低估了这部分的工作量，足足花了两天的时间才完成，而剩下的工作还有很多——比如帆，那得重新做。

我忙着往前桅上拉绳索，茅德就忙着补帆，在需要更多人手的时候，她总是丢下手上的一切来协助我。帆布又硬又重，她使用着水手使用的真正的掌皮和三棱水手针。她的手很快就被磨出了泡，十分悲惨，但她咬牙坚持着。此外，她还要做饭、照顾病人。[赏析解读：此处的叙述说明，体现出了茅德吃苦耐劳的精神，她并没有因为自己的身份而选择袖手旁观，而是尽自己所能地去做事，这样的精神是值得我们学习的。]

“让迷信见鬼去吧，”不吉利的星期五（基督徒习惯把星期五看作不吉利的日子，因为耶稣是在星期五被钉上十字架的）早上我说，“今天就要竖立桅杆了。”

一切都准备好了。我把横桁的复式滑车拉上绞盘，把桅杆绞得几乎离开了甲板。我把这个复式滑车固定好，又把“人字吊”滑车（它联系着横桁的一头）拉上绞盘。只绞了几圈，桅杆就垂直地被吊了起来，离开了甲板。

茅德放掉绞盘把手，鼓起掌来。

“管用了！管用了！我们可以把生命托付给它了！”

然后她又突然露出遗憾的神情。

“可它并不是在桅杆孔上，”她说，“你还得再来一次吗？”

我居高临下地笑了，把一根横桁导引索放松，同时拉紧另一根，把桅杆不偏不倚地吊在甲板的正中间。不过它仍然不在桅杆孔上。她的脸上再一次露出遗憾的神情，我再次居高临卜地笑了。我放松了横桁复式滑车绳，拉紧了同样分量的“人字吊”滑车绳，把桅杆底部调到了桅杆孔的正上方，然后仔细嘱咐茅德该怎样下放桅杆，自己便到三桅船船舱底部的桅座去了。

我喊了她一声，桅杆轻易而准确地挪动起来。方形的桅底直接对着桅座的方孔降下来，但是它却慢慢扭动了，这样一来，方底就很难插进方孔中了，不过我毫不迟疑，我让茅德马上停止下降，回到了甲板上。我用一个旋转钩把复式滑车固定在桅杆上，让茅德拉紧，又走下了甲板。借着风灯的光亮，我看到桅底慢慢地扭动着过来，直到它的四个面和桅座的四个面重合了。这时茅德做了固定，回到绞车那里。桅底轻轻扭动着缓慢地降下了几英寸。茅德又用复式滑车调整了扭动，再次通过绞盘往下放。方形对方形，桅杆终于竖立在桅座里了。[赏析解读：虽然成功的道路上困难重重，但是主人公和茅德还是通过自己不懈的努力做到了，这样的成功显得更加难能可贵。]

我大喊一声，她跑下来看。在风灯的昏黄光亮下，我们仔细查看了我们完成的工作。我们互相望着对方，双手不由得拉在一起，紧紧地握住了。我觉得我们的眼睛都因为这次的成功潮湿了。

“说到底干得还算容易，”我说，“所有的工作都得有所准备。”

“所有的奇迹都是创造出来的，”茅德补充说，“我简直难以相信，那根巨大的桅杆竟然竖立起来，装进了桅座里了；你竟然把它从水里取出来，吊在空中，放到了该放的位置。这可是泰坦的使命啊！”

“而且泰坦们还发明了许多办法。”我开心地说，然后嗅了嗅空气。

我迅速看了看风灯，风灯没有冒烟。我又嗅了嗅。

“有什么东西烧着了。”茅德一下子就明白了。

我们一起跑向扶梯，我抢先一步跑上了甲板。一股浓烟正从“下等舱”的升降梯往外冒。

“海狼拉尔森还没有死。”我一边自言自语，一边顺着那股浓烟跳了下去。

那小小的空间里烟雾太浓，我不得不摸索着前行。海狼拉尔森对我的想象力影响太大，我很怕那个没了能力的巨人会狠狠地抓着我的脖子，把我掐死。我迟疑了，赶快向后跑去，逃上楼梯去的欲望几乎占据了我的全部；这时我却想起了茅德；我刚才在船舱昏黄的光里看到了她的身影，那褐色的、因为快乐而发红湿润的眼睛在我面前闪过。我知道我不能这样走掉。[赏析解读：虽然现在的海狼已经瘫痪了，但是主人公对他的恐惧并没有因此而消失，好像恐惧他已经成了主人公的一种本能，但是一想到茅德，又让他拥有了勇气。]

等我走到海狼拉尔森的床铺前时，他被呛得都要喘不上气来了。我伸出手去摸索他的手，他一动不动地躺在床上。但是我的手摸到他时，他稍稍动了一下。我继续摸索着他的毛毯下面。没有灼烫感，也没有起火的迹象，但是那让我看不清东西、呛得我直咳嗽、没法呼吸的黑烟一定有个来源。我一时有些迷糊，在“下等舱”里乱窜。后来我一下子撞到了桌子上，差一点儿撞得我窒息了，我才清醒过来了。我想到一个不能行动的人要放火，他的放火地点只能是他附近的地方。

我回到海狼拉尔森的床铺边。在这里我遇到了茅德。我无法得知她在那令人窒息的浓烟里待了多久。

“回到甲板上去！”我断然下令。

“可是，亨佛莱——”她抗议着，声音奇怪而沙哑。

她顺从地走了，但是我转念一想，如果她找不到楼梯了该怎么办？我马上又追了上去，在升降梯下面站住了。她说不定已经上去了。就在我犹豫的空当里，正好听见她轻轻地喊叫：“啊，亨佛莱，我找不到出口。”

我发现她正在后舱的的墙壁上乱摸一气。我半牵半抱着她，把她弄上了升降梯。清新的空气宛如甘露。茅德被呛得头晕目眩，我让她躺在甲板上，再一次冲下了船舱。[赏析解读：此处的叙述说明，说明了当时形势的紧急，同时也表达出了主人公的执着。]

烟雾一定是从海狼拉尔森身边来的——对此我坚信不疑，便直接往他的床位跑去。我在他的毛毯里摸索着，这时一个滚烫的东西落到我手背上。我被烫得缩回了手。然后我明白了，他是从上铺底下的缝隙里点燃草垫的。他的左手还有能力去做这件事。垫子里潮湿的草从下面被点燃了，却没有空气，因此这一段时间就一直在冒烟。

我从床上拉出垫子，垫子好像在空气里分解了，同时蹿出了火苗。我敲掉了床上还在燃烧的余草，然后冲到甲板上去呼吸新鲜空气。

几桶水就把“下等舱”燃烧的垫子上的火浇灭了。十分钟后，烟雾消散，我同意茅德下来。海狼拉尔森已经昏迷了，但是只需要几分钟，新鲜空气就可以让他醒过来。我们在他身边忙碌，他做了个手势，要纸和铅笔。

“请别干扰我，”他写道，“我在笑。”

“我还是一块酵母，你看。”过了一会儿，他又写道。

“你还是那么小一块，这让我很高兴。”我说。

“谢谢，”他写，“但是请你想想看，我在死之前还会小多少！”

“可是我还活着，骆驼，”他写道，最后是个花体字，“我的思想比以前任何时候都清楚，没有干扰，可以全神贯注，我在这里，又超出了这里。”[赏析解读：从海狼拉尔森的语言中，体现出了他对于生命的解读，暗示了他想要“活”下去的渴望。]

他的话像是从黑夜中的坟墓里发出来的，因为他的坟墓就是他的躯壳。他的灵魂还在这样一个奇异的荒坟里颤动着，活着。它还会活下去，颤动下去的，直到最后的联系也中断。在那以后，谁知道它还会继续颤动多久？能活多久呢？

第三十八章　海狼拉尔森最后的日子

[名师导读]

海狼拉尔森的病情越来越重，这位曾经的海上霸主这时已经连笔都握不住了，甚至到了最后连动一下嘴唇都无法做到，但即使这样，他还没有停止思考……

在企图烧毁船只后的那个早上，“我看我的左边快死了，”海狼拉尔森写道，“它越来越麻痹了。手几乎不能动了。最后的线路快要关闭了，你说话要大声点才行。”[赏析解读：海狼对于自己的身体状况毫不隐瞒，表现出了他的坦率和耿直。]

“痛吗？”我问道。

我必须反复大声问他，才能得到回答。

“并不是一直痛。”

他的左手在纸上缓慢、痛苦地画着。我们花了很大的工夫才认出那些潦草的字。那简直就像招魂术家通灵后写出的“天书”——门票一美元的那种。

“但是我还活着，完整地活着。”那只手潦草地写着，更缓慢、更痛苦了。

铅笔掉了，我们只好再放进他手里。

“没有疼痛的时候，我是平和安静的。我的思维从来没有如此清楚过。我可以像印度教哲人那样思考生与死。”

“还思考永恒吗？”茅德在他的耳朵旁大声问道。

那只手三次试图写下去，但是只是没有希望地胡乱摸索，铅笔掉了。我们设法塞回他手里，却放不进去了，他的手指头握不住铅笔了。茅德用自己的手捏他的手指写了，字体很大，写得很慢，几分钟过去了，才写了两个字：

“废话。”

这是海狼拉尔森最后的遗言：“废话。”他到死都保持怀疑态度和不屈服的精神。他的胳膊和手松了下来，身躯轻微地动了动，然后再也不动了。茅德放开了那只手，海狼拉尔森的手指头微微张开，由于自身的重量松开了，铅笔从手里滚落下来。

“你还听得见吗？”我大声喊道，我捏着他的手指头，期待他能按一下，表示“是”。但是没有反应，那只手死掉了。[赏析解读：海狼的病情越来越严重，他不但不能写字了，甚至连捏手这样的小动作都无法完成了。]

“我看见他的嘴唇轻轻地动了动。”茅德说。

我又问那问题。他的嘴唇动了动。茅德把她的手指尖放在他的嘴上。我再次问那问题。

“是。”茅德宣布说。我们互相看了看，好像都在期待什么。

“这回答算吗？”我问道，“我们现在能说什么？”

“啊，问问他——”

她欲言又止。

“问他个要用‘不’字回答的问题，”我建议说，“那我们才有把握。”

“你饿不饿？”茅德叫道。

他的嘴唇在茅德的手指下动了动，她回答，“是。”

“你要吃点牛肉吗？”她接着又问。

“不。”她宣布说。

“肉汁呢？”

“是，他想喝点肉汁，”茅德抬头看着我，平静地说，“只要他还有听力，我们就能和他沟通。可是再往后——”[赏析解读：此处的语言描写，表示出了茅德对于海狼的关心和担忧，同时表现出了她的善良。]

她怪异地看着我，我看到她的嘴唇轻颤着，眼里满是泪花，她向我扑来，我抱住了她。

“啊，亨佛莱，”她抽泣道，“这一切要到什么时候才会结束？我累了，累极了。”

她的头伏在我的肩上，剧烈的痛哭让她那娇小的身躯颤抖着。在我的手臂里，她就像是一片羽毛那么纤柔。“她终于崩溃了，”我想，“可是没有她的帮助我该怎么办？”

但是经过我的抚慰和呵护，她终于振作起来了。她的心灵很快就恢复了，跟体力恢复得一样快。[赏析解读：此处的叙述描写，凸显出了茅德的柔弱与坚强，通过对比强调这个女人乐观坚韧的品质。]

“我为自己感到羞愧。”她说。接着向我绽出一抹我所崇拜的想入非非的笑，又说，“我不过是一个小女人。”

“一个小女人”，这个说法就像电击一样令我大为震惊，那可是我的说法，是我情深意切的内心对她的秘密昵称。

“你这话从哪里听来的？”我突然问了句，她有些吃惊。

“什么话？”她问。

“唯一的小女人。”

“这是你说的吗？”

“是的，”我回答，“我的，我想出来的。”

“那你一定是在睡梦里说出来的。”她又笑了。

她的眼睛里跳跃着那颤抖的光。那是我的，我知道那是我在情不自禁时说出来的。我向她靠了过去，像在风前摇摆的树那样不自觉地靠近了她。啊，这是我们迄今为止最亲近的时候了，但她摇了摇头，犹如摇掉了一点儿睡意，一个梦，说：[赏析解读：

就在主人公想要更加靠近茅德时，却被她躲开了，一系列的动作描写，表达出了茅德作为一个女人的羞涩。]

“我从小就知道这话，我爸爸就是这样叫我妈妈的。”

“可那也是我的话。”我顽强地说道。

“你爸爸也这样称呼你妈妈的吗？”

“不。”我回答。她停止了问话，不过我保证：很长一段时间，她的眼里都保留着一种嘲弄、揶揄的神色。

前桅装好后，工作的进展神速。我几乎都没有注意到，也没有花费多少力气，主桅就已经装好了，是靠前桅上装的一个横桁起重臂完成的。又过了几天，所有的桅杆支索和护桅索也都有了。一切都安装好了，拉紧了，但是只有两名水手的大船装上中帆反而会碍事，容易造成危险。于是我把中帆取下来，放到甲板上捆好了。

我们又花了几天时间把帆收好。一共只用了三张帆：斜桅帆、前帆和主帆，经过修补、裁截和整形，它们悬挂在“幽灵”号这样精美的船只上显得很不相称，甚至有些可笑。

“但是它们能管用！”茅德欢呼道，“我们会让它们张风行驶，我们的生命就托付给它们了！”[赏析解读：茅德的话里蕴含着她要回家的渴望与希望，同时为下文作铺垫。]

在我所有的新行当里最不在行的就是帆匠活了。我使用船帆比制作船帆更高明。毫无疑问，我有能力把这艘船开进日本北方的某个港口里。事实上，我在船上还看过一些关于航海的教科书。何况还有海狼拉尔森的星星标尺，那一种非常简单的装置，连小孩子都会使用。

至于星星标尺的发明者，一周以来除了耳朵越来越聋外，嘴唇的动作也越来越微弱，情况并没有什么变化。[赏析解读：海狼的病情日渐加重，他现在已经完全是一副活死人的状态了，让人很难与那个狂野凶残的海狼联系起来。]但是就在我们把船帆全部悬挂起来的那天，我们最后一次听到了他的声音。我问他：“你整个人还好吗？”他答道：“是。”然后他嘴唇的最轻微的动作也停止了。

最后的线路也都断掉了。在那肉体坟墓的某个地方还居住着这个人的灵魂，还残存着有生命的躯壳便是囚禁灵魂的坚壁。我们深知那激烈的智慧还在继续燃烧着，不过，它只是在寂静和黑暗中燃烧，没有可以依托的躯体了。对这种智慧来说，躯体是不可能被客观认知的。那个智慧不知道有肉体，就连这个世界也不存在了。它只知道它自己，只知道寂静和黑暗是那么的广袤和深邃。

第三十九章　我们获救了

[**名师导读**]

“我”和茅德终于修补好了“幽灵”号，并驾着船驶离了苦干岛来到了大海上，但是不幸的是，海狼拉尔森在航行途中就去世了，与此同时他们还遇到了另外一艘船……

起航的日子终于到来了。苦干岛上再也没有什么能阻拦我们了。“幽灵”号那几根短了半截的桅杆都弄好了，那些奇形怪状的风帆也被悬挂了起来。只要是出自我手的东西都不好看，但很结实，我知道一切都很管用。我打量着它们，觉得自己是一个有能力的男人。

“我做的！我做的！是我用双手做到的！”我真想大声喊上几声。

茅德和我发出了同样的心声。她在我们准备张起主帆时说道：

“想想看，亨佛莱，这全是你用你的双手创造出来的！”

“不过还有另外两只手呢，”我回答，“两只小手，你可别说这也是你爸爸的说法。”

她大笑起来，摇了摇头，举起手来给我检查。

“我的手再也洗不干净了，”她抱怨道，“风吹日晒的肤色再也变不回以前了。”[赏析解读：经历了这些事情之后，茅德再也不是那个什么都不懂的大小姐了，从侧面说明了茅德的成长和变化。]

“那么，污渍和那肤色就是对你的荣誉的嘉奖。”我抓住了她的手，如果不是她很快就抽了回去，我一定会克制不住地去亲吻那两只可爱的小手。

我们的关系变得越来越亲密。很久以来，我把我的爱情控制得很成功，但是现在它已经控制了我。它不听我的话，逼着我眉目传情，现在又逼着我开口表达爱意——是的，还有我的嘴唇，因为此时它们发疯了，想要去亲吻那两双曾经忠诚、辛苦地劳作过的小手。而我也发疯了。我的身体里有一种号角一样的呐喊从我的生命中迸发出来，它呼唤着我去接近她；一股令人无法抗拒的风吹在我身上，支配着我的身体，吹着我靠近她。我靠近了，完全无意识地靠过去了，但是她却很清醒。她迅速地抽回双手，说明她清楚地意识到了这一点，但是她无法承受我那急切的探索的注视，挪开了眼睛。[赏析解读：此处的叙述描写，写出了主人公与茅德之间微妙的情感变化，引起读者的兴趣。]

我利用甲板上的复式滑车把升降索和绞车连接到了绞盘上，现在我同时利用桅顶滑车和喉头滑车把主帆吊了起来。这个方法虽然笨拙了一点，但是前帆没有多长时间就被升了起来，飘动着。

“我们不能在这个狭窄的地方起锚，锚一旦脱离海底，我们就会先撞到山岩上去的。”我说道。

“那我们该怎么办呢？”茅德问道。

“拖着锚出去，”我回答，“我拖时你得第一次使用绞盘。我要马上去掌舵，与此同时也要升起斜桅帆。”

我已经研究过几十次这种出航办法了。我把斜桅帆的升降索连到绞盘上，我相信茅德可以升起那张最重要的帆。一阵猛烈的风刮进了小海湾，水面看起来还很平静，不过我们却要加紧工作，才能安全出发。

我敲松了锁定栓，链条哗啦啦地响着穿过锚链孔，落进海里。我马上跑到船尾，向上打舵。帆第一次灌满了风，船身倾向了一侧，“幽灵”号仿佛活了过来；斜桅帆升了起来，灌满了风，“幽灵”号侧转了船头，我赶忙倒打了几把舵，这才稳住了船。

[赏析解读：作者在这里用“仿佛活了过来”来形容“幽灵”号的重新起航，为主人公与茅德的回家之路注入了希望。]

我设计了一种斜桅帆的自动帆脚索，它能自动地绕过斜桅帆，茅德不用去照看它，但是在我用力向下打舵时，茅德仍然在起吊斜桅帆。那是个千钧一发的时刻，因为“幽灵”号正在向着只有一箭之遥的海滩笔直地冲过去。但是，只见它听话地侧过了身子，驶进了风中。所有的帆——包括折叠帆在内——都纷纷灌满了风，叭叭地直响，气势雄伟，落到我耳里美妙极了。然后“幽灵”号便鼓起了帆，转过身来。

茅德已经完成任务，她来到船后，站到了我身边。一顶小帽扣住了她随风飞扬的秀发，她的面颊因为刚用了力而泛着红晕，睁大的双眼里闪着激动兴奋的光，鼻孔因为呼吸新鲜的海风而翕动着。那双褐色的双眼像受惊的鹿眼，蕴藏着一种我从没见过的灵敏和野性。[赏析解读：此处对于茅德的外貌描写，凸显出了劳动后的茅德身上有着一种不同于以往的美。]“幽灵”号向内海湾入口的峭壁驶去时，她张开了嘴，屏住呼吸，但“幽灵”号却转而驶进了人风中，扬帆驶向安全的水域。

作为猎捕海豹船的大副，我学到了许多东西。我轻松地把船驶出了内海湾，沿着外海湾抢风行驶了很长一段距离，然后“幽灵”号才掉转船头向着苍茫的大海深处驶去。现在“幽灵”号赶上了海洋的呼吸节奏，随着它的节奏起舞，流畅地起伏在巨浪背上。那天一直阴沉沉的，可是阳光却刺穿了云，照耀在弧形的海湾上，这是一个受欢迎的好兆头。苦干岛被笼罩在灿烂的阳光下——我们曾在那海湾里向妻妾成群的老爷们发起进攻，杀死过“跑腿子”。就连严峻的西南海岬也不那么阴森了。浪花不断地冲刷着，时不时地有几处映着太阳，反射出耀眼的强光。

“我将永远怀着骄傲铭记这里。”我说。

她像个女王一样扬起头说，“亲爱的苦干岛！我永远爱它！”[赏析解读：虽然在苦干岛的生活很苦，但是茅德在这里得到了成长，同时她与主人公的爱情也得到了升华。]

“我也是。”我急忙说。

我们的目光仿佛必须在一种伟大的默契中碰触，可是它们却又挣扎着闪躲开了，并没有交汇。

一阵几乎可以称为尴尬的沉默后，我说道：

“你看那向风面的乌云，记得吧，昨晚我告诉过你，气压计（根据托里拆利的实验原理而制成，用以测量大气压强的仪器。可预测天气的变化，气压高时天气晴朗；气压降低时，将有风雨天气出现。还可测高度，每升高12米，水银柱即降低大约1毫米，因此可测山的高度及飞机在空中飞行时的高度）显示下降。”

“而且太阳也不见了。”茅德说，眼睛仍然注视着我们的小岛。我们在那里证明了我们可以战胜困难，并且建立了男人和女人之间最真挚的情谊。

“现在松开帆脚索向日本前进吧！”我高兴地喊道，“你知道，在顺风的情况下松开帆脚索，就什么也不怕了。”

我把舵轮固定好，跑到前边，准备利用这股好风：我把前桅和主桅的帆脚索放松，收紧了帆底横桁上的索具，把一切安排妥当后，就等着迎接对我们有利的好风。那是一种非常强劲的风，不过我决定鼓足勇气前进，但遗憾的是，要自由行驶，舵轮就不能被固定，这样一来，我一整夜都要守在那里。茅德想替换我守舵，可是事实证明她即使很聪明，在短时间内就学会了，也没有力气在波涛汹涌的大海上掌舵。她发现了这个问题，因此很沮丧，只好帮着我把滑车绳、升降索盘好，理好散乱的绳索，借此来控制情绪。另外，她还要整理床铺和做饭，还要照顾海狼拉尔森。然后她还对舱房和“下等舱”进行了一番大扫除，以此作为那一天的句号。

整个晚上我都在掌舵，没人换班，风力缓慢但稳定地加强着，海浪也在不断地增高。第二天早上五点钟，茅德给我端来热咖啡和她烤的饼干，七点钟又给我送来了一顿丰盛的热乎乎的早餐，我顿时又恢复了生气。[赏析解读：此处的描述凸显了主人公的辛劳，同时也从侧面表现出了他顽强的毅力。]

那一整天，风力都像以往那样缓慢而逐渐地加强，它下定决心阴郁地刮下去，不断地刮，越刮越猛烈，给我留下了深刻的印象。“幽灵”号仍然一英里一英里地随着飞溅的浪花前行，到后来我肯定它的时速至少在十一海里。机不可失，但是到了黄昏时我已经筋疲力尽了。尽管我的身体非常好，但是在舵旁守了三十六个小时后，我的耐力到极限了。茅德也劝我休息一下。我也知道，如果晚上风和海浪还是继续以这样的速度增强，那么用不了多久船就很难停下了。于是在夜色越来越暗的时候，我既高兴又很不乐意地让“幽灵”号顺风停住了。

但是我没有想到单凭一个人折好三张帆是多么艰巨的工作。顺风行驶时我没有注意到风的力量，一停船才知道它刮得有多猛烈，几乎令我绝望。我的每一次努力都被风破坏了：它把我手里的帆刮走了，我苦苦地挣扎了十分钟才取得的成果瞬间就被它抢走了。到晚上八点钟，我才刚刚收起了前帆的第二折叠帆，干到晚上十一点我仍然没有取得什么进展。血从我的每一个指尖往下滴，指甲连肉都撕裂了。疼痛难忍和筋疲力尽让我忍不住在黑暗中悄悄地流泪，怕让茅德知道。[赏析解读：此处的叙述说明，表现了主人公独自收帆的艰难，同时也从侧面说明了当时海上天气的恶劣。]

后来，无奈之下我放弃了折叠主帆的打算，决定尝试一下只靠折叠前帆抛锚。但是要把张开的前帆和斜桅帆在帆桁上拴好也要花费三个小时的时间。到了凌晨两点钟，我已经和死过去差不多了，我的生命被打击消耗光了，以至于在我的实验成功时，我也只是勉强还有意识。折叠的前帆起了作用，“幽灵”号迎风抛锚停了下来，侧舷也没有倒入波谷的危险了。

我很饿，可是茅德让我用餐的努力却失败了。我含着满嘴食物打起了瞌睡，手还往嘴里送着食物，人就已经睡着了，痛醒后才发现食物还没有送进嘴里。我实在忍不住要睡过去，茅德只好把我按在椅子里，免得被船体猛烈的颠簸甩到地上。

我从厨房走向舱房的路上什么也不知道。茅德牵着、扶着一个梦游病患者。事实上，我完全失去了知觉，我不知道睡了多久才醒过来。我躺在床上，脱掉靴子。天黑了，我浑身僵硬，腰酸腿疼，床单碰到了我那些可怜的指甲尖，痛得我叫了起来。

显然天还没亮，我又闭眼入睡。我不知道自己已经睡了一个昼夜，又睡到了晚上。

再次醒来时，又是夜晚，我因为不能好好地睡而烦恼。我划根火柴看了看表，指针指向夜半，而我在凌晨三点钟才下的甲板！我没有猜到答案是会错乱的。难怪我的睡眠一直断断续续的，原来我已经睡了二十一个小时了。我听了一会儿“幽灵”号的动静，波涛冲击着船身，甲板上的风呼呼地低吼着，我翻过身又睡着了，这一次则是安安稳稳地睡到了天亮。[赏析解读：过度的疲惫使主人公睡了很久，此处对于时间的描写，推动了时间的行进与剧情的发展。]

早上七点钟，我起了床，没有看到茅德，我以为她在厨房做饭。我来到甲板上，发现“幽灵”号的情况良好，但是厨房里虽然有火，还烧着水，茅德却不在里面。

我在“下等舱”里找到了茅德，她当时守在海狼拉尔森的床边。我看了看海狼拉尔森，那个突然从生命的巅峰坠落、被活埋的、比死亡更痛苦的人。他那张没有表情的脸上似乎有一抹如释重负的神情。茅德望着我，我马上就明白了。

“他生命的火星在风暴中熄灭了。”我说。

“但他依然活着。”她回答，声音饱含着无穷的信念。

“他具有了不起的力量。”

“没错，”她说，“但现在那力量不再束缚他了。他的灵魂自由了。”

“他一定是个自由的灵魂。”我回答，牵住她的手走上了甲板。

风暴在那一夜停止了，消失的时候跟兴起的时候一样缓慢。第二天早饭后，我把海狼拉尔森的尸体拖到了甲板上，准备海葬。风仍然很大，浪头不断冲过栏杆，洗刷着甲板，流进排水管。风猛击着三桅船，三桅船侧身晃荡着，直到背风面淹没到水里。帆索上的吼叫调子变得尖锐起来。我脱下帽子时，我们的脚都淹在齐膝的水里。

“我只记得葬礼祈祷式的一部分，”我说，“那一部分是：‘那身子将被扔进海里。’”

茅德惊骇地看着我，但是以前目击过的那次事件对我的印象太深了，它逼迫着我为海狼拉尔森举行了他为另一个人举行过的仪式。我抬起了舱口盖，海狼拉尔森那被帆布裹着的身子溜进了海里，脚朝下，被铁件的重量拽了下去。[赏析解读：曾经的海上霸主海狼拉尔森最终还是葬身于大海，冥冥之中好像早已安排好了一样，令人感慨。]海狼拉尔森消失了。

“再见了，路西法，骄傲的灵魂，”茅德细声说道，她的声音太低，被淹没在吼叫的风中，但我看见了她嘴唇的动作，明白她的意思。

在我们抓着背风栏杆向船后走去时，我不经意地向背风方向看了一眼，“幽灵”号这时正处在海浪的浪尖上，我清楚地看到距离我们两三英里远的海面上有一艘小小的轮船，或起或落，冒着白烟向我们驶来。那艘船的船体是黑色的，我从猎手们的谈话和他们的偷猎活动中知道，那是一艘美国的缉私船。我把它指给茅德看，急忙领她往后走，到舵楼甲板的安全地带。

我急忙跑到船舱的旗帜箱处，却突然想起我在给“幽灵”号安排桅索时没有准备升旗的绳子。

“我们不需要挂海难标志，”茅德说，“看到我们，他们就会明白了。”

“我们得救了，”我冷静而庄重地说。随后我高兴得直叫：“我简直不知道是该高兴还是不高兴了。”[赏析解读：此处的叙述描写，凸显出了主人公得知自己即将获救时的激动心情，苦难的日子终于结束了。]

我望着茅德。我们的眼睛欣然地相遇了。我们互相依偎在一起，在不知不觉中，我的手臂已经搂住了她。

“我有必要……”我问。

她回答说：“不需要了，虽然说出来一定会很甜蜜，无比甜蜜。”

我的嘴唇压上她迎上来的嘴唇。我不知道是由于想象力的某些奇妙花样在起作用还是什么，“幽灵”号甲板上的场景在我的脑海里闪现。当时她用手指轻轻地按在我的嘴唇上，说：“嘘，嘘。”

“我的女人，我唯一的小女人。”我说。我空着的手抚摸着她的肩膀，那是所有情人都会的，尽管从来没有在学校里学过。

“我的男人。”她说。她仰脸看了我一会儿，眼睑抖着，然后低下去遮在了眼睛上，这时她把头靠在了我的胸前，并发出了一声小小的幸福的轻叹。[赏析解读：在即将获救的时候，主人公与茅德终于互相表明了心意，此时一系列的语言与动作描写，都表达出了他们内心中的愉悦之情。]

我看了一眼，缉私船已经离得很近了，他们正在把小艇放进水里。

“吻一下，亲爱的，”我悄声说道，“在他们赶来之前再吻一下。”

“来把我们从我们自己中解救出来。”她补充道，脸上露出一个最可爱的微笑。那是我从来没有见过的神来之举的微笑，更何况那神还是爱神。